普通高等教育"十二五"规划教材

工科基础化学实验

赵振波　柳　翱　孙国英　孙见蕊　主编

化学工业出版社

·北京·

本书是赵振波等主编的《工科基础化学》的配套实验教材。遵照教育部高等学校化学类专业教学指导分委员会编制的《高等学校化学类专业指导性专业规范》结合现有的实验教学大纲，按操作及技术、物质制备、表征与性质、基本物理量及有关物理化学参数测定，安排为实验基本知识与操作技术、基本技能实验、拓展提高实验三个层次共 94 个实验。

本书可以作为化学、化工、生物技术、生物工程、制药工程、环境工程、高分子材料与工程、资源循环科学与工程、食品科学与工程，也可作为金属材料工程专业、材料成型及控制工程专业、材料物理专业的高校师生的基础化学实验教材和参考书，还可供化学、化工科研院所的研究人员以及相关生产企业的科研技术管理人员参考。

图书在版编目（CIP）数据

工科基础化学实验/赵振波等主编. —北京：化学工业出版社，2015.8（2021.9 重印）

普通高等教育"十二五"规划教材

ISBN 978-7-122-24400-0

Ⅰ.①工… Ⅱ.①赵… Ⅲ.①化学实验-高等学校-教材 Ⅳ.①O6-3

中国版本图书馆 CIP 数据核字（2015）第 138916 号

责任编辑：满悦芝　石　磊　　　　　　　　文字编辑：颜克俭
责任校对：王素芹　　　　　　　　　　　　装帧设计：史利平

出版发行：化学工业出版社（北京市东城区青年湖南街 13 号　邮政编码 100011）
印　　装：涿州市般润文化传播有限公司
787mm×1092mm　1/16　印张 16　字数 393 千字　2021 年 9 月北京第 1 版第 3 次印刷

购书咨询：010-64518888　　　　　　　　售后服务：010-64518899
网　　址：http://www.cip.com.cn
凡购买本书，如有缺损质量问题，本社销售中心负责调换。

定　　价：34.00 元

前言
FOREWORD

化学是一门实践性很强的基础学科。实验教学在化学及相关专业人才培养中起着关键作用，因此在本科教学中占有十分重要的地位。

本书是长春工业大学"提升本科教育教学质量"教学改革重大项目"基础化学教学内容及课程体系的改革"课题的研究成果。书中内容主要根据教育部高等学校教学指导委员会化学类专业教学指导分委员会编制的《高等学校化学类专业指导性专业规范》规定的"化学类专业化学教学基本内容"，从培养学生的科学方法和思维、科学精神和品德考虑，结合化学实验教学的发展趋势，使受教育者形成实事求是的科学态度、勤俭节约的优良作风、相互协作的团队精神和勇于探索的创新意识。为此，我们对工科基础化学实验课程进行了重新设计：将传统的四大基础化学实验课程进行了整合，形成了化学实验课程新体系。

教材是在原有实验教材和讲义的基础上，经过整合、优化、扩充、提高，并吸取了国内外同类教材的优点编写而成的，是多年实验教学改革和教学实践的成果，凝聚了许多老师的辛勤劳动。

本书融合了无机化学、分析化学、有机化学、物理化学、专业制备与合成实验、大型仪器操作实验和专业综合实验几大板块，着重训练学生化学实验的基本知识、基本操作和基本技能，同时强调化学实验的综合性和先进性。通过本课程的学习和实践训练，使学生掌握常用玻璃仪器的基本操作、分离提纯技术、物理化学性质测定技术、各类化合物制备、综合及设计实验等。

教材共选编了94个实验，其中既有技能训练和基础性实验，又有综合型实验及多步合成以及设计实验，适合相关专业的不同教学要求。每个实验都提供实验目的、实验原理和实验步骤以及注意事项等。

本书由长春工业大学化学与生命科学学院赵振波、柳翱、孙国英、孙见蕊老师担任主编，任泽胜、侯瑞斌、郭岚香、于宝杰、刘颖、巴小微、傅海、姜春竹、毛竹、郭佩佩、于兵兵、张德文和杨国程老师也参加了部分实验的编写。

本书在编写过程中，得到了校、院领导以及其他老师的大力支持和热情帮助；同时参考了部分国内外化学实验教材。在此向所有支持者表示衷心的感谢！

本书是对基础化学实验教材改革的尝试，内容选择和章节编排上难免存在不妥之处，匆忙之际，疏漏之处在所难免，恳请使用本书的读者不吝指正。

编者

2015 年 8 月于长春

目 录
CONTENTS

第三部分 | 拓展提高实验

参考文献

第一部分

实验基本知识与操作技术

第1章 化学实验室常识

1.1 实验室注意事项

所有进入实验室的人员都必须注意以下几点。

① 遵守实验室各项规章制度。

② 保持实验室的整洁和安静，注意桌面和仪器的整洁。

③ 保持水槽干净，切勿把固体物品投入水槽中。废纸和废屑应投入废纸箱中，废酸和废碱小心倒入废液缸中，切勿倒入水槽，以免腐蚀下水管。

④ 爱护仪器，节约试剂、水和电等，若损坏则赔偿。

⑤ 实验时，未经教师许可，不得离开实验室。

⑥ 避免浓酸、浓碱等腐蚀性试剂溅在皮肤、衣服或鞋袜上。用 HNO_3、HCl、$HClO_4$ 和 H_2SO_4 等溶解试样时，操作应在通风橱中进行。通常应把浓酸加入水中，而不要把水加入浓酸中。

⑦ 汞盐、氰化物、三氧化二砷、钡盐、重铬酸盐等试剂有毒，使用时要特别小心，氰化物与酸作用放出剧毒的 HCN！严禁在酸性介质中加入氰化物。

⑧ 使用四氯化碳、醚、苯、丙酮、三氯甲烷等有毒或易燃的有机溶剂时要远离火源，用过的试剂倒入回收瓶中，不要倒入水槽中。

⑨ 试剂切勿入口。实验器皿切勿用作食具。离开实验室时要仔细洗手，如曾使用毒物，还应漱口。

⑩ 每个实验人员都必须知道实验室内电、水阀和煤气阀的位置，实验完毕离开实验室时，应把这些阀门关闭。

⑪ 实验室药品和物品严禁私自带出室外。

1.2 化学实验用纯水

纯水是化学实验中最常用的纯净溶剂和洗涤剂。根据分析的任务和要求的不同，对水的纯度要求也有不同。一般的分析工作，用蒸馏水或去离子水即可；超纯物质的分析，则需纯度较高的"超纯水"。在一般的分析中，离子选择电极法、配位滴定法和银量法用水的纯度又较高些。

纯水常用以下三种方法制备。

（1）蒸馏法　蒸馏法能除去水中的非挥发性杂质，但不能去除易溶于水的气体。同是蒸馏法而得的纯水，由于蒸馏器和材料不同，所带的杂质也不同。通常使用玻璃、铜和石英等材料制成的蒸馏器。

（2）离子交换法　离子交换法是用离子交换树脂来分离出水中杂质离子的方法。用此法制得的水通常称为"去离子水"，此法的优点是容易制得大量纯度高的水而成本较低。

（3）电渗析法　电渗析法是在离子交换技术基础上发展起来的一种方法。它是在外电场的作用下利用阴、阳离子交换膜对溶液中离子的选择性透过而使杂质离子自水中分离出来的方法。

纯水并不是绝对不含杂质，只不过是其杂质的含量极微少而已。随制备方法和所用仪器材料的不同，其杂质的种类和含量也有所不同。用玻璃蒸馏器蒸馏所得的水含有较多的（相对而言）Na^+、SiO_3^{2-} 等离子；用铜蒸馏器制得的则含有较多的 Cu^{2+} 等；用离子交换法或电渗析法制备的水则含有微生物和有机物等。

纯水的质量可以通过检验来了解。检验的项目很多，现仅结合实验室的要求简略介绍主要项目如下。

① 电阻率：25℃时电阻率为 $(1.0 \sim 10) \times 10^6 \Omega \cdot cm$ 的水为纯水。

② 酸碱度：要求 pH 值为 6～7，取 2 支试管，各加被检测的水 10mL，一管加甲基红指示剂 2 滴，不得显红色；另一管加 0.1％溴麝香草酚蓝指示剂 5 滴，不得显蓝色。

③ 钙镁离子：取 10mL 被检测的水，加氨水-氯化铵缓冲溶液（pH 约为 10），调节溶液 pH 值到 10 左右，加入铬黑 T 1 滴，不得显红色。

④ 氯离子：取 10mL 被检测的水，用 HNO_3 酸化，加 1％$AgNO_3$ 溶液 2 滴，摇匀后无混浊现象。

实验用的纯水必须严格保持纯净，防止污染，使用时注意以下几点。

① 装纯水的容器本身（主要是容器内壁，其次是外部）要清洁。

② 纯水瓶口要随时盖上盖子（无论瓶内是否有水），空气导管口最好加盖指形管或纸套。

③ 插入瓶内的玻璃导管，长度要合适，要保持清洁，取水一定要用专用水管。

④ 要保持洗瓶的洁净。

⑤ 纯水瓶旁不要放置易挥发的试剂如浓盐酸、氨水等。

1.3　试剂的一般知识

1.3.1　常用试剂的规格

化学试剂的规格是以其中所含杂质多少来划分的，一般可分为 4 个等级，其规格和适用范围见表 1-1。

表 1-1　试剂规格和适用范围

等级	名称	英文名称	符号	适用范围	标签标志
一级品	优级纯（保证试剂）	Guaranteed reagent	G. R	适用于精密分析和科研工作	绿色
二级品	分析纯（分析试剂）	Analytical reagent	A. R	适用于多数分析工作和科学研究工作	红色
三级品	化学纯	Chemically pure	C. P	适用于一般分析工作	蓝色
四级品	实验试剂医用	Laboratorial reagent	L. R	适用作实验辅助试剂	棕色或其他颜色
	生物试剂	Biological reagent	B. R 或 C. R		黄色或其他颜色

此外，还有光谱纯试剂、基准试剂、色谱纯试剂等。

光谱纯试剂（符号 S. P）的杂质含量用光谱分析已测不出或者杂质的含量低于某一限度，这种试剂主要用来作为光谱分析的标准物质。

基准试剂的纯度相当于或高于保证试剂。基准试剂用作滴定分析中的基准物是非常方便的，也可用于直接配制标准溶液。

在分析工作中，选择试剂的纯度除了要与所用的方法相当外，其他如实验用水、操作器皿也要与之相适应。若试剂都选用 G. R 级的，则不宜使用普通的蒸馏水或去离子水，而应使用经两次蒸馏制得的蒸馏水。所用器皿的质地也要求较高，使用过程中不应有物质溶到溶液中，以免影响测定的准确度。

选用试剂时，要注意节约原则，不要盲目追求纯度高，应根据工作具体要求取用。优级纯和分析纯试剂，虽然是试剂中的纯品，但有时因包装不慎而混入杂质，或运输过程中可能发生变化，或贮藏日久而变质，所以应具体情况具体分析。对所用试剂的规格有所怀疑时应该进行鉴定。在有些特殊情况下，市售的试剂纯度不能满足时，分析者就应自己动手精制。

1.3.2　取用试剂注意事项

① 取用试剂时应注意保持清洁，瓶塞不许任意放置，取用后应立即盖好密封，以防被其他物质沾污或变质。

② 固体试剂应用洁净干燥的小勺取用。取用强碱性试剂后的小勺应立即洗净，以免腐蚀。

③ 用吸管吸取试剂溶液时，绝不能用未经洗净的同一吸管插入不同的试剂瓶中取用。

④ 所有盛装试剂的瓶上都应贴上明显的标签，写明试剂的名称、规格。绝不能在试剂瓶中装入不是标签所写的试剂。因为这样往往会造成差错。书写标签最好用绘图墨汁，以免日久退色。

⑤ 在分析工作中，试剂的浓度及用量应按要求适当使用，过浓或过多，不仅造成浪费，而且还可能产生副反应，甚至得不到正确的结果。

1.3.3　试剂的保管

试剂的保管在实验室中也是一项十分重要的工作。有的试剂因保管不好而变质失效。这不仅是一种浪费，而且还会使分析失败，甚至会引起事故。一般的化学试剂应保存在通风良好、干净、干燥的房子里，防止水分、灰尘或其他物质沾污。同时，根据试剂的性质应有不同的保管方法。

① 容易侵蚀玻璃而影响试剂纯度的。如氢氟酸、含氟酸、含氟盐（氟化钾、氟化钠、氟化铵）、苛性碱（氢氧化钾、氢氧化钠）等，应保存在塑料瓶或涂有石蜡的玻璃瓶中。

② 见光会逐渐分解的试剂如过氧化氢（双氧水、H_2O_2）、硝酸银、焦性没食子酸、高锰酸钾、草酸、铋酸钠等，与空气接触易逐步被氧化的试剂如氯化亚锡、硫酸亚铁、亚硫酸钠等，以及易挥发的试剂如溴、氨水及乙醇等，应放在棕瓶内置于冷暗处。

③ 吸水性强的试剂如无水碳酸盐、氢氧化钠、过氧化钠等，应严格密封（应该蜡封）。

④ 易相互作用的试剂，如挥发性的酸与氨、氧化剂与还原剂，应分开存放。易燃的试剂如乙醇、乙醚、丙酮与易爆炸的试剂如高氯酸、过氧化氢、硝基化合物，应分开贮存在阴凉通风、不受阳光直接照射的地方。

⑤ 剧毒试剂如氰化钾、氰氟酸、二氯化汞、三氧化二砷（砒霜）等，应特别妥善保管，经一定手续取用，以免发生事故。

1.4 实验目的、要求和注意事项

1.4.1 目的

① 化学实验综合运用了物理和化学领域的一些重要实验技术和手段以及数学运算方法研究物质的性质和化学反应规律。

② 本课程的教学目的是使学生了解和掌握物理化学实验的原理和方法；培养学生实验操作技能；正确处理实验数据和分析实验结果的能力；加深对物理化学基本理论和概念的理解；提高学生分析问题和解决问题的能力；培养学生实事求是的科学态度、严谨的工作作风和勇于开拓的创新意识。

③ 在"基础实验"的基础上开设"设计研究型实验"，促使学生的知识技能向创新能力、研究能力方面转化。

1.4.2 要求

（1）作好预习　学生进实验室之前必须仔细阅读实验书中有关的实验及基础知识，明确本次实验中测定什么量、最终求算什么量、用什么实验方法、使用什么仪器、控制什么实验条件，在此基础上，将实验目的、操作步骤、记录表和实验时注意事项写在预习报告上。

进入实验室后不要急于动手做实验，首先要查对仪器，看是否完好，发现问题及时向指导教师提出，然后对照仪器进一步预习，并接受教师的提问、讲解，在教师指导下做好实验准备工作。

（2）实验操作及注意事项　经指导教师同意方可接通仪器电源进行实验。仪器的使用要严格按照"基础知识与技术"中规定的操作规程进行，不可盲动；对于实验操作步骤，通过预习应心中有数，严禁"照方抓药"式的操作，看一下书，动一动手。实验过程中要仔细观察实验现象，发现异常现象应仔细查明原因，或请教指导教师帮助分析处理。实验结果必须经教师检查，数据不合格的应及时返工重做，直至获得满意结果，实验数据应随时记录在预习笔记本上，记录数据要实事求是、详细准确，且注意整洁清楚，不得任意涂改，并尽量采用表格形式。要养成良好的记录习惯。实验完毕后，经指导教师同意后，方可离开实验室。

（3）实验报告　学生应独立完成实验报告，实验报告的内容包括实验目的、简明原理、实验装置、操作步骤、数据处理、结果讨论和思考题。数据处理应有原始数据记录表和计算结果表示，需要计算的数据必须列出算式，对于多组数据，可列出其中一组数据的算式。作图时必须按数据处理部分所要求的去作，实验报告的数据处理中不仅包括表格、作图和计算，还应有必要的文字叙述。例如："所得数据列入××表"，"由表中数据作××～××图"等，使写出的报告更加清晰、明了，逻辑性强，便于批阅和留作以后参考。结果讨论应包括对实验现象的分析解释、查阅文献的情况、对实验结果误差的定性分析或定量计算、对实验的改进意见和做实验的心得体会等，这是锻炼学生分析问题的重要一环，应予重视。

1.4.3　实验室守则

① 实验时应遵守操作规则，遵守一切安全措施，保证实验安全进行。

② 遵守纪律，不迟到，不早退，保持室内安静，不大声谈笑，不到处走动，不许在实验室内嬉闹及恶作剧。

③ 使用水、电、煤气、药品试剂等都应本着节约原则。

④ 未经老师允许不得乱动精密仪器，使用时要爱护仪器，如发现仪器损坏，立即报告指导教师并查明原因。

⑤ 随时注意室内整洁卫生，废弃物不能随地乱丢，更不能丢入水槽，以免堵塞。实验完毕将玻璃仪器洗净，把实验桌打扫干净，将公用仪器、试剂药品等都整理整齐。

⑥ 实验时要集中注意力，认真操作，仔细观察，积极思考，实验数据要及时并如实详细地记在预习报告本上，不得涂改和伪造，如有记错可在原数据上划一杠，再在旁边记下正确值。

⑦ 实验结束后，由同学轮流值日，负责打扫整理实验室，检查水、门窗是否关好，电闸是否拉掉，以保证实验室的安全。

实验室规则是人们长期从事化学实验工作的总结，它是保持良好环境和工作秩序、防止意外事故、做好实验的重要前提，也是培养学生优良素质的重要措施。

1.5　化学实验中的误差及数据的表达

由于实验方法的可靠程度、所用仪器的精密度和实验者感官的限度等各方面条件的限制，使得一切测量均带有误差即测量值与真值之差。因此，必须对误差产生的原因及其规律进行研究，方可在合理的人力物力支出条件下，获得可靠的实验结果，再通过实验数据的列表、作图、建立数学关系式等处理步骤，就可使实验结果变为有参考价值的资料，这在科学研究中是必不可少的。

1.5.1　误差的分类

按其性质可分为如下三种。

（1）系统误差　在相同条件下，多次测量同一量时，误差的绝对值和符号保持恒定，或在条件改变时，按某一确定规律变化的误差，产生的原因如下。

① 实验方法方面的缺陷。例如使用了近似公式。

② 仪器药品不良引起。如电表零点偏差、温度计刻度不准、药品纯度不高等。

③ 操作者的不良习惯。如观察视线偏高或偏低。

改变实验条件可以发现系统误差的存在，针对产生原因可采取措施将其消除。

（2）过失误差（或粗差）　这是一种明显歪曲实验结果的误差。它无规律可循，是由操作者读错、记错所致，只要加强责任心，此类误差可以避免。发现有此种误差产生，所得数据应予以剔除。

（3）偶然误差（随机误差）　在相同条件下多次测量同一量时，误差的绝对值时大时小、符号时正时负，但随测量次数的增加，其平均值趋近于零，即具有抵偿性，此类误差称为偶然误差。它产生的原因并不确定，一般是由环境条件的改变（如大气压、温度的波动），操作者感官分辨能力的限制（例如对仪器最小分度以内的读数难以读准确等）所致。

1.5.2　有效数字

当我们对一个测量的量进行记录时，所记数字的位数应与仪器的精密度相符合，即所记数字的最后一位为仪器最小刻度以内的估计值，称为可疑值，其他几位为准确值，这样一个数字称为有效数字，它的位数不可随意增减。例如，普通 50mL 的滴定管，最小刻度为 0.1mL，则记录 26.55 是合理的；记录 26.5 和 26.556 都是错误的，因为它们分别缩小和夸大了仪器的精密度。为了方便地表达有效数字位数，一般用科学记数法记录数字，即用一个带小数的个位数乘以 10 的相当幂次表示。例如 0.000567 可写为 5.67×10^{-4}，有效数字为三位；10680 可写为 1.0680×10^4，有效数字是五位，如此等等。用以表达小数点位置的零不计入有效数字位数。

在间接测量中，须通过一定公式将直接测量值进行运算，运算中对有效数字位数的取舍应遵循如下规则。

① 误差一般只取一位有效数字，最多两位。

② 有效数字的位数越多，数值的精确度也越大，相对误差越小。

(1.35 ± 0.01)m，三位有效数字，相对误差 0.7%。

(1.3500 ± 0.0001)m，五位有效数字，相对误差 0.007%。

③ 若第一位的数值等于或大于 8，则有效数字的总位数可多算一位，如 9.23 虽然只有三位，但在运算时，可以看作四位。

④ 运算中舍弃过多不定数字时，应用"4 舍 6 入 5 成双"的法则，例如有下列两个数值：9.435、4.685，整化为三位数，根据上述法则，整化后的数值为 9.44 与 4.68。

⑤ 在加减运算中，各数值小数点后所取的位数，以其中小数点后位数最少者为准。

⑥ 在乘除运算中，各数保留的有效数字，应以其中有效数字最少者为准。例如：$1.436 \times 0.020568/85$。

其中 85 的有效数字最少，由于首位是 8，所以可以看成三位有效数字，其余两个数值，也应保留三位，最后结果也只保留三位有效数字。

⑦ 在乘方或开方运算中，结果可多保留一位。

⑧ 对数运算时，对数中的首数不是有效数字，对数的尾数的位数，应与各数值的有效数字相当。

⑨ 常数 p，e 及乘子 2 和某些取自手册的常数，如阿伏伽德罗常数、普朗克常数等，不受上述规则限制，其位数按实际需要取舍。

1.5.3 数据处理

化学实验数据的表示法主要有如下 3 种方法：列表法、作图法和数学方程式法。

（1）列表法 将实验数据列成表格，排列整齐，使人一目了然。这是数据处理中最简单的方法，列表时应注意以下几点。

① 表格要有名称。

② 每行（或列）的开头一栏都要列出物理量的名称和单位，并把二者表示为相除的形式。因为物理量的符号本身是带有单位的，除以它的单位，即等于表中的纯数字。

③ 数字要排列整齐，小数点要对齐，公共的乘方因子应写在开头一栏与物理量符号相乘的形式，并为异号。

④ 表格中表达的数据顺序为：由左到右，由自变量到因变量，可以将原始数据和处理结果列在同一表中，但应以一组数据为例，在表格下面列出算式，写出计算过程。

（2）作图法 作图法可更形象地表达出数据的特点，如极大值、极小值、拐点等，并可进一步用图解求积分、微分、外推、内插值。作图应注意如下几点。

① 图要有图名。例如"$\ln K_p$-$1/T$ 图"、"V-t 图"等。

② 要用市售的正规坐标纸，并根据需要选用坐标纸种类：直角坐标纸、三角坐标纸、半对数坐标纸、对数坐标纸等。物理化学实验中一般用直角坐标纸，只有三组分相图使用三角坐标纸。

③ 在直角坐标中，一般以横轴代表自变量、纵轴代表因变量，在轴旁须注明变量的名称和单位（二者表示为相除的形式），10 的幂次以相乘的形式写在变量旁，并为异号。

④ 适当选择坐标比例，以表达出全部有效数字为准，即最小的毫米格内表示有效数字的最后一位。每厘米格代表 1、2、5 为宜，切忌 3、7、9。如果作直线，应正确选择比例，使直线呈 45°倾斜为好。

⑤ 坐标原点不一定选在零，应使所作直线与曲线匀称地分布于图面中。在两条坐标轴上每隔 1cm 或 2cm 均匀地标上所代表的数值，而图中所描各点的具体坐标值不必标出。

⑥ 描点时，应用细铅笔将所描的点准确而清晰地标在其位置上，可用○、△、□、×等符号表示，符号总面积表示了实验数据误差的大小，所以不应超过 1mm 格。同一图中表示不同曲线时，要用不同的符号描点，以示区别。

⑦ 作曲线时，应尽量多地通过所描的点，但不要强行通过每一个点。对于不能通过的点，应使其等量地分布于曲线两边，且两边各点到曲线的距离之平方和要尽可能相等。描出的曲线应平滑均匀。

（3）数学方程式法 将一组实验数据用数学方程式表达出来是最为精练的一种方法。它不但方式简单而且便于进一步求解，如积分、微分、内插等。此法首先要找出变量之间的函数关系，然后将其线性化，进一步求出直线方程的系数斜率 m 和截距 b，即可写出方程式。也可将变量之间的关系直接写成多项式，通过计算机曲线拟合求出方程系数。

求直线方程系数一般有三种方法。

① 图解法 将实验数据在直角坐标纸上作图，得一直线，此直线在 y 轴上的截距即为 b 值（横坐标原点为零时）；直线与轴夹角的正切值即为斜率 m。或在直线上选取两点（此两点应远离）。

② 平均法 若将测得的 n 组数据分别代入直线方程式，则得 n 个直线方程，将这些方

程分成两组，分别将各组的 x、y 值累加起来，得到两个方程，解此联立方程，可得 m、b 值。

③ 最小二乘法　这是最为精确的一种方法，它的根据是使误差平方和为最小，最小二乘法是假设自变量 x 无误差或 x 的误差比 y 的小得多，可以忽略不计。

1.6　化学实验室安全知识

在化学实验室里，安全是非常重要的，它常常潜藏着诸如爆炸、着火、中毒、灼伤、割伤、触电等事故的危险性。如何来防止这些事故的发生以及万一发生又如何来急救呢？

这都是每一个化学实验工作者必须具备的素质。这些内容在先行的化学实验课中均已反复地作了介绍。本节主要结合物理化学实验的特点介绍安全用电、使用化学药品的安全防护等知识。

1.6.1　安全用电常识

违章用电常常可能造成人身伤亡、火灾、损坏仪器设备等严重事故。物理化学实验室使用电器较多，特别要注意安全用电。表 1-2 列出了 50Hz 交流电通过人体的反应情况。

表 1-2　不同电流强度时的人体反应　　　　　　　单位：mA

电流强度	1~10	10~25	25~100	100 以上
人体反应	麻木感	肌肉强烈收缩	呼吸困难,甚至停止呼吸	心脏心室纤维性颤动,死亡

为了保障人身安全，一定要遵守实验室安全规则。

（1）防止触电

① 不用潮湿的手接触电器。

② 电源裸露部分应有绝缘装置（例如电线接头处应裹上绝缘胶布）。

③ 所有电器的金属外壳都应保护接地。

④ 实验时，应先连接好电路后才接通电源。实验结束时，先切断电源再拆线路。

⑤ 修理或安装电器时，应先切断电源。

⑥ 不能用试电笔去试高压电。使用高压电源应有专门的防护措施。

⑦ 如有人触电，应迅速切断电源，然后进行抢救。

（2）防止引起火灾

① 使用的保险丝要与实验室允许的用电量相符。

② 电线的安全通电量应大于用电功率。

③ 室内若有氢气、煤气等易燃易爆气体，应避免产生电火花。继电器工作和开关电闸时，易产生电火花，要特别小心。电器接触点（如电插头）接触不良时，应及时修理或更换。

④ 如遇电线起火，立即切断电源，用沙或二氧化碳、四氯化碳灭火器灭火，禁止用水或泡沫灭火器等导电液体灭火。

⑤ 防止短路　线路中各接点应牢固，电路元件两端接头不要互相接触，以防短路。电线、电器不要被水淋湿或浸在导电液体中，例如实验室加热用的灯泡接口不要浸在水中。

（3）电器仪表的安全使用

① 在使用前，先了解电器仪表要求使用的电源是交流电还是直流电；是三相电还是单相电以及电压的大小（380V、220V、110V 或 6V）。须弄清电器功率是否符合要求及直流电器仪表的正、负极。

② 仪表量程应大于待测量。若待测量大小不明时，应从最大量程开始测量。

③ 实验之前要检查线路连接是否正确。经教师检查同意后方可接通电源。

④ 在电器仪表使用过程中，如发现有不正常声响、局部升温或嗅到绝缘漆过热产生的焦味，应立即切断电源，并报告教师进行检查。

1.6.2　使用化学药品的安全防护

（1）防毒

① 实验前，应了解所用药品的毒性及防护措施。

② 操作有毒气体（如 H_2S、Cl_2、Br_2、NO_2、浓 HCl 和 HF 等）应在通风橱内进行。

③ 苯、四氯化碳、乙醚、硝基苯等的蒸气会引起中毒。它们虽有特殊气味，但久嗅会使人嗅觉减弱，所以应在通风良好的情况下使用。

④ 有些药品（如苯、有机溶剂、汞等）能透过皮肤进入人体，应避免与皮肤接触。

⑤ 氰化物、高汞盐〔$HgCl_2$、$Hg(NO_3)_2$ 等〕、可溶性钡盐（$BaCl_2$）、重金属盐（如镉、铅盐）、三氧化二砷等剧毒药品，应妥善保管，使用时要特别小心。

⑥ 禁止在实验室内喝水、吃东西。饮食用具不要带进实验室，以防毒物污染，离开实验室及饭前要洗净双手。

（2）防爆

① 使用可燃性气体时，要防止气体逸出，室内通风要良好。

② 操作大量可燃性气体时，严禁同时使用明火，还要防止发生电火花及其他撞击火花。

③ 有些药品如叠氮铝、乙炔银、乙炔铜、高氯酸盐、过氧化物等受震和受热都易引起爆炸，使用要特别小心。

④ 严禁将强氧化剂和强还原剂放在一起。

⑤ 久藏的乙醚使用前应除去其中可能产生的过氧化物。

⑥ 进行容易引起爆炸的实验，应有防爆措施。

可燃气体与空气混合，当两者比例达到爆炸极限时，受到热源（如电火花）的诱发，就会引起爆炸。

（3）防火

① 许多有机溶剂如乙醚、丙酮、乙醇、苯等非常容易燃烧，大量使用时室内不能有明火、电火花或静电放电。实验室内不可存放过多这类药品，用后还要及时回收处理，不可倒入下水道，以免聚集引起火灾。

② 有些物质如磷、金属钠、钾、电石及金属氢化物等，在空气中易氧化自燃。还有一些金属如铁、锌、铝等粉末，比表面大也易在空气中氧化自燃。这些物质要隔绝空气保存，使用时要特别小心。

实验室如果着火不要惊慌，应根据情况进行灭火，常用的灭火剂有水、沙、二氧化碳灭火器、四氯化碳灭火器、泡沫灭火器和干粉灭火器等，可根据起火的原因选择使用。

以下几种情况不能用水灭火：金属钠、钾、镁、铝粉、电石、过氧化钠着火，应用干沙灭火；比水轻的易燃液体，如汽油、苯、丙酮等着火，可用泡沫灭火器；有灼烧的金属或熔融物的地方着火时，应用干沙或干粉灭火器；电器设备或带电系统着火，可用二氧化碳灭火器或四氯化碳灭火器。

（4）防灼伤　强酸、强碱、强氧化剂、溴、磷、钠、钾、苯酚、冰乙酸等都会腐蚀皮肤，特别要防止溅入眼内。液氧、液氮等低温也会严重灼伤皮肤，使用时要小心，万一灼伤应及时治疗。

第2章 操作及技术

2.1 玻璃仪器洗涤及干燥

2.1.1 玻璃仪器的一般洗涤步骤

实验中要使用各种玻璃仪器，这些玻璃仪器是否清洁，会直接影响实验结果的准确性，因此，在实验前必须将玻璃仪器清洗干净。

一般的玻璃仪器，如烧杯、烧瓶、锥形瓶、试管和量筒等，可以用毛刷从外到里用水刷洗，这样可刷洗掉可溶性物质、部分不溶性物质和灰尘；若有油污等有机物，可用去污粉、肥皂粉或洗涤剂进行洗涤。用蘸有去污粉或洗涤剂的毛刷擦洗，然后用自来水冲洗干净，最后用蒸馏水或去离子水润洗内壁 2~3 次。洗净的玻璃仪器其内壁应能被水均匀地润湿而无水的条纹，且不挂水珠。在有机实验中，常使用磨口的玻璃仪器，洗刷时应注意保护磨口，不宜使用去污剂，而改用洗涤剂。

对不易用毛刷刷洗的或用毛刷刷洗不干净的玻璃仪器，如滴定管、容量瓶、移液管等，通常将洗涤剂倒入或吸入容器内浸泡一段时间后，把容器内的洗涤剂倒入贮存瓶中备用，再用自来水冲洗和去离子水润洗。

砂芯玻璃滤器在使用后须立即清洗，针对滤器砂芯中残留的不同沉淀物，采用适当的洗涤剂先溶解砂芯表面沉淀的固体，然后以减压抽洗法反复用洗涤剂把砂芯中残存的沉淀物全部抽洗掉，再用蒸馏水冲洗干净，于110℃烘干，保存在防尘的柜子中。

2.1.2 难洗污物的洗涤方法

结晶和沉淀物的洗涤：如氢氧化钠或氢氧化钾因吸收空气中的二氧化碳而形成碳酸盐以及存在氢氧化铜或氢氧化铁沉淀时，可用水浸泡数日，然后用稀酸洗涤，使之生成能溶于水的物质，再用水冲洗。如存有有机物沉淀，则可用煮沸的有机溶剂或氢氧化钠溶液进行洗涤。

残留汞齐的洗涤：汞与一些金属形成金属合金（汞齐），附着在玻璃壁上形成深色斑痕，可用体积分数为 10% 的硝酸溶液将汞齐溶解，再用水洗净。

干性油、油脂、油漆的洗涤：可用氨水或氯仿进行洗涤，未变硬的油脂可用有机溶剂洗涤；煤油可用热肥皂水洗涤；黏性油可用热氢氧化钠溶液浸泡洗涤。

污斑的洗涤：玻璃上的白色污斑，是长期贮碱而被碱腐蚀形成的；玻璃上吸附着的黄褐色的铁锈斑点，可用盐酸溶液洗涤；电解乙酸铅时生成的浑浊物，可用乙酸洗涤；褐色的二氧化锰斑点可用硫酸亚铁、盐酸或草酸溶液洗涤；玻璃上的墨水污斑可用苏打或氢氧化钠溶液洗涤。

银盐污迹的洗涤：氯化银、溴化银污迹可用硫代硫酸钠溶液，银镜可用热的稀硝酸溶液使之生成易溶于水的硝酸银加以洗除。

2.1.3 常用洗涤剂

针对玻璃上的不同粘污物，采用相应的洗涤剂洗涤，并通过化学或物理的方法能有效地将玻璃仪器清洗干净。要注意在使用各种不同性质的洗涤剂时，必须要把前一种洗涤剂清除后再用另一种洗涤剂，以免它们之间相互作用生成更难清除的产物。

洗涤剂及其配方、使用方法如下。

铬酸洗液：20g 重铬酸钾溶于 40mL 水中，冷却后，慢慢加入 360mL 工业浓硫酸（切不可将水倒入浓硫酸中）清除器壁上残留的油污，用少量洗液刷洗或浸泡一夜，洗液可重复使用。洗液废液经处理方可排放。

工业盐酸［浓或（1+1）］洗液：清除碱性物质及大多数无机物残液。

纯酸洗液：（1+1）、（1+2）或（1+9）的盐酸或硝酸（清除 Hg、Pb 等重金属杂质）清除微量的离子。

碱性洗液：质量分数为 10％氢氧化钠水溶液。加热后使用，去油效果较好，加热时间太长会腐蚀玻璃。

氢氧化钠-乙醇（或异丙醇）洗液：120g 氢氧化钠溶于 150mL 水中，用质量分数为 95％的乙醇稀释至 1L 清除油污及某些有机物。

碱性高锰酸钾洗液：4g 高锰酸钾溶于少量水中，再加入 100mL 质量分数为 10％氢氧化钠溶液，贮于带胶塞玻璃瓶中，清洗油污或其他有机物质，洗后器壁沾污处有褐色二氧化锰析出，再用浓盐酸或草酸洗液、硫酸亚铁、亚硫酸钠等还原剂去除。

酸性草酸或酸性羟胺洗液：10g 草酸或 1g 盐酸羟胺，溶于 100mL（1+4）盐酸溶液中清除氧化性物质如高锰酸钾洗液洗涤后析出的二氧化锰，必要时加热使用。

硝酸-氢氟酸洗液：50mL 氢氟酸、100mL 硝酸、350mL 水混合，贮于塑料瓶中盖紧利用氢氟酸对玻璃的腐蚀作用有效地去除玻璃、石英器皿表面的金属离子。不可用于洗涤量器、玻璃砂芯滤器、吸收器或光学玻璃零件。使用时应特别注意安全，必须戴防护手套。

碘-碘化钾洗液：1g 碘和 2g 碘化钾溶于水中，并稀释至 100mL，去除黑褐色硝酸银粘污物。

有机溶剂：汽油、二甲苯、乙醚、丙酮、二氯乙烷等。清除油污或可溶于该溶剂的有机物质，使用时要注意其毒性及可燃性。

乙醇、浓硝酸洗液：不可事先混合。用一般方法很难洗净的少量残留有机物可用此液：于容器内加入不多于 2mL 的乙醇，加入 4mL 浓硝酸，静置片刻，立即发生激烈反应，放出大量热和二氧化氮，反应停止后再用水冲洗。操作应在通风柜中进行，作好防护。

2.1.4 玻璃仪器的干燥

做实验经常用到的玻璃仪器应在实验完毕后清洗干净备用，根据不同的实验，对玻璃仪器的干燥有不同的要求，通常实验中用的烧杯、锥形瓶等洗净后即可使用，而用于有机化学实验或有机分析的玻璃仪器，则要求在洗净后必须进行干燥。

（1）晾干　不急等用的玻璃仪器，可在纯水刷洗后倒置在无尘处，然后自然干燥。一般把玻璃仪器倒放在玻璃柜中。

（2）烘干　洗净的玻璃仪器尽量倒净其中的纯水，放在带鼓风机的电烘箱中烘干。烘箱温度在 105～120℃保温约 1h。称量瓶等烘干后要放在干燥器中冷却保存。组合玻璃仪器需要分开后烘干，以免因膨胀系数不同而烘裂。砂芯玻璃滤器及厚壁玻璃仪器烘干时须慢慢升温且温度不可过高，以免烘裂。玻璃量器的烘干温度也不宜过高，以免引起体积变化。

（3）吹干　体积小又急需干燥的玻璃仪器，可用电吹风机吹干。先用少量乙醇、丙酮（或乙醚）倒入仪器中将其润湿，倒出并流净溶剂后，再用电吹风机吹，开始用冷风，然后用热风把玻璃仪器吹干。

2.2　滴定管、移液管、容量瓶等精密量器校正及使用

定量分析中常用的玻璃量器（简称量器）有滴定管、吸管、容量瓶（简称量瓶）、量筒和量杯。

量器按准确度和流出时间分成 A、A_2、B 三种等级。A 级的准确度比 B 级一般高 1 倍。A_2 级的准确度界于 A、B 之间，但流出时间与 A 级相同，量器的级别标志，过去曾用"一等"、"二等"、"Ⅰ"、"Ⅱ"或"〈1〉""〈2〉"表示，无上述字样符号的量器，则表示无级别的，如量筒、量杯等。

所谓流出时间是指量器内全量液体通过流液嘴自然流出的时间。

2.2.1　滴定管及其使用

滴定管是滴定时用来准确测量流出的操作溶液体积的量器。常量分析最常用的是容积为 50mL 的滴定管，其最小刻度是 0.1mL，最小刻度间可估计到 0.01mL，因此读数可达小数点后第二位，一般读数误差为 ±0.02mL。另外，还有容积为 10mL、5mL、2mL 和 1mL 的微量滴定管。滴定管一般分为两种：一种是具塞滴定管，常称为酸式滴定管；另一种是无塞滴定管，常称为碱式滴定管。酸式滴定管用来装酸性及氧化性溶液。但不适于装碱性溶液，因为碱性溶液能腐蚀玻璃，时间长一些，旋塞便不能转动。碱式滴定管的一端连一橡皮管或乳胶管。管内装有玻璃珠，以控制溶液的流出（此玻璃珠的大小要适中，过大了，滴定时溶液的流出比较费劲，过小了，溶液要漏出），橡皮管或乳胶管下面接一尖嘴玻璃管。碱式滴定管用来装碱性及无氧化性溶液，凡是能与橡皮管起反应的溶液，如高锰酸钾、碘和硝酸银等溶液，都不能装入碱式滴定管。滴定管除无色的外，还有棕色的，用以装见光易分解的溶液，如 $AgNO_3$、$KMnO_4$ 等溶液。

（1）酸式滴定管（简称酸管）的准备　酸管是滴定分析中经常使用的一种滴定管。除了强碱溶液外，其他溶液作为滴定液时一般均采用酸管。

① 使用前，首先应检查旋塞与旋塞套是否配合紧密。如不密合，将会出现漏水现象，则不宜使用。其次，应进行充分的清洗。根据沾污的程度，可采用下列方法。

a. 用自来水冲洗。

b. 用滴定管刷蘸合成洗涤剂刷洗，但铁丝部分不得碰到管壁（如用泡沫塑料刷代替毛刷更好）。

c. 用前法不能洗净时，可用铬酸洗液洗。为此，加入 5~10mL 洗液，边转动边将滴定管放平，并将滴定管口对着洗液平口，以防洗液撒出。洗净后将一部分洗液从管口放回原瓶，最后打开旋塞，将剩余的洗液从出口管放回原瓶，必要时可加满洗液进行浸泡。

d. 可根据具体情况采用针对性洗涤液进行清洗，如管内壁留有残存的二氧化锰时，可用亚铁盐溶液或过氧化氢加酸溶液进行清洗。

用各种洗涤剂清洗后，都必须用自来水充分洗净，并将管外壁擦干，以便观察内壁是否挂水珠。

② 为了使旋塞转动灵活并克服漏水现象，需将旋塞涂油（如凡士林油等）。操作方法如下。

a. 取下旋塞小头处的小橡皮圈，再取出旋塞。

b. 用吸水纸将旋塞和旋塞套擦干，并注意勿使滴定管壁上的水再次进入旋塞套。

c. 用手指将油脂涂抹在旋塞的大头上，另用纸卷或火柴梗将油脂涂抹在旋塞套的小口内侧（图 2-1）。也可用手指均匀地涂薄层油脂于旋塞两头。油脂涂得太少，旋塞转动不灵活，且易漏水；涂得太多，旋塞孔容易被堵塞。不论采用哪种方法，都不要将油脂涂在旋塞孔上、下两侧，以免旋转时堵塞旋塞孔。

d. 将旋塞插入旋塞套中，插时，旋塞孔应与滴定管平行（图 2-2），径直插入旋塞套，不要转动旋塞，这样可以避免将油脂挤到旋塞孔中去。然后，向同一方向旋转旋塞柄，直到旋塞和旋塞套上的油脂层全部透明为止。套上小橡皮圈。

经上述处理后，旋塞应转动灵活，油脂层没有纹路。

③ 用自来水充满滴定管，将其放在滴定管架上静止约 2min，观察有无水滴漏下。然后将旋塞旋转 180°，再如前检查，如果漏水，应该重新涂油。

若出口管尖被油脂堵塞，可将它插入热水中温热片刻，然后打开旋塞使管内的水突然流下，将软化的油脂冲出，油脂排出即可关闭旋塞。

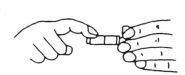

图 2-1　旋塞涂油

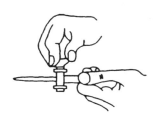

图 2-2　旋塞涂油

管内的自来水从管口倒出，出口管内的水从旋塞下端放出。注意，从管口将水倒出时，务必不要打开旋塞，否则旋塞上的油脂会冲入滴定管，使内壁重新被沾污。然后用蒸馏水洗三次。第一次用 10mL 左右，第二及第三次各用 5mL 左右。洗涤时，双手持滴定管身两端无刻度处，边转动边倾斜滴定管，使水布满全管并轻轻振荡。然后直立，打开旋塞将水放掉，同时冲洗出口管。也可将大部分水从管口倒出，再将其余的水从出口管放出。每次放掉水时应尽量不使水残留在管内。最后，将管的外壁擦干。

（2）碱式滴定管（简称碱管）的准备　使用前应检查乳胶管和玻璃珠是否完好。若胶管已老化，玻璃珠过大（不宜操作），或过小（漏水），应予更换。

碱管的洗涤方法与酸管的洗涤方法相同。在需要用洗液洗涤时，可除去乳胶管，用塑料乳头堵塞碱管下口进行洗涤。如必须用洗液浸泡，则将碱管倒夹在滴定管架上，管口插入洗液瓶中，乳胶管处连接抽气泵，用手捏玻璃珠处的乳胶管，吸取洗液，直到充满全管，然后放手，任其浸泡完毕后，轻轻捏乳胶管，将洗液缓慢放出，也可更换一根装有玻璃珠的乳胶管，将玻璃珠往上捏，使其紧贴在碱管的下端，这样便可直接倒入洗液浸泡。

在用自来水冲洗或用蒸馏水清洗碱管时，应特别注意玻璃珠下方死角处的清洗。为此，在捏乳胶管时应不断改变方位，使玻璃珠的四周都能被洗到。

（3）操作溶液的装入　装入操作溶液前应将试剂瓶中的溶液摇匀，使凝结在瓶内壁上的水珠混入溶液，这在天气比较热、室温变化较大时更为必要。混匀后将操作溶液直接倒入滴定管中，不得用其他容器（如烧杯、漏斗等）来转移。此时，左手前三指持滴定管上部无刻度处，并可稍微倾斜，右手拿住细口瓶往滴定管中倒溶液。小瓶可以手握瓶身（瓶签向手心），大瓶则仍放在桌上，手拿瓶颈使瓶慢慢倾斜，让溶液慢慢沿滴定管内壁流下。

用摇匀的操作溶液将滴定管洗三次（第一次 10mL，大部分溶液可由上口放出，第二、三次各 5mL，可以从出口管放出，洗法同前）。应特别注意的是，一定要使操作溶液洗遍全部内壁，并使溶液接触管壁 1～2min，以便与原来残留的溶液混合均匀。每次都要打开旋塞，冲洗出口管，并尽量放出残留液。对于碱管，仍应注意玻璃珠下方的洗涤。最后，关好旋塞，将操作溶液倒入，直到充满至 0 刻度以上为止。

注意检查滴定管的出口管是否充满溶液，酸管出口管及旋塞透明，容易检查（有时旋塞孔中暗藏着的气泡，需要从出口管放出溶液时才能看见），碱管则需以光检查乳胶管内及出口管内是否有气泡或有未充满的地方。为使溶液充满出口管，在使用酸管时，右手拿滴定管上部无刻度处，并使滴定管倾斜约 30°，左手迅速打开旋塞使溶液冲出（下面用烧杯承接溶液），这时出口中应不再留有气泡。若气泡仍未能排出，可重复操作。如仍不能使溶液充满，可能是出口管未洗净，必须重洗。在使用碱管时，装满溶液后，应将其垂直地夹在滴定管架上，左手拇指和食指拿住玻璃珠所在部位并使乳胶管向上弯曲，出口管斜向上，然后在玻璃珠部位往一旁轻轻捏橡皮管，使溶液从管口喷出（图 2-3）（下面用烧杯接溶液），再一边捏乳胶管一边把乳胶管放直，注意应在乳胶管放直后，再松开拇指和食指，否则出口管仍会有气泡。最后，将滴定管的外壁擦干。

（4）滴定管的读数　读数时应遵循下列原则。

① 装满或放出溶液后，必须等 1～2min，使附着在内壁的溶液流下来，再进行读数。如果放出溶液的速度较慢（例如，滴定到最后阶段，每次只加半滴溶液时），等 0.5～1min 即可读数。每次读数前要检查一下管壁是否挂水珠、管尖是否有气泡。

② 读数时，滴定管可以夹在滴定管架上，也可以用手拿滴定管上部无刻度处。不管用哪一种方法读数，均应使滴定管保持垂直。

③ 对于无色或浅色溶液，应读取弯月面下缘最低点。读数时，视线与弯月面最低点相切（图 2-4）；溶液颜色太深时，可读液面两侧的最高点。此时，视线应与该点成水平。注意初读数与终读数应采用同一标准。

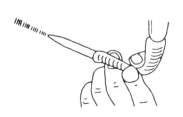

图 2-3　碱管排气泡

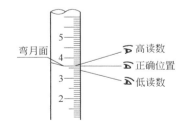

图 2-4　读数时视线位置

④ 必须读到小数点后第二位，即要求估计到 0.01mL。注意，估计读数时，应该考虑到刻度线本身的宽度。

⑤ 为了便于读数，可在滴定管后衬一黑白两色的读数卡片。读数时，将读数卡片衬在

滴定管背后，使黑色部分上缘在弯月面下约 1mm，弯月面的反射层即全部成为黑色（图 2-5）。读此黑色弯月面下缘的最低点。但对深色溶液而读两侧最高点，可以用白色卡片作为背景。

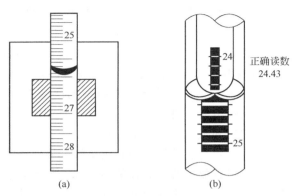

图 2-5　滴定管读数

⑥ 若为乳白板蓝线衬背滴定管，应当取蓝线上下两尖端相对点的位置读数。

⑦ 读取初读数前，应将管尖悬挂着的溶液除去。滴定至终点时应立即关闭旋塞，并注意不要使滴定管中溶液有稍微流出，否则终读数便包括流出的半滴溶液。因此，在读取终读数前，应注意检查出口管尖是否悬有溶液，如有，则此次读数不能取用。

（5）滴定管的操作方法　进行滴定时，应将滴定管垂直地夹在滴定管架上。

如使用的是酸管，左手无名指和小指向手心弯曲，轻轻地贴着出口管，用其余三指控制旋塞的转动（图 2-6）。但应注意不要向外拉旋塞，以免推出旋塞造成漏水；也不要过分往里扣，以免造成旋塞转动困难，不能操作自如。

如果使用的是碱管，左手无名指及小指夹住出口管，拇指与食指在玻璃珠所在部位往一旁（左右均可）捏乳胶管，使溶液从玻璃珠旁空隙处流出（图 2-7）。注：不要用力捏玻璃珠，也不能使玻璃珠上下移动；不要捏到玻璃珠下部的乳胶管；停止加液时，应先松开拇指和食指，最后才松开无名指与小指。

无论使用哪种滴定管，都必须掌握下面 3 种加液方法：逐渐连续滴加；只加一滴；使液滴悬而未落，即加半滴。

（6）滴定操作方法　滴定操作可在锥形瓶或烧杯内进行，并以白瓷板作背景。

在锥形瓶中进行滴定时，用右手前三指拿住瓶颈，使瓶底离瓷板约 2～3cm。同时调节滴定管的高度，使滴定管的下端深入瓶口约 1cm。左手按前述方法滴加溶液，右手运用腕力摇动锥形瓶。边滴加边摇动。滴定操作中应注意以下几点。

① 摇瓶时，应使溶液向同一方向做圆周运动（左、右旋均可）。但勿使瓶口接触滴定管，溶液也不得溅出。

② 滴定时，左手不能离开旋塞任其自流。

③ 注意观察液滴落点周围溶液颜色的变化。

④ 开始时，应边摇边滴，滴定速度可稍快，但不要使溶液流成"水线"。接近终点时，应改为加一滴，摇几下。最后，每加半滴，即摇动锥形瓶，直到溶液出现明显的颜色变化。加半滴溶液的方法如下：微微转动旋塞，使溶液悬挂在出口管嘴上，形成半滴，用锥形瓶内壁将其沾落，再用洗瓶以少量蒸馏水吹洗瓶壁。

图 2-6 酸管滴定操作

图 2-7 碱管滴定操作

用碱管滴加半滴溶液时，应先松开拇指与食指，将悬挂的半滴溶液沾在锥形瓶内壁上，再放开无名指与小指。这样可以避免出口管尖出现气泡。

⑤ 每次滴定最好都从 0.00 开始（或从 0 附近的某一固定刻线处），这样可减小误差。

当加半滴溶液时，用搅拌棒下端承接悬挂的半滴溶液，放入溶液中搅拌。注意，搅拌棒只能接触液滴，不要接触滴定管尖。其他注意点同上。

滴定结束后，滴定管内剩余的溶液应弃去，不得将其倒回原瓶，以免沾污整瓶操作溶液。随即洗净滴定管，并用蒸馏水充满全管，备用。

2.2.2 吸管及其使用

吸管一般用于准确量取小体积的液体。吸管的种类较多。无分度吸管通称移液管，它的中腰膨大，上下两端细长，上端刻有环形标线，膨大部分标有它的容积和标定的温度。将溶液吸入管内，使液面与标线相切，再放出，则放出的溶液体积就等于管上标示的容积。常用移液管的容积有 5mL、10mL、25mL 和 50mL 等多种，由于读数部分管径小，其准确性较高。

分度吸管又叫吸量管，可以准确量取所需的刻度范围内某一体积的溶液，但其准确度差一些。将溶液吸入，读取与液面相切的刻度（一般在零），然后将溶液放出至适当刻度，两刻度之差即为放出溶液的体积。吸管在使用前应按下法洗到内壁不挂水珠，将吸管插入洗液中，用洗耳球将洗液慢慢吸至管容积 1/3 处，用食指按住管口，把管横过来涮洗，然后将洗液放回原瓶。如果内壁严重污染，则应把吸管放入盛有洗液的大量筒或高型玻璃缸中，浸泡 15min 到数小时，取出后用自来水、纯水冲洗。用滤纸擦去管外壁的水。

移取溶液前，先用少量该溶液将吸管内壁洗 2～3 次，以保证转移的溶液浓度不变。然后把管口插入溶液中（在移液过程中，注意保护管口在液面之下），用洗耳球把溶液吸至稍高于刻度处，迅速用食指按住管口。取出吸管，使管尖端靠着贮瓶口，拇指和中指轻轻转动吸管，并减轻食指的压力，让溶液慢慢流出，同时平视刻度，到溶液弯月面下缘与刻度相切时，立即按紧食指。然后使准备接收溶液的容器倾斜成 45°将吸管移入容器中，使管垂直，管尖靠着容器内壁，放开食指（图 2-8），让溶液自由流出。待溶液全部流出后，按规定再等 15s 或 30s，取出吸管。在使用非吹出式的吸管或无分度吸管时，切勿把残留在管尖的溶液吹出。吸管用毕，应洗净，放在吸管架上。

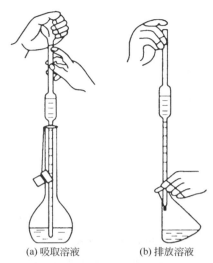

(a) 吸取溶液   (b) 排放溶液

图 2-8   移液管操作

2.2.3 容量瓶及其使用

容量瓶是一种细颈梨形的平底瓶，具磨口玻塞或塑料塞，瓶颈上刻有环形标线。瓶上标有它的容积和标定时的温度。大多数容量瓶只有一条标线，当液体充满至标线时，瓶内所装液体的体积和瓶上标示的容积相同，但也有刻有两条标线的，上面一条表示量出的容积。量入式的符号为 In（或 E），量出式的符号为 Ex（或 A）。常用的容量瓶有 50mL、100mL、250mL、500mL、1000mL 等多种规格。容量瓶主要是用来把精密称量的物质准确地配成一定容积的溶液，或将准确容积的浓溶液稀释成准确容积的稀溶液，这种过程通常称为"定容"。

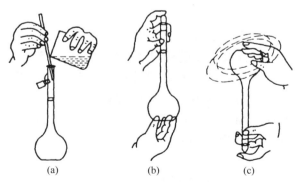

(a)   (b)   (c)

图 2-9   容量瓶的使用方法

容量瓶使用前也要洗净，洗涤原则和方法同前。

如果要由固体配制准确浓度的溶液，通常将固体准确称量后放入烧杯中，加少量纯水（或适当溶剂）使它溶解，然后定量地转移到容量瓶中。转移时，玻璃棒下端要靠住瓶颈内壁，使溶液沿瓶壁流下（图 2-9）。溶液流尽后，将烧杯轻轻顺玻璃棒上提，使附在玻璃棒、烧杯嘴之间的液滴回到烧杯中。再用洗瓶挤出的水流冲洗烧杯数次，每次按上法将洗涤液完全转移到容量瓶中，然后用纯水稀释。当水加至容积的 2/3 处时，旋摇容量瓶，使溶液混合

（注意此时不能倒转容量瓶）。在加水至接近标线时，可以用滴管逐滴加入，到弯月面最低点恰好与标线相切。盖紧瓶塞，一手食指压住瓶塞，另一手的大、中、食三个指头托住瓶底，使瓶内气泡上升到顶部，摇动数次，再倒过来，如此反复倒转摇动十多次，使瓶内溶液充分混合均匀。为了使容量瓶倒转时溶液不致渗出，瓶塞与瓶必须配套。

不宜在容量瓶内长期存放溶液。如溶液需使用较长时间，应将它转移入试剂瓶中，该试剂瓶应预先经过干燥或用少量该溶液涮洗二三次。

由于温度对量器的容积有影响，所以使用时要注意溶液的温度、室温以及量器本身的温度。

2.2.4 干燥器的使用

干燥器是一种具有磨口盖子的厚质玻璃器皿，磨口上涂有一薄层的凡士林，使其更好地密合。底部放适量的干燥剂，如变色硅胶、无水氯化钙等，上搁一块带孔的瓷板，坩埚放在瓷板的孔内。开启干燥器时，左手按住干燥器的下部，右手握住盖上的圆顶，向前推开器盖，如图 2-10 所示。加盖时也应当拿住盖上圆顶推着盖好。当放入温热的坩埚时，先将盖留一缝隙稍等几分钟再盖严，挪动干燥器时，不应只端下部，而应按住盖子挪动，如图2-11所示，以防盖子滑落。

图 2-10　开启干燥器　　　　　　　　图 2-11　挪动干燥器

2.3 电光天平及称量方法

2.3.1 电光天平

（1）零点的测定及调整　电光天平与一般分析天平一样，在天平两边都不负载时开启天平，指针左右摆动几次后，或光幕上的数字往复移动几次后待停下，光幕上的中线对准的刻度数即为零点。这个刻度数（格数）直接指示毫克数。例如，光幕上中线对准的是＋0.2mg，即零点在＋0.2mg处。

电光天平的零点如向左或右偏离中央"0"处太大（±1.0mg以上）时，要调整平衡螺丝来调整零点，如果左或右偏离很小，可用天平底版下的微动调节杆来调整毛玻璃屏的位置，使光幕上的中线正好对准映出的影尺上的中央"0"处。

（2）感量的测定　由于电光天平的毫克以下的尾数重量是直接在光幕上反映出来的，所以就不需要计算感量，但仍要有感量的数据。使用者应经常测定天平的感量，以检验天平灵敏度是否合乎要求，如果不合乎要求，就需要调整或检修，一般简单的测定感量的方法是：在天平不负载（或全载）时，加上 10mg 的砝码，开启天平观察光幕上是否反映出 10mg，如反映出（10±0.1）mg，可以认为该架天平感量在万分之一以内。分析天平的灵敏度不应超过（100±2）格/10mg。

（3）**称量尾数（停点和零点）的计算法** 电光天平的称量方法比较简便，容易掌握。在加或减 20mg 以上的砝码时，不要立即将开关旋钮全打开（特别是加或减 100mg 以上的砝码），因为如果两边相差的重量太大，天平指针突然偏歪，容易损坏玛瑙刀口；只要能看出指针明显偏向哪一边，就关上旋钮，调整（加或减）砝码重量，当加（或减）到 20mg 以下时，指针摆动比较缓慢，可以轻轻将旋钮全打开，待光幕上映出的毫克标尺慢慢停下，即可读数计算重量。

使用机械加码装置加减砝码时，应一挡一挡地慢慢加，以免砝码相互碰撞或跳落。当称量到只需使用机械加码装置时，把天平门关闭好后进行称量。

2.3.2 试样的称取方法

试样的称取方法有以下两种。

（1）**减量法** 一般称取试样都是采取减量法，即称取试样的量是以两次称量之差来计算的。取一个洗净并干燥的称量瓶，以纸条套住称干燥的称量瓶，用小角匙将试样装入称量瓶中，其量较需要量稍多（必要时，需经烘箱干燥并在干燥器中冷却）置天平盘上准确称量，设为 m_1（g）。然后用左手量瓶，将它从天平盘上取下（图 2-12）。举在准备要放试样的容器上方，用右手将其盖打开，并将盖也举在容器上方，以防沾在盖上的试样掉落在容器之外。将称量瓶倾斜，用称量瓶盖轻敲瓶口上部，试样慢慢落入容器中。当倾出的试样接近所需要的重量时，将称量瓶左右转动并慢慢向下倾斜，使试样沿瓶壁缓缓滑落在容器中心；如试样粘得紧，也可用盖轻轻敲击瓶口，注意不要使试样细粒撒落在杯外或吹散（图 2-13）。

图 2-12 用纸条套住称量瓶　　　　　　图 2-13 倾倒试样

倾出适当量的试样后，把称量瓶慢慢立起，在容器上方将盖盖好，再将称量瓶放在天平盘上称量。倾样时，很难一次倾准，因此要试称，即第一次倾出需要量的几分之一，粗称此重量，据此，估计并倾出不足的量，然后再将称量瓶准确称量，设为 m_2（g），则 $m_1 - m_2$ 即为试样的重量，减量法适用于连续称取几份试样的测定，特别是吸湿性强的试样必须采取此法称取。

（2）**增重法** 对某些在空气中没有吸湿性的试样或试剂，例如金属或合金等可用下法：先称好放试样用的干净而干燥的小表面皿或经特殊处理的称量纸，然后在另一盘中加上一定重量的砝码，用小角匙将试样逐步加在表面皿上或纸上，使之平衡，即得一定重量之试样，最后将试样全部转移至准备好的容器中。

2.3.3 称量误差

称量误差的主要来源有以下几方面。

（1）因天平安装不正确而引起的误差　主要是因天平安放不水平而引起的误差。天平安放得不水平时，支点刀倾斜，致使支点刀在摆动中两侧摩擦阻力不同，造成天平平衡位置向一侧"溜"的现象，从而引起误差。

（2）因温度差异而引起的误差　若称量物的温度与天平罩内的温度不同，则天平罩内的空气将产生定向流动，同时天平臂长发生改变，因而影响称量结果，故太热或太冷的称量物必须在干燥器中放置一定时间，使其温度达到室温时可称量。

（3）天平两臂不等长所引起的误差　天平两臂不等长将引起误差。在分析结果以百分含量表示时，若全部称量用同一架天平、同一组砝码，每次称量时物体都放在左边，则这种误差可以消除。在某些特殊情况下如必须求出物质的真正重量，则可用双称法或代替法称量，以消除天平两臂不等长所引起的误差。

（4）在空气中称量所引起的误差　两种物体的重量相同而密度不同，则密度小者体积大，体积大者在空气中所受的浮力也大，砝码大多为黄铜所制，黄铜的相对密度为 8.4，大多数被称物的相对密度比 8.4 小，因而在空气中称量所得的重量较在真空中的为小。

（5）使用未校准的砝码所引起的误差　由于砝码不准，有时会引起较大的误差，所以砝码必须每隔半年或一年校准一次。

（6）称量物在称重过程中组成发生变化所引起的误差　有一些称量物能吸收水分或二氧化碳，也有一些能挥发，因此会引起误差，所以在称量这些物质时应用密闭容器，并且称量动作尽可能快些。

（7）其他误差来源　如天平附近有磁场存在，或称量物带有静电等，均会使称量发生误差，应设法避免。

2.3.4　天平的使用规则

① 应爱护天平，小心使用，注意保持天平内外的清洁。天平内如有灰尘，应用软毛刷轻轻扫净。

② 每次称量前应检查天平梁是否托起，天平是否处于水平状态并检查砝码是否缺少，然后测定零点，因为天平的零点是经常改变的。

③ 无论把物体或砝码放在盘上或取下时，一定要先把天平梁托住，否则在放上或取下物体时发生的振动，容易使天平的刀口损坏。放下及升起升降枢时，应缓慢小心，以免损坏刀口。

④ 不要称量过热的或过冷的物体，被称物体的温度应接近室温。

⑤ 绝不可使天平的载重量超过限度，否则要损坏天平。

⑥ 被称物体及较大的砝码应尽可能放在天平的中央。使用自动加码装置时，加减砝码应一挡一挡地慢慢加减，防止砝码相互碰撞或跳落。

⑦ 称量完毕后，应当检查天平梁是否已经托起，砝码是否全部放在砝码盒中，称量瓶等物是否已从天平盘上取出，天平门是否关好，如果是电光天平，还应把加码装置恢复到零位，切断电源。最后罩好天平罩，然后才能离开天平室。

⑧ 砝码使用时，必须用镊子，不得直接用手拿取，应轻拿轻放，避免相互碰击，防止酸、碱、油脂等沾污。

⑨ 称量结果必须记在记录本上，不可记在零星纸片和其他物品上，以免遗失。

⑩ 要保持天平室的整洁、安静，走路、开关门、搬动凳子等一切动作都要轻。

2.4 溶液配制

2.4.1 用容量瓶配制溶液所用仪器

(1) 烧杯、容量瓶、玻璃棒、胶头滴管、托盘天平、分析天平、药匙（固体溶质使用）、移液管（液体溶质使用）。

(2) 容量瓶

① 构造 磨口、细颈、梨形平底。

② 特点 容量瓶上注明温度和容积；容量瓶颈部有刻度线。

③ 使用范围 专门用来配制一定体积、一定物质的量浓度的溶液。

④ 注意事项 使用前先检漏；不可装热或冷的液体；不能用来溶解固体物质或存放液体或进行化学反应。

⑤ 使用容量瓶六忌 一忌用容量瓶进行溶解（体积不准确）；二忌直接往容量瓶倒液（会洒到外面）；三忌加水超过刻度线（浓度偏低）；四忌读数仰视或俯视（仰视浓度偏低，俯视浓度偏高）；五忌不洗涤玻璃棒和烧杯（浓度偏低）；六忌标准溶液存放于容量瓶（容量瓶是量器，不是容器）。

2.4.2 用容量瓶配制溶液的步骤

全过程有计算、称量、溶解、冷却、转移、洗涤、定容、摇匀/装瓶八个步骤。

八字方针：计、量、溶、冷、转、洗、定、摇。

以 $0.1mol/L$ Na_2CO_3 溶液 500mL 为例说明溶液的配制过程。

(1) 计算 Na_2CO_3 物质的量＝$0.1mol/L×0.5L＝0.05mol$，由 Na_2CO_3 摩尔质量 $106g/mol$，则 Na_2CO_3 质量＝$0.05mol×106g/mol＝5.3g$。

(2) 称量 用分析天平称量 5.300g，注意托盘天平、分析天平的使用。

(3) 溶解、冷却 在烧杯中用 100mL 蒸馏水使之完全溶解，并用玻璃棒搅拌（注意：应冷却，不可在容量瓶中溶解）。

(4) 转移、洗涤 把溶解好的溶液移入 500mL 容量瓶，由于容量瓶瓶口较细，为避免溶液洒出，同时不要让溶液在刻度线上面沿瓶壁流下，用玻璃棒引流。为保证溶质尽可能全部转移到容量瓶中，应该用蒸馏水洗涤烧杯和玻璃棒二三次，并将每次洗涤后的溶液都注入到容量瓶中。轻轻振荡容量瓶，使溶液充分混合（用玻璃棒引流）。

(5) 定容 加水到接近刻度 2~3cm 时，改用胶头滴管加蒸馏水到刻度，这个操作叫定容。定容时要注意溶液凹液面的最低处和刻度线相切，眼睛视线与刻度线呈水平，不能俯视或仰视，否则都会造成误差。

(6) 摇匀 定容后的溶液浓度不均匀，要把容量瓶瓶塞塞紧，用食指顶住瓶塞，用另一只手的手指托住瓶底，把容量瓶倒转和摇动多次，使溶液混合均匀。这个操作叫做摇匀。

(7) 装瓶 把定容后的 Na_2CO_3 溶液摇匀。把配制好的溶液倒入试剂瓶中，盖上瓶塞，贴上标签。

2.4.3 使用容量瓶配制溶液注意事项

① 容量瓶是刻度精密的玻璃仪器，不能用来溶解。

② 溶解完溶质后溶液要放置冷却到常温再转移。

③ 溶解用烧杯和搅拌引流用玻璃棒都需要在转移后洗涤两三次。

④ 把小烧杯中的溶液往容量瓶中转移，由于容量瓶的瓶口较细，为避免溶液洒出，同时不要让溶液在刻度线上面沿瓶壁流下，用玻璃棒引流。

⑤ 定容时要注意溶液凹液面的最低处和刻度线相切，眼睛视线与刻度线呈水平，不能俯视或仰视，否则都会造成误差，俯视使溶液体积偏小，使溶液浓度偏大。仰视使溶液体积偏大，使溶液浓度偏小。

⑥ 定容一旦加入水过多，则配制过程失败，不能用吸管再将溶液从容量瓶中吸出到刻度。

⑦ 摇匀后，发现液面低于刻线，不能再补加蒸馏水，因为用胶头滴管加入蒸馏水定容到液面正好与刻线相切时，溶液体积恰好为容量瓶的标定容量。摇匀后，竖直容量瓶时会出现液面低于刻线，这是因为有极少量的液体沾在瓶塞或磨口处。所以摇匀以后不需要再补加蒸馏水，否则所配溶液浓度偏低。

2.4.4　过程演示图

溶液配制过程演示图如图 2-14 所示，用结晶水合物配制一定溶质的质量分数溶液时，要注意将结晶水的质量从溶质中减去，记下所需的蒸馏水的质量中。如果用液体溶质配制溶液，需先根据溶质的密度计算出一定质量的溶质的毫升数，再用量筒来量取溶质的体积，其他操作方法及顺序与固体溶质相同。

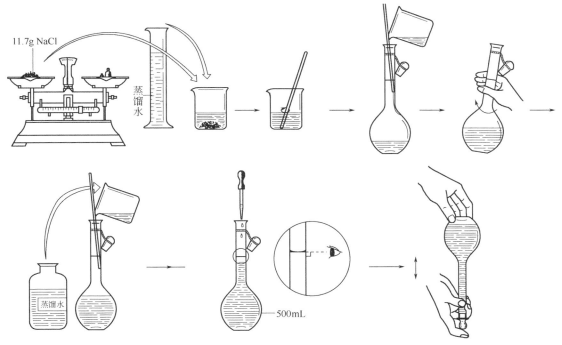

图 2-14　溶液配制过程演示

2.5　水浴加热、沙浴加热、煤气灯使用

加热是实验室中常用的实验手段，这里主要介绍用煤气灯、水浴、沙浴加热。

2.5.1 煤气灯加热

(1) **煤气灯的构造** 煤气灯是实验室中不可缺少的实验工具，种类虽多，但构造原理基本相同。最常用的煤气灯如图 2-15 所示。

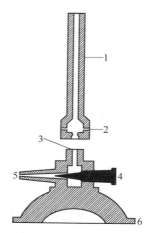

图 2-15　煤气灯的构造
1—灯管；2—空气入口；3—煤气出口；4—螺旋针；5—煤气入口；6—灯座

煤气灯由灯座和灯管组成。灯座由铁铸成，灯管一般是铜管。灯管通过螺口连接在灯座上。空气的进入量可通过灯管下部的几个圆孔来调节。灯座的侧面有煤气入口，用胶管与煤气管道的阀门连接，在另一侧有调节煤气进入量的螺旋阀（针），顺时针关闭。根据需要量大小可调节煤气的进入量。

(2) **煤气灯的使用**

① **煤气灯的点燃** 向下旋转灯管，关闭空气入口；先擦燃火柴，后打开煤气灯开关，将煤气灯点燃。

② **煤气灯火焰的调节** 调节煤气的开关或螺旋针，使火焰保持适当的高度。这时煤气燃烧不完全并且产生炭粒，火焰呈黄色，温度不高。向上旋转灯管调节空气进入量，使煤气燃烧完全，这时火焰由黄变蓝，直至分为三层，称为正常火焰（图 2-16）。

③ **焰心（内层）** 煤气和空气混合并未燃烧，颜色灰黑，温度低，约为 300℃。

④ **还原焰（中层）** 煤气燃烧不完全，火焰含有炭粒，具有还原性，称为还原焰。还原焰火焰呈淡蓝色，温度较高。

⑤ **氧化焰（外层）** 煤气完全燃烧，过剩的空气使火焰具有氧化性，称为氧化焰。氧化焰火焰呈淡紫色，温度高，可达 800～900℃。

煤气灯火焰的最高温度处在还原焰顶端的上部。实验时，一般用氧化焰来加热，根据需要可调节火焰的大小。

当空气或煤气的进入量调节不合适时，会产生不正常火焰，如图 2-17 所示。当空气和煤气进入量都很大时，火焰离开灯管燃烧，称为临空火焰。当火柴熄灭时，火焰也立即熄灭。当空气进入量很大而煤气量很小时，煤气在灯管内燃烧，管口上有细长火焰，这种火焰称为侵入火焰。侵入火焰会把灯管烧得很热，应注意，以免烫手。遇到不正常火焰，要关闭煤气开关，待灯管冷却后重新调节再点燃。

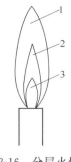

图 2-16　分层火焰

1—氧化焰；2—还原焰；3—焰心

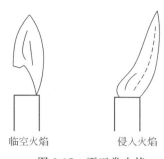

图 2-17　不正常火焰

（3）煤气灯加热　煤气灯直接加热试管中液体或固体时，用试管夹夹在试管的中部偏上的位置，试管略倾斜，管口不要对着人，小火缓慢加热，注意安全。

用煤气灯加热烧杯、锥形瓶、烧瓶等玻璃器皿中的液体时，必须放在石棉网上，所盛液体不应超过烧杯的 1/2 或锥形瓶、烧瓶的 1/3。

加热蒸发皿时，放在石棉网或泥三角上，所盛液体不要超过其容积的 2/3。

用煤气灯灼烧坩埚或加热固体时，坩埚要放在泥三角上，用氧化焰灼烧。先用小火加热，然后逐渐加大火焰灼烧。注意不要让还原焰接触坩埚底部，以防结炭以致破裂。高温下取坩埚时，要用坩埚钳。先将坩埚钳预热再去夹取坩埚，用后要将坩埚钳的尖端向上平放在实验台上。

2.5.2　水浴和沙浴加热

（1）水浴加热　当被加热物质要求受热均匀而温度不超过 100℃时，采用水浴加热。它是通过热水或水蒸气加热盛在容器中的物质。

水浴可以用煤气灯直接加热水浴锅，被加热的容器放在水浴锅的铜圈或者铝圈上。用烧杯盛水并加热至沸代替水浴锅进行水浴加热更为方便。

实验室经常用恒温水浴箱水浴进行加热。恒温水浴箱用电加热，可自动控制温度、同时加热多个样品。水浴箱内盛水不要超过 2/3，被加热的容器不要碰到水浴箱底。

（2）油浴和沙浴加热　当被加热物质要求受热均匀，温度又高于 100℃时，可用油浴或沙浴。油浴加热与水浴加热方法相似。沙浴是在铁制沙盘中装入细沙，将被加热容器下部埋在沙中，用煤气灯或电炉加热沙盘。沙浴温度可达 300～400℃。

2.6　蒸馏和分馏、减压蒸馏

2.6.1　蒸馏和分馏

蒸馏和分馏都是利用有机物沸点不同，在蒸馏过程中将低沸点的组分先蒸出，高沸点的组分后蒸出，从而达到分离提纯的目的。不同的是，分馏是借助于分馏柱使一系列的蒸馏不需多次重复，一次得以完成的蒸馏（分馏就是多次蒸馏），应用范围也不同，蒸馏时混合液体中各组分的沸点要相差 30℃以上，才可以进行分离，而要彻底分离沸点要相差 110℃以上。分馏可使沸点相近的互溶液体混合物（甚至沸点仅相差 1～2℃）得到分离和纯化。

液体的分子由于分子运动有从表面逸出的倾向，这种倾向随着温度的升高而增大，进而在液面上部形成蒸气。当分子由液体逸出的速度与分子由蒸气中回到液体中的速度相等，液面上的蒸气达到饱和，称为饱和蒸气。它对液面所施加的压力称为饱和蒸气压。实验证明，液体的蒸气压只与温度有关。即液体在一定温度下具有一定的蒸气压。当液态物质受热时蒸气压增大到与外界施于液面的总压力（通常是大气压力）相等时，就有大量气泡从液体内部逸出，即液体沸腾。这时的温度称为液体的沸点。

（1）蒸馏　是将液态物质加热到沸腾变为蒸气，又将蒸气冷却为液体这两个过程的联合操作。

纯粹的液体有机化合物在一定的压力下具有一定的沸点（沸程 0.5～1.5℃）。利用这一点，我们可以测定纯液体有机物的沸点，这种方法又称常量法。

但是具有固定沸点的液体不一定都是纯粹的化合物，因为某些有机化合物常和其他组分形成二元或三元共沸混合物，它们也有一定的沸点。

通过蒸馏可除去不挥发性杂质，可分离沸点差大于 30℃的液体混合物，还可以测定纯液体有机物的沸点及定性检验液体有机物的纯度。

（2）分馏　如果将两种挥发性液体混合物进行蒸馏，在沸腾温度下，其气相与液相达成平衡，出来的蒸气中含有较多量易挥发物质的组分，将此蒸气冷凝成液体，其组成与气相组成等同（即含有较多的易挥发组分），而残留物中却含有较多量的高沸点组分（难挥发组分），这就是进行了一次简单的蒸馏。

如果将蒸气凝成的液体重新蒸馏，即又进行一次气液平衡，再度产生的蒸气中，所含的易挥发物质组分又有增高，同样，将此蒸气再经冷凝而得到的液体中，易挥发物质的组成当然更高，这样我们可以利用一连串的有系统的重复蒸馏，最后得到接近纯组分的两种液体。

应用这样反复多次的简单蒸馏，虽然可以得到接近纯组分的两种液体，但是这样做既浪费时间，且在重复多次蒸馏操作中的损失又很大，设备复杂，所以，通常是利用分馏柱进行多次气化和冷凝，这就是分馏。

在分馏柱内，当上升的蒸气与下降的冷凝液互凝相接触时，上升的蒸气部分冷凝放出热量使下降的冷凝液部分气化，两者之间发生了热量交换，其结果，上升蒸气中易挥发组分增加，而下降的冷凝液中高沸点组分（难挥发组分）增加，如果继续多次，就等于进行了多次的气液平衡，即达到了多次蒸馏的效果。这样靠近分馏柱顶部易挥发物质的组分比率高，而在烧瓶里高沸点组分（难挥发组分）的比率高。这样只要分馏柱足够高，就可将这种组分完全彻底分开。工业上的精馏塔就相当于分馏柱。

2.6.2　减压蒸馏

减压蒸馏是分离、提纯有机物的重要方法之一，它特别适用于沸点较高及在常压下蒸馏时易分解、氧化和聚合的物质。有时在蒸馏、回收大量溶剂时，为提高蒸馏速度也考虑采用减压蒸馏的方法。

液体的沸点是指它的饱和蒸气压等于外界大气压时的温度，所以液体沸腾的温度是随外在压力的降低而降低的。用真空泵连接盛有液体的容器，使液体表面上的压力降低，即可降低液体的沸点。这种在较低压力下进行蒸馏的操作称为减压蒸馏，减压蒸馏时物质的沸点与压力有关。

为了使用方便，常把不同的真空度划分为以下几个等级。

低真空度 [101.32～1.3332kPa（760～10mmHg）]：一般可用水泵获得。水泵所达到的最大真空度受水蒸气压力限制，因此，水温在 3～4℃时，水泵可达 0.7999kPa（6mmHg）的真空度；而水温在 20～25℃时，只能达到 2.266～3.333kPa（17～25mmHg）。

中真空度 [1333.2～13.332Pa（10～10⁻¹mmHg）]：一般可由油泵获得。

高真空度 [<13.332Pa（10⁻¹mmHg）]：一般由扩散泵获得。它是利用一种液体的蒸发和冷凝，使空气附着在凝聚的液滴表面上，达到富集气体分子的目的。该泵的作用一方面是抽走集结的气体分子，另一方面可以降低所用液体的汽化点，使其易沸腾。扩散泵所用的工作液可以是泵或其他特殊油类，其极限真空主要取决于工作液的性质。

2.6.3　实验装置

（1）蒸馏装置　主要由汽化、冷凝和接收三部分组成（如图 2-18）。

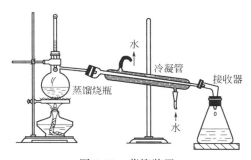

图 2-18　蒸馏装置

① 蒸馏瓶　蒸馏瓶的选用与被蒸液体量的多少有关，通常装入液体的体积应为蒸馏瓶容积的 1/3～2/3。液体量过多或过少都不宜。在蒸馏低沸点液体时，选用长颈蒸馏瓶；而蒸馏高沸点液体时，选用短颈蒸馏瓶。

② 温度计　温度计应根据被蒸馏液体的沸点来选，低于 100℃，可选用 100℃温度计；高于 100℃，应选用 250～300℃水银温度计。

③ 冷凝管　冷凝管可分为水冷凝管和空气冷凝管两类，水冷凝管用于被蒸液体沸点低于 140℃；空气冷凝管用于被蒸液体沸点高于 140℃。

④ 尾接管及接收瓶　尾接管将冷凝液导入接收瓶中。常压蒸馏选用锥形瓶为接收瓶，减压蒸馏选用圆底烧瓶为接收瓶。

仪器安装顺序为：先下后上，先左后右。卸仪器与其顺序相反。

（2）减压蒸馏系统　可分为蒸馏、抽气以及保护和测压装置三部分（图 2-19）。

① 蒸馏部分　这一部分与普通蒸馏相似，亦可分为三个组成部分。

a. 减压蒸馏瓶（克氏蒸馏瓶）有两个颈，其目的是为了避免减压蒸馏时瓶内液体由于沸腾而冲入冷凝管中，瓶的一颈中插入温度计，另一颈中插入一根距瓶底约 1～2mm 的末端拉成细丝的毛细管的玻管。毛细管的上端连有一段带螺旋夹的橡皮管，螺旋夹用以调节进入空气的量，使极少量的空气进入液体，呈微小气泡冒出，作为液体沸腾的汽化中心，使蒸馏平稳进行，又起搅拌作用。

b. 冷凝管和普通蒸馏相同。

c. 接液管（尾接管）和普通蒸馏不同的是，接液管上具有可供接抽气部分的小支管。

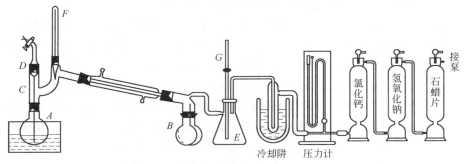

图 2-19　减压蒸馏系统

蒸馏时，若要收集不同的馏分而又不中断蒸馏，则可用两尾或多尾接液管。转动多尾接液管，就可使不同的馏分进入指定的接收器中。

② 抽气部分　实验室通常用水泵或油泵进行减压。

水泵（水循环泵）：所能达到的最低压力为 1kPa。

油泵：油泵的效能决定于油泵的机械结构以及真空泵油的好坏。好的油泵能抽至真空度为 13.3Pa。油泵结构较精密，工作条件要求较严。蒸馏时，如果有挥发性的有机溶剂、水或酸的蒸气，都会损坏油泵及降低其真空度。因此，使用时必须十分注意油泵的保护。

③ 保护和测压装置部分　为了保护油泵必须在馏液接收器与油泵之间顺次安装冷阱和几个吸收塔。冷阱中冷却剂的选择随需要而定。吸收塔（干燥塔）通常设三个：第一个装无水 $CaCl_2$ 或硅胶，吸收水汽；第二个装粒状 NaOH，吸收酸性气体；第三个装切片石蜡，吸收烃类气体。

实验室通常利用水银压力计来测量减压系统的压力。水银压力计又有开口式水银压力计、封闭式水银压力计。

2.7　结晶和重结晶

重结晶是提纯固体有机化合物的常用方法之一，是将晶体溶于溶剂或熔融以后，又重新从溶液或熔体中结晶的过程，又称再结晶。

固体混合物在溶剂中的溶解度与温度有密切关系。一般是温度升高，溶解度增大。若把固体溶解在热的溶剂中达到饱和，冷却时即由于溶解度降低，溶液变成过饱和而析出晶体。利用溶剂对被提纯物质及杂质的溶解度不同，可以使被提纯物质从过饱和溶液中析出。而让杂质全部或大部分仍留在溶液中（若在溶剂中的溶解度极小，则配成饱和溶液后被过滤除去），从而达到提纯目的。

2.7.1　溶剂的选择

被提纯的化合物，在不同溶剂中的溶解度与化合物本身的性质以及溶剂的性质密切相关，通常是极性化合物易溶于极性溶剂，非极性化合物易溶于非极性溶剂。所以溶剂的选择要注意，通常情况下，通过实验的方法进行选择。

① 不与被提纯的化合物发生化学反应。

② 在较高温度时能溶解多量的被提纯物质；而在室温或更低温度时，只能溶解很少量的该种物质；对杂质的溶解非常大或者非常小（前一种情况是使杂质留在母液中不随被提纯物晶体一同析出；后一种情况是使杂质在热过滤时被滤去）。

③ 容易挥发（溶剂的沸点较低），易于结晶分离除去。

④ 无毒或毒性很小，便于操作，价廉易得。

⑤ 适当时候可以选用混合溶剂。

2.7.2 重结晶的操作

① 首先通过试验结果或查阅溶解度数据计算被提取物所需溶剂的量，再将被提取物晶体置于锥形瓶中，加入较需要量稍少的适宜溶剂，加热到沸腾一段时间后，若未完全溶解，可再添加溶剂，每次加溶剂后需再加热使溶液沸腾，直至被提取物晶体完全溶解（但应注意，在补加溶剂后，发现未溶解固体不减少，应考虑是不溶性杂质，此时就不要再补加溶剂，以免溶剂过量）。

如需脱色，待溶液稍冷后，加入活性炭，煮沸 5～10min。

② 接着我们进行过滤，常用的过滤方法有常压过滤、减压过滤和热过滤三种。

a. 常压过滤最为简便，在玻璃漏斗内壁紧贴一张折成锥形的滤纸，用玻璃棒转移溶液进行过滤。此时应注意，玻璃棒要靠在三层滤纸处，漏斗颈应靠在接收容器的壁上，先转移溶液，后转移沉淀，漏斗内液面不得超过滤纸高度的 2/3。

b. 减压过滤也称抽滤，由于循环水泵的抽气，使得吸滤瓶内压力下降，在布氏漏斗内的液面和吸滤瓶内造成一个压力差，因此提高了过滤的速度。装置中设置一个安全瓶，是为了防止自来水倒吸而使滤液沾污并冲稀。正因如此，停止过滤时应先拔掉吸滤瓶上橡皮管，然后再关循环水泵。抽滤所用的滤纸，应略小于漏斗内径，但又能把瓷孔全部盖没。过滤时，先将滤纸湿润，然后抽气使滤纸贴紧，再往漏斗中转移溶液。

c. 热过滤通常采用热漏斗过滤，它的外壳是用金属薄板制成的，其内装有热水，必要时还可在外部加热，以维持过滤液的温度。重结晶时常采用热过滤，如果没有热漏斗，可用普通漏斗在水浴上加热，然后立即使用。此时应注意选择颈部较短的漏斗。热过滤常采用折叠滤纸。

③ 结晶

a. 将滤液在室温或保温下静置使之缓缓冷却（如滤液已析出晶体，可加热使之溶解），析出晶体，再用冷水充分冷却。必要时，可进一步用冰水或冰盐水等冷却（视具体情况而定，若使用的溶剂在冰水或冰盐水中能析出结晶，就不能采用此步骤）。

b. 有时由于滤液中有焦油状物质或胶状物存在，使结晶不易析出，或有时因形成过饱和溶液也不析出晶体，在这种情况下，可用玻璃棒摩擦器壁以形成粗糙面，使溶质分子成定向排列而形成结晶的过程较在平滑面上迅速和容易；或者投入晶种（同一物质的晶体，若无此物质的晶体，可用玻璃棒蘸一些溶液稍干后即会析出晶体），供给定型晶核，使晶体迅速形成。

c. 有时被提纯化合物呈油状析出，虽然该油状物经长时间静置或足够冷却后也可固化，但这样的固体往往含有较多的杂质（杂质在油状物中常较在溶剂中的溶解度大；其次，析出的固体中还包含一部分母液），纯度不高。用大量溶剂稀释，虽可防止油状物生成，但将使产物大量损失。这时可将析出油状物的溶液重新加热溶解，然后慢慢冷却。当油状物析出时便剧烈搅拌混合物,使油状物在均匀分散的状况下固化,但最好是重新选择溶剂,使其得到晶形产物。

d. 过滤,我们一般采用减压过滤。

减压过滤程序介绍:剪裁符合规格的滤纸放入漏斗中,用少量溶剂润湿滤纸,开启水泵并关闭安全瓶上的活塞,将滤纸吸紧。打开安全瓶上的活塞,再关闭水泵,借助玻璃棒,将待分离物分批倒入漏斗中,并用少量滤液洗出黏附在容器上的晶体,一并倒入漏斗中,再次开启水泵并关闭安全瓶上的活塞进行减压过滤至漏斗颈口无液滴为止。打开安全瓶上的活塞,再关闭水泵。用少量溶剂润湿晶体,再次开启水泵并关闭安全瓶上的活塞进行减压过滤直至漏斗颈口无液滴为止。

e. 结晶的干燥 一般晶体要进行必要的干燥。固体干燥的方法很多,要根据重结晶所用溶剂及结晶的性质来选择:空气晾干(不吸潮的低熔点物质在空气中干燥是最简单的干燥方法);烘干(对空气和温度稳定的物质可在烘箱中干燥,烘箱温度应比被干燥物质的熔点低 20~50℃);用滤纸吸干(此方法易将滤纸纤维污染到固体物上);置于干燥器中干燥。

2.8 汞的安全使用和汞的纯化

汞中毒分急性和慢性两种。急性中毒多为高汞盐(如 $HgCl_2$ 入口所致,0.1~0.3g 即可致死)。吸入汞蒸气会引起慢性中毒,症状有:食欲不振、恶心、便秘、贫血、骨骼和关节疼、精神衰弱等。汞蒸气的最大安全浓度为 $0.1mg \cdot m^{-3}$,而 20 度时汞的饱和蒸气压为 0.0012mmHg,超过安全浓度 100 倍。所以使用汞必须严格遵守安全用汞操作规定。

2.8.1 安全用汞操作规定

① 不要让汞直接暴露于空气中,盛汞的容器应在汞面上加盖一层水。

② 装汞的仪器下面一律放置浅瓷盘,防止汞滴散落到桌面上和地面上。

③ 一切转移汞的操作,也应在浅瓷盘内进行(盘内装水)。

④ 实验前要检查装汞的仪器是否放置稳固。橡皮管或塑料管连接处要缚牢。

⑤ 储汞的容器要用厚壁玻璃器皿或瓷器。用烧杯暂时盛汞,不可多装以防破裂。

⑥ 若有汞掉落在桌上或地面上,先用吸汞管尽可能将汞珠收集起来,然后用硫黄盖在汞溅落的地方,并摩擦使之生成 HgS。也可用 $KMnO_4$ 溶液使其氧化。

⑦ 擦过汞或汞齐的滤纸或布必须放在有水的瓷缸内。

⑧ 盛汞器皿和有汞的仪器应远离热源,严禁把有汞仪器放进烘箱。

⑨ 使用汞的实验室应有良好的通风设备,纯化汞应有专用的实验室。

⑩ 手上若有伤口,切勿接触汞。

2.8.2 汞的纯化

① 汞中的两类杂质:一类是外部沾污,如盐类或悬浮脏物。可用多次水洗及用滤纸刺一小孔过滤除去。另一类是汞与其他金属形成的合金,例如极谱实验中,金属离子在汞阴极上还原成金属并与汞形成合金。

② 易氧化的金属(如 Na、Zn 等)可用硝酸溶液氧化除去。把汞倒入装有毛细管或包有多层绸布的漏斗,汞分散成细小汞滴洒落在 10% HNO_3 中,自上而下与溶液充分接触,

金属被氧化成离子溶于溶液中，而纯化的汞聚集在底部。一次酸洗如不够纯净，可酸洗数次。

2.9 高压钢瓶的使用及注意事项

2.9.1 气体钢瓶的使用

① 在钢瓶上装上配套的减压阀。检查减压阀是否关紧，方法是逆时针旋转调压手柄至螺杆松动为止。

② 打开钢瓶总阀门，此时高压表显示出瓶内贮气总压力。

③ 慢慢地顺时针转动调压手柄，至低压表显示出实验所需压力为止。

④ 停止使用时，先关闭总阀门，待减压阀中余气逸尽后，再关闭减压阀。

2.9.2 注意事项

① 钢瓶应存放在阴凉、干燥、远离热源的地方。可燃性气瓶应与氧气瓶分开存放。

② 搬运钢瓶要小心轻放，钢瓶帽要旋上。

③ 使用时应装减压阀和压力表。可燃性气瓶（如 H_2、C_2H_2）气门螺丝为反丝；不燃性或助燃性气瓶（如 N_2、O_2）为正丝。各种压力表一般不可混用。

④ 不要让油或易燃有机物沾染在气瓶上（特别是气瓶出口和压力表上）。

⑤ 开启总阀门时，不要将头或身体正对总阀门，防止阀门或压力表冲出伤人。

⑥ 不可把气瓶内气体用光，以防重新充气时发生危险。

⑦ 使用中的气瓶每 3 年应检查一次，装腐蚀性气体的钢瓶每 2 年检查一次，不合格的气瓶不可继续使用。

⑧ 氢气瓶应放在远离实验室的专用小屋内，用紫铜管引入实验室，并安装防止回火至氢气瓶。

第二部分

基本技能实验

实验一　二氧化碳相对分子质量的测定

实验目的

（1）了解气体密度法测定气体相对分子质量的原理和方法。

（2）了解气体净化和干燥的原理和方法。

（3）熟练掌握启普发生器的使用。

（4）进一步掌握天平的使用。

实验原理

根据阿伏伽德罗定律，同温同压下，同体积的任何气体含有相同数目的分子。因此，在同温同压下，同体积的两种气体的质量之比等于它们的相对分子质量之比，即：

$$\frac{m_1}{m_2} = \frac{M_1}{M_2}$$

式中，m_1 和 M_1 分别代表第一种气体的质量和相对分子质量；m_2 和 M_2 分别代表第二种气体的质量和相对分子质量。

若测得同体积的这两种气体的质量，并已知其中一种气体的相对分子质量，则可求出另一种气体的相对分子质量。

本实验将空气作为已知相对分子质量（29.0）的气体，来测定二氧化碳气体的相对分子质量。因此，在实验中只要测出一定体积二氧化碳的质量 m_{CO_2}，根据实验时的大气压 p、温度 T，利用理想气体状态方程计算出同体积空气的质量 $m_{空气}$，即可求出二氧化碳的相对分子质量：

$$M_{CO_2} = 29.0 \times \frac{m_{CO_2}}{m_{空气}}$$

仪器与试剂

1. 仪器

启普发生器、洗气瓶（2 只）、250mL 锥形瓶、台秤、分析天平、温度计、气压计、橡皮管、橡皮塞等。

2. 试剂

6mol·L^{-1} HCl 溶液、1mol·L^{-1} NaHCO$_3$ 溶液、1mol·L^{-1} CuSO$_4$ 溶液、Ca(OH)$_2$ 饱和溶液、无水氯化钙（s）、大理石。

实验步骤

1. 二氧化碳的制备

二氧化碳是由盐酸与大理石（CaCO$_3$）反应而制得，按图1连接好二氧化碳气体的发生和净化装置。在启普发生器中放入大理石，加入 6mol·L^{-1} HCl 溶液，打开旋塞，盐酸即从底部上升而与大理石反应，产生二氧化碳。从启普发生器产生的二氧化碳气体，通过饱和 NaHCO$_3$ 溶液、浓硫酸、无水氯化钙，经过净化和干燥后，导入锥形瓶内。

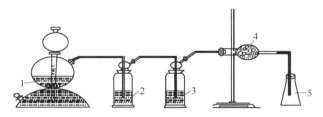

图 1　二氧化碳的发生和净化装置

1—大理石＋稀盐酸；2—饱和 NaHCO$_3$；3—浓 H$_2$SO$_4$；4—无水 CaCl$_2$；5—收集器

2. 二氧化碳相对分子质量的测定

（1）装满空气的锥形瓶和塞子的质量　取一个洁净而干燥的锥形瓶，选一个合适的橡皮塞塞入瓶口，在塞子上作一个记号，以固定塞子塞入瓶口的位置。在天平上称出（空气＋瓶＋塞子）的质量。

（2）装满二氧化碳的锥形瓶和塞子的质量　因为二氧化碳气体的相对密度大于空气，所以必须把导气管插入瓶底，才能把瓶内的空气赶尽。2～3min 后，用燃着的火柴在瓶口检查 CO$_2$ 已充满后，再慢慢取出导气管用塞子塞住瓶口（应注意塞子是否在原来塞入瓶口的位置上）。在天平上称出（二氧化碳气体＋瓶＋塞子）的质量，重复通入二氧化碳气体和称量的操作，直到前后两次（二氧化碳气体＋瓶＋塞子）的质量相符为止（两次质量相差不超过 1～2mg）。这样做是为了保证瓶内的空气已完全被排出并充满了二氧化碳气体。

（3）装满水的锥形瓶和塞子的质量　在瓶内装满水，塞好塞子（注意塞子的位置），在台秤上称重，精确至 0.1g。记下室温和大气压。

数据记录和结果处理

室温 t(℃)_____，T(K)_____

气压 p(Pa)_____

（空气＋瓶＋塞子）的质量 m_A_____g

（二氧化碳气体＋瓶＋塞子）的质量 m_B_____g

（水＋瓶＋塞子）的质量 m_C_____g

瓶的容积 $V=(m_C-m_A)/1.00$ _____mL

瓶内空气的质量 $m_{空气}$_____g

瓶和塞子的质量 $m_D=m_A-m_{空气}$_____g

二氧化碳气体的质量 $m_{CO_2}=m_B-m_D$_____g

二氧化碳的相对分子质量 M_{CO_2}_____

注意事项

（1）实验室安全问题。不得进行违规操作，有问题及时处理或向老师报告。

（2）分析天平的使用。注意保护天平，防止发生错误的操作。

（3）启普发生器的正确使用，气体的净化与干燥操作。

思考题

（1）在制备二氧化碳的装置中，能否把瓶2和瓶3倒过来装置？为什么？

（2）为什么（二氧化碳气体＋瓶＋塞子）的质量要在天平上称量，而（水＋瓶＋塞子）的质量则可以在台秤上称量？两者的要求有何不同？

（3）为什么在计算锥形瓶的容积时不考虑空气的质量，而在计算二氧化碳的质量时却要考虑空气的质量？

实验二　摩尔气体常数的测定

实验目的

（1）了解一种测定摩尔气体常数的方法。

（2）熟悉分压定律与气体状态方程的应用。

（3）练习分析天平的使用与测量气体体积的操作。

实验原理

在理想气体状态方程 $pV=nRT$ 中，摩尔气体常数的数值可以通过实验来确定。

本实验通过测定金属镁置换盐酸中的氢气的体积来确定 R 的数值，其反应式为：

$$Mg(s)+2H^+(aq)\!=\!\!=\!Mg^{2+}(aq)+H_2(g)$$

准确称取一定质量（m_{Mg}）的金属镁，使其与过量的盐酸反应，在一定的温度和压力下，由量气管可测出被置换出来的氢气体积（V），由镁的质量求得氢气的物质的量（n_{H_2}），代入理想气体状态方程即可求出 R 的数值：

$$R=\frac{p_{H_2}V}{n_{H_2}T}, \quad n_{H_2}=\frac{m_{H_2}}{M_{H_2}}=\frac{m_{Mg}}{M_{Mg}}$$

由于氢气是在水上面收集的，氢气中混有水蒸气，根据分压定律，氢气的分压应是混合气体的总压 p 与水蒸气分压 p_{H_2O} 之差：$p_{H_2}=p-p_{H_2O}$。

式中总压 p 可由气压计测得，水的饱和蒸气压 p_{H_2O} 可根据实验温度 t 查阅得到。

仪器与试剂

1. 仪器

分析天平、测定气体常数的装置（图1）。

2. 试剂

盐酸（$6mol\cdot L^{-1}$）、镁条（纯）。

实验步骤

1. 镁条称量

取两根镁条，用砂纸擦去其表面氧化膜，然后在分析天平上分别称出其质量，并用称量

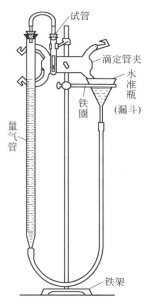

试管

滴定管夹

水准瓶

铁圈

(漏斗)

量气管

铁架

图 1　气体常数测定装置

纸包好记下质量，待用。

镁条质量以 0.0300～0.0400g 为宜。镁条质量若太小，会增大称量及测定的相对误差。质量若太大，则产生的氢气体积可能超过量气管的容积而无法测量。称量要求准确至 ±0.0001g。

2. 仪器的装置和检查

按图 1 装置仪器。注意应将铁圈装在滴定管夹的下方，以便可以自由移动水准瓶（漏斗）。打开量气管的橡皮塞，从水准瓶注入自来水，使量气管内液面略低于刻度"0"。上下移动水准瓶，以赶尽附着于橡皮管和量气管内壁的气泡，然后塞紧量气管的橡皮塞。

为了准确量取反应中产生的氢气体积，整个装置不能有泄漏之处。检查漏气的方法如下：塞紧装置中连接处的橡皮管，然后将水准瓶（漏斗）向下（或向上）移动一段距离，使水准瓶内液面低于（或高于）量气管内液面。若水准瓶位置固定后，量气管内液面仍不断下降（或上升），表示装置漏气，则应检查各连接处是否严密（注意橡皮塞及导气管间连接是否紧密）。务必使装置不再漏气，然后将水准瓶放回检漏前的位置。

3. 金属与稀酸反应前的准备

取下反应用试管，将 3mL 6mol·L^{-1} HCl 溶液通过漏斗注入试管中（将漏斗移出试管时，不能让酸液沾在试管壁上）。稍稍倾斜试管，将已称好质量的镁条按压平整后蘸少许水贴在试管壁上部，确保镁条不与硫酸接触，然后小心固定试管，塞紧（旋转）橡皮塞（动作要轻缓，谨防镁条落入稀酸溶液中）。

再次检查装置是否漏气。若不漏气，可调整水准瓶位置，使其液面与量气管内液面保持在同一水平面，然后读出量气管内液面的弯月面最低点读数。要求读准至 ±0.01mL，并记下读数。

4. 氢气的发生、收集和体积的量度

松开铁夹，稍稍抬高试管底部，使稀硫酸与镁条接触（切勿使酸碰到橡皮塞）；待镁条落入稀酸溶液中后，再将试管恢复原位。此时反应产生的氢气会使量气管内液面开始下降。

为了不使量气管内因气压增大而引起漏气，在液面下降的同时应慢慢向下移动水准瓶，使水准瓶内液面随量气管内液面一齐下降，直至反应结束，量气管内液面停止下降。

待反应试管冷却至室温（约需 10 多分钟），再次移动水准瓶，使其与量气管的液面处于同一水平面，读出并记录量气管内液面的位置。每隔 2～3min，再读数一次，直到读数不变为止。记下最后的液面读数及此时的室温和大气压力。从相关资料中查出相应于室温时水的饱和蒸气压。

打开试管口的橡皮塞，弃去试管内的溶液，洗净试管，并取另一份镁条重复进行一次实验。记录实验结果。

数据记录与处理

实验编号	1	2
镁条质量 m_{Mg}/g		
反应前量气管内液面的读数 V_1/mL		
反应后量气管内液面的读数 V_2/mL		
反应置换出 H_2 的体积 V_{H_2}/mL		
室温 T/K		
大气压力 p/Pa		
室温时水的饱和蒸气压 p_{H_2O}/Pa		
氢气的分压 $p_{H_2}=(p-p_{H_2O})/Pa$		
氢气的物质的量 $n_{H_2}=\dfrac{m_{Mg}}{M_{Mg}}/mol$		
摩尔气体常数 $R=\dfrac{p_{H_2}V}{n_{H_2}T}$		
R 的实验平均值 $=\dfrac{R_1+R_2}{2}$		
相对误差(RE) $=\dfrac{R_{实验值}-R_{文献值}}{R_{文献值}}\times100\%$		

分析产生误差的原因：

注意事项

（1）将铁圈装在滴定管夹的下方，以便可以自由移动水准瓶（漏斗）。

（2）橡皮塞与试管和量气管口要先试试合适后再塞紧，不能硬塞，防止管口塞烂。

（3）从水准瓶注入自来水，使量气管内液面略低于刻度"0"。

（4）橡皮管内气泡排净标志：皮管内透明度均匀，无浅色块状部分。

（5）气路通畅：试管和量气管间的橡皮管勿打折，保证通畅后再检查漏气或进行反应。

（6）装 HCl：长颈漏斗将 HCl 注入试管中，不能让酸液沾在试管壁上！

（7）贴镁条：按压平整后蘸少许水贴在试管壁上部，确保镁条不与硫酸接触，然后小心固定试管，塞紧（旋转）橡皮塞，谨防镁条落入稀酸溶液中。

（8）反应：检查不漏气后再反应（切勿使酸碰到橡皮塞）。

（9）读数：调两液面处于同一水平面，冷至室温后读数（小数点后两位，单位 mL）。

思考题

（1）本实验中置换出的氢气的体积是如何量度的？为什么读数时必须使水准瓶内液面与量气管内液面保持在同一水平面？

（2）量气管内气体的体积是否等于置换出氢气的体积？量气管内气体的压力是否等于氢气的压力？为什么？

（3）试分析下列情况对实验结果有何影响：

① 量气管（包括量气管与水准瓶相连接的橡皮管）内气泡未赶尽；

② 镁条表面的氧化膜未擦净；

③ 固定镁条时，不小心使其与稀酸溶液有了接触；

④ 反应过程中，实验装置漏气；

⑤ 记录液面读数时，量气管内液面与水准瓶内液面不处于同一水平面；

⑥ 反应过程中，因量气管压入水准瓶中的水过多，造成水由水准瓶中溢出；

⑦ 反应完毕，未等试管冷却到室温即进行体积读数。

实验三　乙酸电离平衡常数的测定

实验目的

(1) 掌握电导、电导率、摩尔电导率的概念以及它们之间的相互关系。

(2) 掌握电导法测定弱电解质电离平衡常数的原理。

实验原理

1. 电离平衡常数 K_c 的测定原理

在弱电解质溶液中，只有已经电离的部分才能承担传递电量的任务。在无限稀释的溶液中可以认为弱电解质已全部电离，此时溶液的摩尔电导率为 Λ_m^∞，可以用离子的极限摩尔电导率相加而得。而一定浓度下电解质的摩尔电导率 Λ_m 与无限稀释的溶液的摩尔电导率 Λ_m^∞ 是有区别的，这由两个因素造成，一是电解质的不完全离解，二是离子间存在相互作用力。二者之间有如下近似关系：

$$\alpha = \frac{\Lambda_m}{\Lambda_m^\infty} \tag{1}$$

式中，α 为弱电解质的电离度。

对 AB 型弱电解质，如乙酸（即醋酸 HAc），在溶液中电离达到平衡时，其电离平衡常数 K_c 与浓度 c 和电离度 α 的关系推导如下：

$$CH_3COOH \rightleftharpoons CH_3COO^- + H^+$$

起始浓度	c	0	0
平衡浓度	$c(1-\alpha)$	$c\alpha$	$c\alpha$

$$K_c = \frac{c\alpha^2}{1-\alpha} \tag{2}$$

以式（1）代入式（2）得：

$$K_c = \frac{c\Lambda_m^2}{\Lambda_m^\infty(\Lambda_m^\infty - \Lambda_m)} \tag{3}$$

因此，只要知道 Λ_m^∞ 和 Λ_m 就可以算得该浓度下乙酸的电离常数 K_c。

将式（3）整理后还可得：

$$\Lambda_m c = (\Lambda_m^\infty)^2 K_c \frac{1}{\Lambda_m} - \Lambda_m^\infty K_c \tag{4}$$

由式（4）可知，测定系列浓度下溶液的摩尔电导率 Λ_m，将 $\Lambda_m c$ 对 $\frac{1}{\Lambda_m}$ 作图可得一条直线，由直线斜率可测出在一定浓度范围内 K_c 的平均值。

2. 摩尔电导率 Λ_m 的测定原理

电导是电阻的倒数，用 G 表示，单位 S（西门子）。电导率则为电阻率的倒数，用 κ 表示，单位为 $G \cdot m^{-1}$。

摩尔电导率的定义为：含有 1mol 电解质的溶液，全部置于相距为 1m 的两个电极之间，这时所具有的电导称为摩尔电导率。摩尔电导率与电导率之间有如下的关系：

$$\Lambda_m = \frac{\kappa}{c} \tag{5}$$

式中，c 为溶液中物质的量浓度，$mol \cdot m^{-3}$。

在电导池中，电导的大小与两极之间的距离 l 成反比，与电极的面积 A 成正比。

$$G = \kappa \frac{A}{l} \tag{6}$$

由式（6）可得：

$$\kappa = \frac{l}{A} G = K_{cell} G \tag{7}$$

对于固定的电导池，l 和 A 是定值，故比值 l/A 为一常数，以 K_{cell} 表示，称为电导池常数，单位为 m^{-1}。为了防止极化，通常将铂电极镀上一层铂黑，因此真实面积 A 无法直接测量，通常将已知电导率 κ 的电解质溶液（一般用的是标准的 $0.01000 mol \cdot L^{-1}$ KCl 溶液）注入电导池中，然后测定其电导 G 即可由式（7）算得电导池常数 K_{cell}。

当电导池常数 K_{cell} 确定后，就可用该电导池测定某一浓度 c 的乙酸溶液的电导，再用式（7）算出 κ，将 c、κ 值代入式（5），可算得该浓度下乙酸溶液的摩尔电导率。

在这里 Λ_m^∞ 的求测是一个重要问题，对于强电解质溶液可测定其在不同浓度下摩尔电导率再外推而求得，但对弱电解质溶液则不能用外推法，通常是将该弱电解质正、负两种离子的无限稀释摩尔电导率加和计算而得，即：

$$\Lambda_m^\infty = \upsilon_+ \lambda_{m,+}^\infty + \upsilon_- \lambda_{m,-}^\infty \tag{8}$$

不同温度下乙酸 Λ_m^∞ 的值见表1。

表1　不同温度下乙酸 Λ_m^∞ 的值　　　　　　　　　　单位：$S \cdot m^2 \cdot mol^{-1}$

温度/K	298.2	303.2	308.2	313.2
$\Lambda_m^\infty \times 10^2$	3.908	4.198	4.489	4.779

仪器与试剂

1. 仪器

DDS-11A 电导率仪、滴定管（酸式）、烧杯、锥形瓶。

2. 试剂

$0.100 mol \cdot L^{-1}$ HAc 标准溶液。

实验步骤

1. 配制不同浓度的 HAc 溶液

将四只干燥洁净的烧杯编成 1～4 号，然后按下表的烧杯编号用两支滴定管分别准确放入已知浓度的 HAc 溶液和去离子水。

2. 乙酸溶液电导率的测定

用电导率仪由稀到浓测定 1～4 号 HAc 溶液的电导率，记录数据。

数据记录与处理

编号	$V(HAc)/mL$	$V(H_2O)/mL$	$c(HAc)/mol \cdot L^{-1}$	$\kappa/S \cdot m^{-1}$	$\Lambda_m/S \cdot m^2 \cdot mol^{-1}$	α	K_c
1	3.00	45.00					
2	6.00	42.00					
3	12.00	36.00					
4	24.00	24.00					

测定时温度 _____℃，$\Lambda_{m,HAc}^{\infty}$ _____ $S \cdot m^2 \cdot mol^{-1}$，HAc 标准溶液浓度 _____，HAc 的电离平衡常数 K_c _____。

注意事项

（1）计算 Λ_m 和 K_c 时，需注意浓度 c 单位的区别。

（2）温度对溶液的电导影响较大，因此测量时应保证恒温。

思考题

（1）电解质溶液导电的特点是什么？

（2）什么叫溶液的电导、电导率和摩尔电导率？为什么 Λ_m 与 Λ_m^{∞} 之比即为弱电解质的电离度？

（3）测定 HAc 溶液的电导率时，测定顺序为什么应由稀到浓？

实验四　分光光度法测定铬离子和EDTA 二钠盐反应的活化能

实验目的

（1）了解分光光度计的使用方法。

（2）测定铬离子和 EDTA 二钠盐反应的活化能。

实验原理

$$Cr^{3+} + H_2Y^{2-} \longrightarrow CrY^- + 2H^+$$

上述反应的速率和速率方程表示如下：

$$v = -\frac{\Delta c_{Cr^{3+}}}{\Delta t} = -\frac{\Delta c_{H_2Y^{2-}}}{\Delta t} = \frac{\Delta c_{CrY^-}}{\Delta t} = kc_{Cr^{3+}}^m c_{H_2Y^{2-}}^n$$

本实验中，将等体积和等浓度的上述两种反应物混合，由于室温时反应进行得很慢，因此可控制在 50℃、60℃ 和 70℃ 的温度下进行。反应时间为 5min，然后在溶液中加入水，并浸入冰水中使反应停止进行（这种方法称为反应的"冻结"）。产物 CrY^- 具有特征的颜色，其浓度的增加与用分光光度计测得的吸光度成正比，因反应规定在同样的时间内（5min）进行，因此反应速率和 5min 周期内 CrY^- 的浓度成正比。如果在不同温度下，Cr^{3+} 和 H_2Y^{2-} 的起始浓度都是相同的，就可从速率方程中看出，k 值和速率成正比，因此有：

$$k \propto v \propto c_{CrY^-,生成} \propto A(吸光度)$$

根据阿伦尼乌斯方程：

$$\lg k = -\frac{E_a}{2.303RT} + B$$

测出不同温度时的 k 值，以 $\lg k$ 对 $1/T$ 作图得一直线，其斜率为 $-E_a/2.303R$，从而可以测得 E_a。本实验中以吸光度 A 代替 k。

仪器与试剂

1. 仪器

722 型分光光度计、温度计、容量瓶（25mL）、中试管（ϕ20mm×100mm）、恒温槽。

2. 试剂

$Cr(NO_3)_3$ 溶液（0.050mol·L^{-1}）、Na_2Y^{2-} 溶液（0.050mol·L^{-1}）。

实验步骤

（1）分别量取 5mL 0.050mol·L^{-1} $Cr(NO_3)_3$ 溶液和 5mL 0.050mol·L^{-1} Na_2Y^{2-} 溶液。

（2）当水浴温度达（50±1）℃时，在试管中混合上述两溶液，并摇匀，立即将试管放入水浴中，开始计时，不断轻轻振荡试管。

（3）准确计时 5min 后，将试管从水浴中取出，立即加入 5mL 去离子水，并将试管立即放入冰浴中，轻轻振荡试管。

（4）数分钟后，当溶液冷却至冰水温度时，将溶液转移入 25mL 容量瓶中，试管用少量去离子水淋洗三次，并入容量瓶中，加水至刻度，充分混合后，应在 15min 内完成透光率的测定。

（5）调节波长为 545nm，取 1cm 厚度的比色皿，用蒸馏水作参比液，测定试样的透光率。

（6）分别在 60℃ 和 70℃ 的条件下重复（1）～（5）步骤的实验。

数据记录与处理

温度/℃	T/K	$\frac{1}{T}$/K^{-1}	透光率/%	吸光度(A) $A = 2 - \lg T_{透}$	吸光度的对数 $\lg A$
50					
60					
70					

（1）以吸光度的对数为纵坐标，$1/T$ 为横坐标，作图。

（2）由图求斜率。

（3）由斜率计算反应的活化能 E_a。

注意事项

（1）要严格控制反应温度和时间。

（2）为减少误差，本实验测定溶液的透光率，然后以吸光度 $A = 2 - \lg T_{透}$ 作图。

思考题

（1）为什么 Cr^{3+} 和 Na_2Y^{2-} 反应活化能可用分光光度法测定？

（2）各种溶液为什么必须在干燥试管中混合？如果用湿试管混合将对本实验有何影响？

（3）测定溶液的透光率为什么要在短时间内进行？放置时间长对实验结果将有何影响？

（4）做好本实验的关键是什么？

（5）E_a 的文献值为 $50 \sim 60 \mathrm{kJ \cdot mol^{-1}}$，分析产生误差的原因。

实验五　氧化还原反应与氧化还原平衡

实验目的

（1）学会装配原电池。

（2）掌握电极的本性、电对的氧化型或还原型物质的浓度、介质的酸度等因素对电极电、氧化还原反应的方向、产物、速率的影响。

（3）通过实验了解化学电池电动势。

实验原理

金属间的置换反应伴随着电子的转移，利用这类反应可组装原电池，如标准铜锌原电池。

$$(-)Zn \mid ZnSO_4(1mol \cdot L^{-1}) \parallel CuSO_4(1mol \cdot L^{-1}) \mid Cu(+)$$

在原电池中，化学能转变为电能，产生电流，由于电池本身有内电阻，用毫伏计所测的电压，只是电池电动势的一部分（即外电路的电压降）。可用 pHS25 型酸度计粗略地测量其电动势。

当氧化剂和还原剂所对应的电对的电极电势相差较大时，通常可以直接用标准电极电势 $E^{\ominus}$ 来判断，作为氧化剂电对对应的电极电势与作为还原剂电对对应的电极电势数值之差大于零，则氧化还原反应就自发进行。也就是 $E^{\ominus}$ 值大的氧化态物质可以氧化 $E^{\ominus}$ 值小的还原态物质，或 $E^{\ominus}$ 值小的还原态物质可以还原 $E^{\ominus}$ 值大的氧化态物质。

若两者的标准电极电势代数值相差不大时，必须考虑浓度对电极电势的影响。具体方法是利用 Nernst 方程式：

$$E = E^{\ominus}_{Ox/Red} + \frac{RT}{2F}\ln\frac{a_{Ox}}{a_{Red}} \quad E = E^{\ominus}_{Ox/Red} + \frac{RT}{2F}\ln\frac{c_{Ox}}{c_{Red}}$$

计算出不同浓度的电极电势值来说明氧化还原反应的情况。

若有 H^+ 或 OH^- 参加氧化还原反应，还必须考虑 pH 值对电极电势和氧化还原反应的影响。

仪器与试剂

1. 仪器

pHS-25 型酸度计、铜片电极和锌片电极各两根、盐桥（充有琼胶和 KCl 饱和溶液的 U 形管）、50mL 烧杯 4 只。

2. 试剂

H_2SO_4（0.1，2mol · L^{-1}）、$CuSO_4$（1mol · L^{-1}）、$ZnSO_4$（1mol · L^{-1}）、KBr（0.1 mol · L^{-1}）、$FeSO_4$（0.1mol · L^{-1}）、KI（0.1mol · L^{-1}）、KIO_3（0.1mol · L^{-1}）、$Fe_2(SO_4)_3$（0.1mol · L^{-1}）、$FeSO_4$（1mol · L^{-1}）、HAc（6mol · L^{-1}）、$FeCl_3$（0.1mol · L^{-1}）、H_2O_2（3%）、Na_2SO_3（0.1mol · L^{-1}）、NaOH（6mol · L^{-1}）、$KMnO_4$（0.01mol · L^{-1}）、碘水、溴水、浓氨水、CCl_4、淀粉 KI 试纸、砂纸。

实验步骤

1. 氧化还原和电极电动势

（1）在试管中加入 0.5mL 0.1mol · L^{-1} KI 溶液和 2 滴 0.1mol · L^{-1} $FeCl_3$ 溶液，摇匀后加入 0.5mL CCl_4，充分振荡，观察 CCl_4 层颜色有无变化。

（2）用 0.1mol · L^{-1} KBr 溶液代替 KI 溶液进行同样实验，观察现象。

（3）往两支试管中分别加入 3 滴碘水、溴水，然后加入约 0.5mL 0.1mol · L^{-1} $FeSO_4$ 溶液，摇匀后，注入 0.5mL CCl_4，充分振荡，观察 CCl_4 层颜色有无变化。

根据以上实验结果，定性的比较 Br_2/Br^-，Fe^{3+}/Fe^{2+}，I_2/I^- 三个电对的电极电势。

2. 浓度对电极电势的影响

（1）如图 1 所示，往一只小烧杯中加入约 30mL 1mol · L^{-1} $ZnSO_4$ 溶液，在其中插入锌片，往另一只小烧杯中加入约 30mL 1mol · L^{-1} $CuSO_4$ 溶液，在其中插入铜片。用盐桥将二烧杯相连，组成一个原电池。用导线将锌片和铜片与伏特计（或酸度计）的负极和正极相接，测量两极之间的电压。

在 $CuSO_4$ 溶液中注入浓氨水至生成的沉淀溶解为止，形成蓝色的溶液：

$$Cu^{2+} + 4NH_3 \Longrightarrow [Cu(NH_3)_4]^{2+}$$

测量电压，观察有何变化。

再向 $ZnSO_4$ 溶液加入浓氨水至生成的沉淀溶解为止：

$$Zn^{2+} + 4NH_3 \Longrightarrow [Zn(NH_3)_4]^{2+}$$

测量电压，观察又有什么变化。利用 Nernst 方程式来解释实验现象。

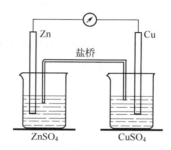

图 1　原电池装置图

（2）自行设计并测定下列浓差电池电动势，将实验值与计算比较

浓差电池：由于浓度差异形成的电池

$$Cu \mid CuSO_4(0.01 mol \cdot L^{-1}) \parallel CuSO_4(1 mol \cdot L^{-1}) \mid Cu$$

在浓差电池的两极各连一个回形针，然后在表面皿上放一个小块滤纸，滴加 $1 mol \cdot L^{-1}$ Na_2SO_4 溶液，使滤纸完全湿润，再加入酚酞 2 滴。将两极的回形针压在纸上，使其相距约 1mm，稍等片刻，观察所压处，哪一端出现红色。

3. 酸度和浓度对氧化还原反应的影响

（1）酸度的影响

① 在 3 支均盛有 $0.1 mol \cdot L^{-1}$ 的 Na_2SO_3 溶液 0.5mL 中，分别加入 $0.1 mol \cdot L^{-1}$ 的 H_2SO_4 溶液 0.5mL、蒸馏水 0.5mL 和 $6 mol \cdot L^{-1}$ 的 NaOH 溶液 0.5mL，混合均匀，再各滴入 2 滴 $0.01 mol \cdot L^{-1}$ $KMnO_4$ 溶液，观察颜色的变化有何不同，写出反应式。

② 在试管中加入 0.5mL $0.1 mol \cdot L^{-1}$ KI 溶液和 2 滴 $0.1 mol \cdot L^{-1}$ KIO_3 溶液，再加几滴淀粉溶液，混合后观察溶液颜色有无变化。然后加 2~3 滴 $1 mol \cdot L^{-1}$ H_2SO_4 溶液酸化混合液，观察有什么变化，最后滴加 $6 mol \cdot L^{-1}$ NaOH 使混合液显碱性，又有什么变化。写出有关反应式。

（2）浓度的影响

① 往盛有 H_2O、CCl_4 和 $0.1 mol \cdot L^{-1}$ $Fe_2(SO_4)_3$ 各 0.5mL 的试管中加入 0.5mL $0.1 mol \cdot L^{-1}$ KI 溶液，振荡后观察 CCl_4 层的颜色。

② 往盛 CCl_4、$1 mol \cdot L^{-1}$ $FeSO_4$ 和 $0.1 mol \cdot L^{-1}$ $Fe_2(SO_4)_3$ 各 0.5mL 的试管中加入 0.5mL $0.1 mol \cdot L^{-1}$ KI 溶液，振荡后观察 CCl_4 层的颜色。与上一实验中 CCl_4 层的颜色有何区别？

③ 在①的试管中，加入少许 NH_4F 固体，振荡，观察 CCl_4 层的颜色的变化。

说明浓度对氧化还原反应的影响。

4. 酸度对氧化还原反应速率的影响

在两支各盛 0.5mL $0.1 mol \cdot L^{-1}$ KBr 溶液的试管中，分别加入 0.5mL $0.1 mol \cdot L^{-1}$ H_2SO_4 和 $6 mol \cdot L^{-1}$ HAc 溶液，然后各加入 2 滴 $0.01 mol \cdot L^{-1}$ $KMnO_4$ 溶液，观察 2 支试管中紫红色退去的速度。分别写出有关反应方程式。

5. 氧化数居中的物质氧化还原性

（1）在试管中加入 0.5mL $0.1 mol \cdot L^{-1}$ KI 和 2~3 滴 $1 mol \cdot L^{-1}$ H_2SO_4，再加入 1~2 滴 3％ H_2O_2，观察在试管中溶液颜色的变化。

（2）在试管中加入 2 滴 $0.01 mol \cdot L^{-1}$ $KMnO_4$ 溶液，再加 3 滴 $1 mol \cdot L^{-1}$ H_2SO_4，摇匀后滴加 2 滴 3％ H_2O_2，观察在试管中溶液颜色的变化。

注意事项

（1）在 Fe^{3+} 与 I^- 反应生成 I_2 后加入 CCl_4 的实验中，为使 I_2 由水溶液尽快地转移至 CCl_4 中，应充分振荡。

（2）上述实验中，CCl_4 的量不能少加，否则上层水溶液中 I_2 产生的棕黄色映入下层 CCl_4 后溶液呈红色或桃红色，而非 I_2 在 CCl_4 中应显出的紫红色。

思考题

（1）从实验结果讨论氧化还原反应和哪些因素有关。

（2）电解硫酸钠溶液为什么得不到金属钠？

（3）什么叫浓差电池？写出实验步骤 2(2) 电池符号，并计算电池电动势？

（4）介质对 $KMnO_4$ 的氧化性有何影响？

实验六　铬和锰

实验目的

（1）了解铬、锰各种重要价态化合物的生成和性质。

（2）了解铬、锰各种价态之间的转化。

（3）了解铬、锰化合物的氧化还原性以及介质对氧化还原反应的影响。

实验原理

铬和锰分别为周期系ⅥB、ⅦB族元素。它们都具有可变的氧化数。铬的化合物中氧化数为+3、+6的最常见，而+2的不稳定；锰的化合物中氧化数为+2、+4、+6、+7的最常见，而+3、+5的化合物不稳定。

铬和锰的各种氧化数的化合物有不同的颜色。

氧化数	+2	+3		+5		+6		+7
水合离子	Mn^{2+}	Mn^{3+}	Cr^{3+}	MnO_3^-	MnO_4^{2-}	CrO_4^{2-}	$Cr_2O_7^{2-}$	MnO_4^-
颜色	浅红	红	蓝紫	蓝	绿	黄	橙	紫红

1. 铬的重要化合物

Cr^{3+} 的氢氧化物具有两性，溶液中的酸碱平衡可表示如下：

$$Cr^{3+}+3OH^- \longleftarrow Cr(OH)_3 \longrightarrow HCrO_2+H_2O \longrightarrow H_2O+H^++CrO_2^-$$

Cr^{3+} 的盐容易水解，pH 值小于 4 时，溶液中才有 $[Cr(H_2O)_6]^{2-}$ 存在。

根据 $\Phi^0(Cr_2O_7^{2-}/Cr^{3+})=1.33V$，$\Phi^0(CrO_4^{2-}/CrO_2^-)=-0.23V$。可知 $Cr_2O_7^{2-}$ 在酸性溶液中为强氧化剂，易被还原成 Cr^{3+}，而在碱性溶液中 CrO_2^- 为一较强的还原剂，易被氧化为 CrO_4^{2-}。

例如：$Cr(OH)_3+OH^- \Longrightarrow CrO_2^-+2H_2O$　$2CrO_2^-+3H_2O_2+2OH^- \Longrightarrow 2CrO_4^{2-}+4H_2O$

铬酸盐和重铬酸盐在水溶液中存在这下列平衡：

$$2CrO_4^{2-}+2H^+ \underset{OH^-}{\overset{H^+}{\rightleftharpoons}} Cr_2O_7^{2-}+H_2O$$

上述平衡在酸性介质中向右移动，而在碱性介质中向左移动。

酸性溶液中，$Cr_2O_7^{2-}$ 与 H_2O_2 反应时，产生蓝色的过氧化铬 $CrO(O)_2$：

$$Cr_2O_7^{2-}+4H_2O_2+2H^+ \Longrightarrow 2CrO(O)_2+5H_2O$$

蓝色 $CrO(O)_2$ 在有机试剂乙醚中较稳定。

这一反应常用来鉴定 Cr^{3+}、CrO_4^{2-} 和 $Cr_2O_7^{2-}$。

2. 锰

$Mn(Ⅱ)$ 在碱性溶液中易被空气氧化生成棕色 MnO_2 的水合物 $[MnO(OH)_2]$，但在酸性溶液中相当稳定，必须用强氧化剂如：PbO_2、$NaBiO_3$ 才能氧化为 MnO_4^-。

$$2MnSO_4 + 5NaBiO_3(s) + 16HNO_3 == 2HMnO_4(紫红) + NaNO_3 + 5Bi(NO_3)_3 + 2Na_2SO_4 + 7H_2O$$

在中性或弱碱性溶液中 MnO_4^- 和 Mn^{2+} 反应生成棕色 MnO_2 沉淀。

$$2MnO_4^- + 3Mn^{2+} + 2H_2O == 5MnO_2 \downarrow + 4H^+$$

仪器与试剂

1. 仪器

离心机。

2. 试剂

$0.1mol \cdot L^{-1}$ $CrCl_3$、$2mol \cdot L^{-1}$ $NaOH$、$6mol \cdot L^{-1}$ $NaOH$、$6mol \cdot L^{-1}$ HCl、H_2O_2（3%）、$0.1mol \cdot L^{-1}$ $K_2Cr_2O_7$、$3mol \cdot L^{-1}$ H_2SO_4、$0.1mol \cdot L^{-1}$ Na_2SO_3、浓 HCl、KI 淀粉试纸、$1mol \cdot L^{-1}$ H_2SO_4、乙醚、$6mol \cdot L^{-1}$ HNO_3、$0.1mol \cdot L^{-1}$ $MnSO_4$、$0.01\ mol \cdot L^{-1}$ $KMnO_4$、40% $NaOH$、$MnO_2(s)$、$NaBiO_3(s)$。

实验步骤

1. 铬（6 支试管）

（1）$Cr(OH)_3$ 的制备和性质

① 2 支试管中各加入 2 滴 $0.1mol \cdot L^{-1}$ $CrCl_3$ 溶液，然后分别滴加 $2mol \cdot L^{-1}$ $NaOH$ 溶液，观察现象，写出反应式。

② 一支试管中加入继续滴加 $6mol \cdot L^{-1}$ $NaOH$ 溶液；另一支试管中则加入 3% H_2O_2 溶液，观察现象，写出反应式。

（2）Cr 的各种价态之间的转化

① $Cr(Ⅲ) \rightarrow Cr(Ⅵ)$ 的转化 2 滴 $0.1mol \cdot L^{-1}$ $CrCl_3$ 溶液，加入过量的 $6mol \cdot L^{-1}$ $NaOH$ 溶液，再加入 H_2O_2（3%）溶液，加热，观察溶液颜色变化，写出反应式。

② $Cr(Ⅵ) \rightarrow Cr(Ⅲ)$ 的转化 2 滴 $0.1mol \cdot L^{-1}$ $K_2Cr_2O_7$ 溶液，加入 2 滴 $3mol \cdot L^{-1}$ H_2SO_4 溶液，$0.1mol \cdot L^{-1}$ Na_2SO_3 溶液，观察现象，写出反应式。

③ $Cr_2O_7^{2-} \rightarrow CrO_4^{2-}$ 的转化 2 滴 $0.1mol \cdot L^{-1}$ $K_2Cr_2O_7$ 溶液，滴加少许 $2mol \cdot L^{-1}$ $NaOH$ 溶液，观察现象；再滴入 $1mol \cdot L^{-1}$ H_2SO_4 溶液，观察现象，写出反应式。

2. 锰（6 支试管）

（1）$Mn(OH)_2$ 的制备和性质

3 支试管中各加入 5 滴 $0.1mol \cdot L^{-1}$ $MnSO_4$ 溶液，然后分别加入 3 滴 $2mol \cdot L^{-1}$ $NaOH$ 溶液，观察现象。

a 试管迅速滴加 $6mol \cdot L^{-1}$ HCl 溶液。

b 试管迅速滴加 $6mol \cdot L^{-1}$ $NaOH$ 溶液。

c 试管在空气中振荡。

观察现象，写出反应式。

（2）Mn 的各种价态之间的转化

① $MnO_4^- \rightarrow MnO_2$ 的转化

a. 2 滴 $0.01mol \cdot L^{-1}$ $KMnO_4$ 溶液，滴加 $0.1mol \cdot L^{-1}$ $MnSO_4$ 溶液，观察现象，写出反应式。

b. 2 滴 $0.01mol \cdot L^{-1}$ $KMnO_4$ 溶液，滴加 $0.1mol \cdot L^{-1}$ Na_2SO_3 溶液，观察现象，写出反应式。

② $MnO_4^- \rightarrow MnO_4^{2-}$ 的转化 2 滴 0.01mol·L^{-1} KMnO$_4$ 溶液，加入 1 滴 6mol·L^{-1} NaOH 溶液，再滴加 0.1mol·L^{-1} Na$_2$SO$_3$ 溶液，振荡试管，观察现象，写出反应式。

注意事项

（1）在 Cr^{3+} 的鉴定实验中，加入 HNO$_3$ 既要中和过量的碱，又要使 CrO$_4^{2-}$ 转化为 Cr$_2$O$_7^{2-}$，所以 HNO$_3$ 用量要严格控制，必须稍过量。

（2）在 Cr$_2$O$_7^{2-} \rightarrow$ Cr^{3+} 转化反应中，取 K$_2$Cr$_2$O$_7$ 量要少，如用浓 HCl 为还原剂，还需要加热。

（3）Mn(OH)$_2$ 易被空气氧化而呈棕色，因此在制备 Mn(OH)$_2$ 时，应先将 MnSO$_4$ 和 NaOH 溶液分别煮沸 1～2 分钟，把溶液中的氧赶尽，然后将两溶液混合，这样才能制得白色的 Mn(OH)$_2$ 沉淀。

（4）K$_2$MnO$_4$ 歧化反应：

$$3K_2MnO_4 + 2H_2SO_4 === 2KMnO_4 + MnO_2 \downarrow + 2K_2SO_4 + 2H_2O$$

有时溶液虽然呈紫红色，但棕色 MnO$_2$ 沉淀不明显，此时应将溶液微热，使 MnO$_2$ 凝聚后再进行观察。此实验所用的 K$_2$MnO$_4$ 应通过下列反应自己制得：

$$2KMnO_4 + MnO_2 + 4NaOH(40\%) === K_2MnO_4 + 2Na_2MnO_4 + 2H_2O$$

而不能利用下列反应进行实验：

$$2KMnO_4 + Na_2SO_3 + 2NaOH === K_2SO_4 + 2Na_2MnO_4 + H_2O$$

因为在上述反应中，可能存在过量的 Na$_2$SO$_3$，当加 H$_2$SO$_4$ 酸化时，K$_2$MnO$_4$ 被 Na$_2$SO$_3$ 还原为 Mn^{2+}，导致实验失败。

思考题

（1）怎样从实验确定 Cr(OH)$_3$ 是两性物质？

（2）在本实验中，如何实现从 Cr$^{3+} \rightarrow$ Cr$^{6+} \rightarrow$ Cr^{3+} 的转变？

（3）Mn(OH)$_2$ 是否呈两性？将 Mn(OH)$_2$ 放在空气中，将产生什么变化？

（4）KMnO$_4$ 的还原产物和介质有什么关系？

实验七 碱金属和碱土金属

实验目的

（1）比较碱金属、碱土金属的活泼性。

（2）试验并比较碱土金属氢氧化物和盐类的溶解性。

（3）练习焰色反应并熟悉使用金属钾、钠的安全措施。

实验原理

碱金属和碱土金属分别是周期系 ⅠA、ⅡA 族元素，皆为活泼金属元素，碱土金属的活泼性仅次于碱金属。

（1）钠与水作用很激烈，钾遇水会发生燃烧，甚至爆炸，因此贮存这些金属时，通常放在煤油中。镁与水作用很慢，这是由于表面形成一层难溶于水的氢氧化镁，阻碍了金属镁与水的进一步作用。

（2）碱金属的氢氧化物可溶于水，碱土金属的氢氧化物在水中溶解度不大，按从 Be 到

Ba 顺序依次增强。其中 $Be(OH)_2$、$Mg(OH)_2$ 为难溶性氢氧化物，而 $Ba(OH)_2$ 则易溶于水。这两族氢氧化物除 $Be(OH)_2$ 为两性外，其余都为中强碱或强碱。

（3）碱金属盐类一般易溶于水，仅少数难溶。而碱土金属盐类溶解度较碱金属小，除硝酸盐、氯化物外，其他如碳酸盐、草酸盐等都为难溶盐，钙、锶、钡的硫酸盐以及锶、钡的铬酸盐也是难溶的。

（4）金属钠与空气中氧作用生成浅黄色 Na_2O_2。Na_2O_2 具有强氧化性，与水或稀酸作用产生过氧化氢。

$$Na_2O_2 + 2H_2O == H_2O_2 + 2NaOH$$
$$Na_2O_2 + H_2SO_4 == H_2O_2 + Na_2SO_4$$
$$2H_2O_2 == 2H_2O + O_2$$

（5）碱金属和钙、锶、钡的挥发性盐在高温火焰中可放出一定波长的光，使火焰呈特征的颜色。例如，钠呈黄色，钾、铷、铯呈紫色，锂呈红色，钙呈砖红色，锶呈洋红色，钡呈黄绿色，利用焰色反应可鉴别这些离子的存在。一些离子的其他鉴定方法见下表。

离子	鉴定试剂	现象及产物
Mg^{2+}	镁试剂，NaOH	天蓝色沉淀
Na^+	HAc,乙酸铀酰锌	淡黄绿色沉淀 $NaZn(UO_2)_2(CH_3COO)_9 \cdot 9H_2O$
K^+	钴亚硝酸钠(饱和)	亮黄色沉淀 $K_2Na[Co(NO_2)_6]$
Ca^{2+}	$(NH_4)_2C_2O_4$(饱和)	白色沉淀 CaC_2O_4
Ba^{2+}	K_2CrO_4	黄色沉淀 $BaCrO_4$

仪器与试剂

1. 仪器

离心机。

2. 试剂

钠，镁条，Na_2O_2，H_2SO_4（$1mol \cdot L^{-1}$），HCl（$2mol \cdot L^{-1}$），HAc（$2mol \cdot L^{-1}$），新配制NaOH（$2mol \cdot L^{-1}$）、氨水（$2mol \cdot L^{-1}$），NaAc（$0.1mol \cdot L^{-1}$），KNO_3（$0.1mol \cdot L^{-1}$），$MgCl_2$（$0.1mol \cdot L^{-1}$），$CaCl_2$（$0.1mol \cdot L^{-1}$），$BaCl_2$（$0.1mol \cdot L^{-1}$），K_2CrO_4（$0.1mol \cdot L^{-1}$），Na_2CO_3（$1mol \cdot L^{-1}$），Na_2SO_4（$1mol \cdot L^{-1}$），$(NH_4)_2C_2O_4$（饱和），$(NH_4)_2SO_4$（饱和），酚酞，乙酸铀酰锌，钴亚硝酸钠。

实验步骤

1. 碱金属、碱土金属活泼性比较

（1）用镊子取一小块金属钠，用滤纸吸干表面煤油，放入盛水的烧杯中，观察现象并检验反应后的溶液酸碱性。写出反应方程式。

（2）取一小段镁条，用砂皮纸擦去表面氧化物，放入盛水的烧杯中，观察现象。然后加热至沸，再观察现象，并检验反应后溶液的酸碱性。写出反应方程式。

通过上述实验现象比较ⅠA、ⅡA族元素的活泼性。

2. 碱金属氢氧化物溶解度的比较

（1）取少量 $MgCl_2$、$CaCl_2$、$BaCl_2$ 溶液，分别加入 $NH_3 \cdot H_2O$，观察有无沉淀产生。

（2）取少量 $MgCl_2$、$CaCl_2$、$BaCl_2$ 溶液分别加入新配制的 $2mol \cdot L^{-1}$ NaOH 溶液，观察有无沉淀产生，并比较它们沉淀量。

根据实验结果比较镁、钙、钡氢氧化物溶解度的大小。

3. 碱金属和碱土金属的难溶盐

（1）钾和钠难溶盐的生成　取少量 NaAc 和 KNO₃ 溶液，前者用 HAc 酸化，再加 1mL 乙酸铀酰锌，后者直接加入饱和钴亚硝酸钠，观察产物的颜色和状态，写出反应方程式。此反应常用于 Na^+、K^+ 的鉴定。

（2）碱土金属的难溶盐

① 取少量 $MgCl_2$、$CaCl_2$、$BaCl_2$ 溶液，分别加入几滴 Na_2SO_4 溶液，观察有无沉淀产生。若有沉淀产生，则取少量沉淀加入饱和 $(NH_4)_2SO_4$ 溶液，观察沉淀是否溶解，若溶解，试写出反应方程式。

② 取少量 $MgCl_2$、$CaCl_2$、$BaCl_2$ 溶液，分别加入饱和 $(NH_4)_2C_2O_4$，观察有无沉淀产生。若有沉淀产生，则分别试验沉淀与 $2mol \cdot L^{-1}$ HCl 和 $2mol \cdot L^{-1}$ HAc 的反应，写出反应方程式。并比较三种草酸盐的溶解度。

③ 取少量 $CaCl_2$、$BaCl_2$ 溶液，分别加入 K_2CrO_4 溶液，观察现象，并试验产物与 $2mol \cdot L^{-1}$ HCl 和 $2mol \cdot L^{-1}$ HAc 的反应，比较两种铬酸盐的溶解度。

④ 在 $MgCl_2$ 溶液中加入少量和过量 Na_2CO_3 溶液，观察现象，写出反应方程式。另取 $CaCl_2$、$BaCl_2$ 溶液分别加入 Na_2CO_3 溶液，观察现象，将实验所得沉淀与 $2mol \cdot L^{-1}$ HAc 反应，观察沉淀是否溶解。

4. 过氧化钠的性质

将少量 Na_2O_2 固体置于试管中加入少量去离子水，不断搅拌，用 pH 试纸检验溶液的酸碱性。将溶液加热，观察是否有气体产生，并检验该气体是什么。写出反应方程式。

根据实验现象说明 Na_2O_2 的性质。

思考题

（1）金属钠为什么要贮存在煤油中？

（2）能否从理论上来说明碱土金属碳酸盐可以溶于 HAc 溶液中。

（3）试设法通过化学方法鉴别：$MgSO_4$、$BaCl_2$、KCl、K_2SO_4、$MgCl_2$ 这 5 种溶液。

（4）试设计一种分离 K^+、Mg^{2+}、Ba^{2+} 的方案。

实验八　氧和硫

实验目的

（1）验证过氧化氢的主要性质。

（2）验证硫化氢和硫化物主要性质。

（3）验证硫代硫酸盐的主要性质。

（4）学会 H_2O_2、S^{2-} 和 $S_2O_3^{2-}$ 的鉴定方法。

实验原理

氧、硫是周期系第Ⅵ主族元素，氧是人类生存必需的气体。氢和氧的化合物，除了水以外，还有 H_2O_2。过氧化氢是强氧化剂，但和更强的氧化剂作用时，它又是还原剂。

H_2S 是有毒气体，能溶于水，其水溶液呈弱酸性。在 H_2S 中，S 的氧化值是 −2，H_2S

是强还原剂。S^{2-} 可与金属离子生成金属硫化物沉淀，如 PbS（黑色）。同时，金属硫化物无论易溶还是微溶，均能发生水解。

H_2O_2、S^{2-} 和 $S_2O_3^{2-}$ 的鉴定如下。

（1）在含 $Cr_2O_7^{2-}$ 的溶液中加入 H_2O_2 和戊醇，有蓝色的过氧化物 CrO_5 生成，该化合物不稳定，放置或摇动时便分解。利用这一性质可以鉴定 H_2O_2、$Cr(Ⅲ)$ 和 $Cr(Ⅳ)$，主要反应是：

$$Cr_2O_7^{2-}+4H_2O_2+2H^+ == 2CrO_5+5H_2O$$

（2）S^{2-} 能与稀酸反应生成 H_2S 气体，借助 $Pb(Ac)_2$ 试纸进行鉴定。另外，在弱碱性条件下，S^{2-} 与 $Na_2[Fe(CN)_5NO]$［亚硝酰五氰合铁（Ⅱ）酸钠］反应生成紫红色配合物：

$$S^{2-}+[Fe(CN)_5NO]^{2-} == [Fe(CN)_5NOS]^{4-}$$

（3）$S_2O_3^{2-}$ 与 Ag^+ 反应生成不稳定的白色沉淀 $Ag_2S_2O_3$，在转化为黑色的 Ag_2S 沉淀过程中，沉淀的颜色由白→黄→棕→黑，这是 $S_2O_3^{2-}$ 的特征反应。

仪器与试剂

1. 仪器

离心机。

2. 试剂

HCl（$2.0mol \cdot L^{-1}$，$6.0mol \cdot L^{-1}$）、HNO_3（浓）、H_2SO_4（$1.0mol \cdot L^{-1}$）、KI（$0.1mol \cdot L^{-1}$）、$Pb(NO_3)_2$（$0.5mol \cdot L^{-1}$）、$KMnO_4$（$0.01mol \cdot L^{-1}$）、$K_2Cr_2O_7$（$0.1mol \cdot L^{-1}$）、$FeCl_3$（$0.01mol \cdot L^{-1}$）、Na_2S（$0.1mol \cdot L^{-1}$）、$Na_2[Fe(CN)_5NO]$（1.0%）、$K_4[Fe(CN)_6]$（$0.1mol \cdot L^{-1}$）、$Na_2S_2O_3$（$0.1mol \cdot L^{-1}$）、Na_2SO_3（$0.1mol \cdot L^{-1}$）、$ZnSO_4$（饱和）、$AgNO_3$（$0.1mol \cdot L^{-1}$）、KBr（$0.1mol \cdot L^{-1}$）、$(NH_4)_2S_2O_8$（$0.2mol \cdot L^{-1}$）、$BaCl_2$（$1.0mol \cdot L^{-1}$）、$MnSO_4$（$0.002mol \cdot L^{-1}$）、MnO_2 H_2O_2（3%）、戊醇、碘水（$0.01mol \cdot L^{-1}$，饱和）、SO_2 溶液（饱和）、H_2S 溶液（饱和）、品红溶液、淀粉溶液、CCl_4、氯水（饱和）、石蕊试纸、$Pb(Ac)_2$ 试纸。

实验步骤

1. 过氧化氢的性质

（1）在试管中加入 $Pb(NO_3)_2$（$0.5mol \cdot L^{-1}$）溶液，再加 H_2S 溶液（饱和）至沉淀生成，离心分离，弃去清液；水洗沉淀后加入 H_2O_2（3%）溶液，观察沉淀颜色的变化。写出反应方程式。

（2）取适量 H_2O_2（3%）溶液和戊醇，加 H_2SO_4（$1.0mol \cdot L^{-1}$）溶液酸化后，滴加 $K_2Cr_2O_7$（$0.1mol \cdot L^{-1}$）溶液，摇荡试管，观察现象。

2. 硫化氢和硫化物性质

（1）取适量 $KMnO_4$（$0.01mol \cdot L^{-1}$）溶液，酸化后，滴加 H_2S（饱和）溶液，观察有何变化。写出反应方程式。

（2）试验 $FeCl_3$（$0.01mol \cdot L^{-1}$）溶液和 H_2S（饱和）溶液的反应，根据现象写出反应方程式。

（3）在试管中加入适量 Na_2S（$0.1mol \cdot L^{-1}$）溶液和 HCl（$6.0mol \cdot L^{-1}$）溶液，微热之，观察实验现象，并在管口用湿润的 $Pb(Ac)_2$ 试纸检查逸出的气体。

3. 硫代硫酸盐的性质

（1）在试管中加入适量 $Na_2S_2O_3$（0.1mol·L^{-1}）溶液和 HCl（6.0mol·L^{-1}）溶液，摇荡片刻观察现象，用湿润的蓝色石蕊试纸检验逸出的气体。

（2）取适量碘水（0.01mol·L^{-1}），加几滴淀粉溶液，逐滴加入 $Na_2S_2O_3$（0.1mol·L^{-1}）溶液，观察颜色变化。

（3）在试管中加适量 $AgNO_3$（0.1mol·L^{-1}）溶液和 KBr（0.1mol·L^{-1}）溶液，观察沉淀颜色，然后加 $Na_2S_2O_3$（0.1mol·L^{-1}）溶液使沉淀溶解。

（4）在点滴板上加 2 滴 $Na_2S_2O_3$（0.1mol·L^{-1}）溶液，再加 $AgNO_3$（0.1mol·L^{-1}）溶液至产生白色沉淀，利用沉淀物分解时颜色的变化，确认 $S_2O_3^{2-}$ 的存在。

思考题

（1）长期放置的 H_2S、Na_2S 和 Na_2SO_3 溶液会发生什么变化，为什么？

（2）在鉴定 $S_2O_3^{2-}$ 时，如果 $Na_2S_2O_3$ 比 $AgNO_3$ 的量多，将会出现什么情况，为什么？

实验九　硫酸亚铁铵的制备

实验目的

（1）了解硫酸亚铁铵的制备方法。

（2）练习水浴加热、减压过滤等操作。

（3）了解检验产品中杂质含量的一种方法——目测比色法。

实验原理

硫酸亚铁铵 [$FeSO_4$·$(NH_4)_2SO_4$·$6H_2O$] 俗称摩尔盐。根据同一温度下复盐的溶解度比组成它的简单盐的溶解度小（见后注释）的特点，用等物质的量 $FeSO_4$ 和 $(NH_4)_2SO_4$ 在水溶液中相互作用可以制得浅绿色的 $FeSO_4$·$(NH_4)_2SO_4$·$6H_2O$ 复盐晶体。其反应为

$$FeSO_4 + (NH_4)_2SO_4 + 6H_2O \Longrightarrow FeSO_4 \cdot (NH_4)_2SO_4 \cdot 6H_2O$$

$FeSO_4$ 可由铁屑或铁粉与稀硫酸作用制得：

$$Fe + H_2SO_4 \Longrightarrow FeSO_4 + H_2 \uparrow$$

硫酸亚铁铵易溶于水，难溶于乙醇，在空气中不易被氧化，故在分析化学中常被选作氧化还原滴定法的基准物。

仪器和试剂

1. 仪器

台秤、布氏漏斗、吸滤瓶、比色管（25mL）。

2. 试剂

H_2SO_4（3mol·L^{-1}）、KSCN（1mol·L^{-1}）、$(NH_4)_2SO_4$(s)、标准铁溶液（Fe^{3+} 含量为 0.100mg·mL^{-1}）、铁粉。

实验步骤

1. 硫酸亚铁的制备

称 2g 铁粉于小烧杯中，加入 3mol·L^{-1} H_2SO_4（量自行计算，过量 20%），盖上表面

皿，用小火加热，使铁粉和 H_2SO_4 反应，直至不再有气泡冒出为止（约需 20min）。在加热过程中应补充少量水，以防 $FeSO_4$ 结晶析出。然后趁热抽滤，用少量热去离子水洗涤。将滤液转移至蒸发皿中，此时滤液的 pH 应在 1 左右。

2. 硫酸亚铁铵的制备

根据 $FeSO_4$ 理论产量，按照反应式计算所需固体硫酸铵的量 [考虑到 $FeSO_4$ 在过滤操作中的损失，$(NH_4)_2SO_4$ 用量可按生成 $FeSO_4$ 理论产量 $80\%\sim85\%$ 计算]。在室温下将称出的 $(NH_4)_2SO_4$ 配制成饱和溶液，加到已配制好的硫酸亚铁溶液中，混合均匀，用 $3\ mol\cdot L^{-1}$ H_2SO_4 将溶液调制 pH 为 $1\sim2$。用小火蒸发浓缩至表面出现晶膜为止，冷却，即可得到硫酸亚铁铵晶体。减压过滤，观察晶体的形状和颜色。称量并计算得率。

3. 产品检验——Fe^{3+} 的限量分析

称取 1g 产品，放入 25mL 比色管中，用 15mL 不含氧的去离子水（将去离子水用小火煮沸 5min 以除去所溶解的氧，盖好表面皿，冷却后即可取用）溶解，加入 $1.0mL\ 3mol\cdot L^{-1}$ H_2SO_4 和 $1.0mL\ 1mol\cdot L^{-1}$ KSCN，再加不含氧的去离子水至刻度，摇匀。用目测法与 Fe^{3+} 的标准溶液进行比较，确定产品中 Fe^{3+} 含量所对应的级别。

Fe^{3+} 标准溶液的配置：依次量取每毫升 Fe^{3+} 含量为 0.100mg 的溶液 0.50mL，1.00mL，2.00mL，分别置于三个 25mL 比色管中，并各加入 $1.0mL\ 3mol\cdot L^{-1}$ H_2SO_4 和 $1.0mL\ 1mol\cdot L^{-1}$ KSCN，最后用不含氧的去离子水稀释至刻度，摇匀，配成不同等级的标准溶液。如表 1 所示。

表 1　不同等级 $FeSO_4\cdot(NH_4)_2SO_4\cdot6H_2O$ 中 Fe^{3+} 含量

规格	Ⅰ级	Ⅱ级	Ⅲ级
Fe^{3+} 含量/mg	0.05	0.10	0.20

实验结果

（1）列式计算反应需要的 H_2SO_4 与 $(NH_4)_2SO_4$ 的量。

（2）计算 $FeSO_4\cdot(NH_4)_2SO_4\cdot6H_2O$ 的得率。

（3）确定产品的含 Fe^{3+} 级别。

思考题

（1）为什么要保持硫酸亚铁溶液和硫酸亚铁铵溶液有较强的酸性？

（2）为什么在检验产品中 Fe^{3+} 含量时，要用不含氧的去离子水？

注释：

溶解度数据如下。

溶解度/$g\cdot(100g\ 水)^{-1}$　　温度/℃　　　物质	10	20	30	50	70
$(NH_4)_2SO_4$	73.0	75.4	73.0	84.5	91.9
$FeSO_4\cdot7H_2O$	20.5	26.6	33.2	48.6	56.0
$FeSO_4\cdot(NH_4)_2SO_4\cdot6H_2O$	18.1	21.2	24.5	31.3	38.5

实验十　过氧化钙的制备与含量分析

实验目的

(1) 掌握制备过氧化钙的原理及方法。

(2) 掌握过氧化钙含量的分析方法。

(3) 巩固无机制备及化学分析的基本操作。

实验原理

1. 过氧化钙的制备原理

$CaCl_2$ 在碱性条件下与 H_2O_2 反应 [或 $Ca(OH)_2$、NH_4Cl 溶液与 H_2O_2 反应]，得到 $CaO_2 \cdot 8H_2O$ 沉淀，反应方程式如下：

$$CaCl_2 + H_2O_2 + 2NH_3 \cdot H_2O + 6H_2O \Longrightarrow CaO_2 \cdot 8H_2O + 2NH_4Cl$$

2. 过氧化钙含量的测定原理

利用在酸性条件下，过氧化钙与酸反应生产过氧化氢，再用 $KMnO_4$ 标准溶液滴定，而测得其含量，反应方程式如下：

$$5CaO_2 + 2MnO_4^- + 16H^+ \Longrightarrow 5Ca^{2+} + 2Mn^{2+} + 5O_2 \uparrow + 8H_2O$$

实验步骤

1. 过氧化钙的制备

称取 7.5g $CaCl_2 \cdot 2H_2O$，用 5mL 水溶解，加入 25mL 30％的 H_2O_2，边搅拌边滴加由 5mL 浓 $NH_3 \cdot H_2O$ 和 20mL 冷水配成的溶液，然后置冰水中冷却 0.5h。抽滤后用少量冷水洗涤晶体 2～3 次，然后抽干置于恒温箱，在 150℃下烘 0.5～1h，转入干燥器中冷却后称重，计算产率。

2. 过氧化钙含量的测定

准确称取 0.2g 样品于 250mL 锥瓶中，加入 50mL 水和 15mL 2mol·L⁻¹ HCl，振荡使溶解，再加入 1mL 0.05mol·L⁻¹ $MnSO_4$，立即用 0.02mol·L⁻¹的 $KMnO_4$ 标准溶液滴定溶液呈微红色并且在半分钟内不退色为止。平行测定 3 次，计算 CaO_2％。

数据记录与处理

(1) 产率（％）。

(2) CaO_2％。

注意事项

(1) 反应温度以 0～8℃为宜，低于 0℃，液体易冻结，使反应困难。

(2) 抽滤出的晶体是八水合物，先在 60℃下烘 0.5h 形成二水合物，再在 140℃下烘 0.5h，得无水 CaO_2。

思考题

(1) 所得产物中的主要杂质是什么？如何提高产品的产率与纯度？

(2) CaO_2 产品有哪些用途？

(3) $KMnO_4$ 滴定常用 H_2SO_4 调节酸度，而测定 CaO_2 产品时为什么要用 HCl，对测定结果会有影响吗？如何证实？

（4）测定时加入 $MnSO_4$ 的作用是什么？不加可以吗？

实验十一　碱式碳酸铜的制备

实验目的

通过碱式碳酸铜制备条件的探求和生成物颜色、状态的分析，研究反应物的合理配料比并确定制备反应适合的温度条件，以培养独立设计实验的能力。

实验原理

由 $Na_2CO_3 \cdot 10H_2O$ 跟 $CuSO_4 \cdot 5H_2O$ 晶体混合反应后加入沸水中，得到蓝绿色沉淀，经过抽滤、洗涤、风干后可得到蓝绿色晶体。

$$Na_2CO_3 \cdot 10H_2O + CuSO_4 \cdot 5H_2O \Longrightarrow Cu_2(OH)_2CO_3 \downarrow + Na_2SO_4 + 14H_2O + CO_2 \uparrow$$

碱式碳酸铜为天然孔雀石的主要成分，呈暗绿色或淡蓝绿色，加热至 200℃ 即分解，在水中的溶解度很小，新制备的试样在沸水中很易分解。

仪器和试剂

1. 仪器

恒温水浴箱、电子天平、烘箱、布氏漏斗、抽滤瓶。

2. 试剂

Na_2CO_3、$CuSO_4$ 和 $NaHCO_3$ 晶体、$Na_2S_2O_3$ 标准溶液、已知浓度的 KI 溶液、淀粉溶液。

实验步骤

1. 反应物溶液的配制

配制 $0.5mol \cdot L^{-1}$ 的 $CuSO_4$ 溶液和 $0.5mol \cdot L^{-1}$ 的 Na_2CO_3 溶液各 10mL。

2. 制备反应条件的探求

（1）$CuSO_4$ 和 Na_2CO_3 溶液的合适配比　置于四支试管内均加入 2.0mL $0.5mol \cdot L^{-1}$ $CuSO_4$ 溶液，再分别取 $0.5mol \cdot L^{-1}$ Na_2CO_3 溶液 1.6mL、2.0mL、2.4mL 及 2.8mL 依次加入另外四支编号的试管中。将八支试管放在 75℃ 水浴中。几分钟后，依次将 $CuSO_4$ 溶液分别倒入 Na_2CO_3 溶液中，振荡试管，比较各试管中沉淀生成的速度、沉淀的数量及颜色，从中得出两种反应物溶液以何种比例混合为最佳。

（2）反应温度的探求　在三支试管中，各加入 2.0mL $0.5mol \cdot L^{-1}$ $CuSO_4$ 溶液，另取三支试管，各加入由上述实验得到的合适用量的 $0.5mol \cdot L^{-1}$ Na_2CO_3 溶液。从这两列试管中各取一支，将它们分别置于室温、50℃、100℃ 的恒温水浴中，数分钟后将 $CuSO_4$ 溶液倒入 Na_2CO_3 溶液中，振荡并观察现象，由实验结果确定制备反应的合适温度。

3. 碱式碳酸铜的准备

取 60mL $0.5mol \cdot L^{-1}$ $CuSO_4$ 溶液，根据上面实验确定的反应物合适比例及适宜温度制取碱式碳酸铜。待沉淀完全后，用蒸馏水洗涤沉淀数次，直到沉淀中不含 SO_4^{2-} 为止，吸干。将所得产品在烘箱中于 100℃ 烘干，待冷至室温后称量，并计算产率。

思考题

（1）除反应物的配比和反应的温度对本实验的结果有影响外，反应物的种类，反应进行的时间等因素是否对反应物的质量也会有影响？

（2）自行设计一个实验，来测定产物中铜及碳酸根的含量，从而分析所制得的碱式碳酸铜的质量。

实验十二　三草酸合铁（Ⅲ）酸钾的制备及组成测定

实验目的

（1）初步了解配合物制备的一般方法。

（2）掌握用 $KMnO_4$ 法测定 $C_2O_4^{2-}$ 与 Fe^{3+} 的原理和方法。

（3）培养综合应用基础知识的能力。

（4）了解表征配合物结构的方法。

实验原理

1. 制备

三草酸合铁（Ⅲ）酸钾 $K_3[Fe(C_2O_4)_3]\cdot 3H_2O$ 为翠绿色单斜晶体，溶于水［溶解度：4.7g/100g(0℃)，117.7g/100g(100℃)］，难溶于乙醇。三草酸合铁（Ⅲ）酸钾是制备负载型活性铁催化剂的主要原料，也是一些有机反应的良好催化剂，在工业上具有一定的应用价值。其合成工艺路线有多种。例如，可用三氯化铁或硫酸铁与草酸钾直接合成三草酸合铁（Ⅲ）酸钾，也可以铁为原料制得三草酸合铁（Ⅲ）酸钾。

本实验是以 Fe(Ⅱ) 盐为原料通过沉淀、氧化还原、配位反应多步转化，最后制得 $K_3[Fe(C_2O_4)_3]\cdot 3H_2O$，主要反应为

$$FeSO_4 + H_2C_2O_4 + 2H_2O =\!=\!= FeC_2O_4\cdot 2H_2O + H_2SO_4$$

$$6FeC_2O_4\cdot 2H_2O + 3H_2O_2 + 6K_2C_2O_4 =\!=\!= 4K_3[Fe(C_2O_4)_3] + 2Fe(OH)_3\downarrow + 12H_2O$$

$$2Fe(OH)_3 + 3H_2C_2O_4 + 3K_2C_2O_4 =\!=\!= 2K_3[Fe(C_2O_4)_3] + 6H_2O$$

溶液中加入乙醇后，便析出三草酸合铁（Ⅲ）酸钾晶体。

2. 产物的定性分析

产物的定性分析，采用化学分析法

K^+ 与 $Na_3[Co(NO_2)_6]$ 在中性或稀乙酸介质中，生成亮黄色的 $K_2Na[Co(NO_2)_6]$ 沉淀：

$$2K^+ + Na^+ + [Co(NO_2)_6]^{3-} =\!=\!= K_2Na[Co(NO_2)_6](s)$$

Fe^{3+} 与 KSCN 反应生成血红色 $Fe(NCS)_n^{3-n}$，$C_2O_4^{2-}$ 与 Ca^{2+} 生成白色沉淀 CaC_2O_4，可以判断 Fe^{3+}，$C_2O_4^{2-}$ 处于配合物的内层还是外层。

3. 产物的定量分析

用 $KMnO_4$ 法测定产品中的 Fe^{3+} 含量和 $C_2O_4^{2-}$ 的含量，并确定 Fe^{3+} 和 $C_2O_4^{2-}$ 的配位比。在酸性介质中，用 $KMnO_4$ 标准溶液滴定试液中的 $C_2O_4^{2-}$，根据 $KMnO_4$ 标准溶液的消耗量可直接计算出 $C_2O_4^{2-}$ 的质量分数，其反应式为：

$$5C_2O_4^{2-} + 2MnO_4^- + 16H^+ =\!=\!= 10CO_2 + 2Mn^{2+} + 8H_2O$$

在上述测定草酸根后剩余的溶液中，用锌粉将 Fe^{3+} 还原为 Fe^{2+}，再利用 $KMnO_4$ 标准溶液滴定 Fe^{2+}，其反应式为：

$$Zn + 2Fe^{3+} =\!\!= 2Fe^{2+} + Zn^{2+}$$

$$5Fe^{3+} + MnO_4^- + 8H^+ =\!\!= 5Fe^{3+} + Mn^{2+} + 4H_2O$$

根据 $KMnO_4$ 标准溶液的消耗量，可计算出 Fe^{3+} 的质量分数。

根据 $n(Fe^{3+}) : n(C_2O_4^{2-}) = [w(Fe^{3+})/55.8] : [w(C_2O_4^{2-})/88.0]$

可确定 Fe^{3+} 与 $C_2O_4^{2-}$ 的配位比。

仪器与试剂

1. 仪器

托盘天平、电子分析天平、烧杯（100mL，250mL）、量筒（10mL，100mL）、玻璃棒、长颈漏斗、布氏漏斗、吸滤瓶、真空泵、表面皿、称量瓶、干燥器、烘箱、锥形瓶（250mL）、酸式滴定管（50mL）。

2. 试剂

$FeSO_4 \cdot 7H_2O$（s）、H_2SO_4（3mol·L^{-1}）、$H_2C_2O_4$（1mol·L^{-1}）、H_2O_2（3%）、$K_2C_2O_4$（饱和）、KSCN（0.1mol·L^{-1}）、$CaCl_2$（0.5mol·L^{-1}）、$FeCl_3$（0.1mol·L^{-1}）、$Na_3[Co(NO_2)_6]$、$KMnO_4$ 标准溶液（0.02mol·L^{-1}，自行标定）、乙醇（95%）、丙酮。

实验步骤

1. 三草酸合铁（Ⅲ）酸钾的制备

（1）制取 $FeC_2O_4 \cdot 2H_2O$　称取 4g $FeSO_4 \cdot 7H_2O$ 晶体于烧杯中，加入 15mL 去离子水和数滴 3mol·L^{-1} H_2SO_4 酸化，加热使其溶解，然后加入 20mL 1mol·L^{-1} $H_2C_2O_4$，加热煮沸，且不断进行搅拌，使形成黄色 $FeC_2O_4 \cdot 2H_2O$ 沉淀，用倾析法洗涤沉淀三次。

（2）制备 $K_3[Fe(C_2O_4)_3] \cdot 3H_2O$　在盛有黄色 $FeC_2O_4 \cdot 2H_2O$ 沉淀的烧杯中，加入 10mL 饱和 $K_2C_2O_4$ 溶液，水浴加热至 40℃左右，慢慢滴加 20mL 3% 的 H_2O_2 溶液，不断搅拌溶液并维持温度在 40℃左右。此时沉淀转化为黄褐色，将溶液加热至沸腾以去除过量 H_2O_2。保持上述沉淀近沸状态，分两次加入 8~9mL 1mol·L^{-1} $H_2C_2O_4$，第一次加入 5mL，然后趁热滴加剩余的 $H_2C_2O_4$ 使沉淀溶解，溶液的 pH 控制在 3.5，此时溶液呈翠绿色，加热浓缩至溶液体积为 25~30mL，冷却，即有翠绿色 $K_3[Fe(C_2O_4)_3] \cdot 3H_2O$ 晶体析出。抽滤，称量，计算得率，并将产物置于称量瓶中，加入干燥器内避光保存。

若 $K_3[Fe(C_2O_4)_3]$ 溶液未达到饱和，冷却时不析出晶体，可以继续加热浓缩或加 95% 乙醇 5mL，即可析出晶体。

2. 产物的定性分析

（1）K^+ 的鉴定　在试管中加入少量产物，用去离子水溶解，再加入 1mL $Na_3[Co(NO_2)_6]$ 溶液，放置片刻，观察现象。

（2）Fe^{3+} 的鉴定　在试管中加入少量产物，用去离子水溶解，另取一支试管加入少量的 $FeCl_3$ 溶液。各加入 2 滴 0.1mol·L^{-1} KSCN，观察现象。在装有产物溶液的试管中加入 3 滴 2mol·L^{-1} H_2SO_4，再观察溶液颜色有何变化，解释实验现象。

（3）$C_2O_4^{2-}$ 的鉴定　在试管中加入少量产物，用去离子水溶解，另取一支试管加入少量的 $K_2C_2O_4$ 溶液。各加入 2 滴 0.5mol·L^{-1} $CaCl_2$ 溶液，观察实验现象有何不同。

3. 产物组成的定量分析

（1）结晶水质量分数的测定　洗净两个称量瓶，在 110℃ 电烘箱中干燥 1h，置于干燥器中冷却，至室温时在电子分析天平上称量。然后再放到 110℃ 电烘箱中干燥 0.5h，即重复上述干燥-冷却-称量操作，直至质量恒定（两次称量相差不超过 0.3mg）为止。

在电子分析天平上准确称取两份产品各 0.5～0.6g，分别放入上述已质量恒定的两个称量瓶中。在 110℃ 电烘箱中干燥 1h，然后置于干燥器中冷却，至室温后，称量。重复上述干燥（改为 0.5h)-冷却-称量操作，直至质量恒定。根据称量结果计算产品结晶水的质量分数。

（2）草酸根质量分数的测量　在电子分析天平上准确称取两份产物（约 0.15～0.20g）分别放入两个锥形瓶中，均加入 15mL 2mol·L⁻¹ 的写法 H_2SO_4 和 15mL 去离子水，微热溶解，加热至 75～85℃（即液面冒水蒸气），趁热用 0.0200mol·L⁻¹ $KMnO_4$ 标准溶液滴定至粉红色为终点（保留溶液待下一步分析使用）。根据消耗 $KMnO_4$ 溶液的体积，计算产物中 $C_2O_4^{2-}$ 的质量分数。

（3）铁质量分数的测量　在上述保留的溶液中加入一小匙锌粉，加热近沸，直到黄色消失，将 Fe^{3+} 还原为 Fe^{2+} 即可。趁热过滤除去多余的锌粉，滤液收集到另一锥形瓶中。继续用 0.0200mol·L⁻¹ $KMnO_4$ 标准溶液进行滴定，至溶液呈粉红色。根据消耗 $KMnO_4$ 溶液的体积，计算 Fe^{3+} 的质量分数。

根据（1）、（2）、（3）的实验结果，计算 K^+ 的质量分数，结合实验步骤 2 的结果，推断出配合物的化学式。

数据记录与处理

1. 产物定性分析

现象 ＼ 试剂	$Na_3[Co(NO_2)_6]$	0.1mol·L⁻¹ KSCN	0.5mol·L⁻¹ $CaCl_2$
K^+ 的鉴定			
Fe^{3+} 的鉴定			
$C_2O_4^{2-}$ 的鉴定			

2. 产物定量分析

项目	产物的质量	$KMnO_4$ 标准溶液消耗的体积	配合物的化学式
结晶水质量分数			
草酸根质量分数			
铁质量分数			

思考题

（1）如何提高产率？能否用蒸干溶液的办法来提高产率？

（2）用乙醇洗涤的作用是什么？

（3）如果制得的三草酸合铁（Ⅲ）酸钾中含有较多的杂质离子，对三草酸合铁（Ⅲ）酸钾离子类型的测定将有何影响？

（4）氧化 $FeC_2O_4·2H_2O$ 时，氧化温度控制在 40℃，不能太高。为什么？

实验十三　硫酸四氨合铜（Ⅱ）的制备及组分分析

实验目的

（1）了解硫酸四氨合铜（Ⅱ）的制备步骤并掌握其组成的测定方法。

（2）掌握蒸馏法测定氨的技术。

实验原理

硫酸四氨合铜 $[Cu(NH_3)_4]SO_4$ 常用作杀虫剂、媒染剂，在碱性镀铜中也常用作电镀液的主要成分，在工业上用途广泛。硫酸四氨合铜属中度稳定的绛蓝色晶体，常温下在空气中易与水和二氧化碳反应，生成铜的碱式盐，使晶体变成绿色的粉末。

1. 制备

$$CuSO_4 + 4NH_3 + H_2O = [Cu(NH_3)_4]SO_4 \cdot H_2O$$

由于硫酸四氨合铜在加热时易失氨，所以其晶体的制备不宜选用蒸发浓缩等常规的方法。

析出晶体主要有两种方法：一种方法是向硫酸铜溶液中通入过量氨气，并加入一定量硫酸钠晶体，使硫酸四氨合铜晶体析出；另一种方法是根据硫酸四氨合铜在乙醇中的溶解度远小于在水中的溶解度的性质。向硫酸铜溶液中加入浓氨水之后，再加入浓乙醇溶液使晶体析出。

2. 组分分析

（1）NH_3 含量的测定：

$$Cu(NH_3)_4SO_4 + NaOH = CuO \downarrow + 4NH_3 \uparrow + Na_2SO_4 + H_2O$$

$$NH_3 + HCl(过量) = NH_4Cl$$

$$HCl(剩余量) + NaOH = NaCl + H_2O$$

（2）SO_4^{2-} 含量的测定：

$$SO_4^{2-} + Ba^{2+} = BaSO_4 \downarrow$$

仪器与试剂

1. 仪器

烧杯、酒精灯、洗瓶、药匙、抽滤漏斗。

2. 试剂

$CuSO_4 \cdot 5H_2O$ 晶体、浓氨水、乙醇 95%、$0.5mol \cdot L^{-1}$ HCl、$0.5mol \cdot L^{-1}$ NaOH 溶液。

实验步骤

1. 制备

硫酸四铵合铜的制备　取 10g $CuSO_4 \cdot 5H_2O$ 溶于 14mL 水中，加入 20mL 浓氨水，沿烧杯壁慢慢滴加 35mL 95% 的乙醇，然后盖上表面皿。静置析出晶体后，减压过滤，晶体用 1：2 的乙醇与浓氨水的混合液洗涤，再用乙醇与乙醚的混合液淋洗，然后将其在 60℃ 左右烘干，称重，保存待用。

2. 组分分析

(1) NH$_3$ 的测定（装置）　称取 0.25～0.30g 样品，放入 250mL 锥形瓶中，加 80mL 水溶解，再加入 10mL 10% 的 NaOH 溶液。在另一锥形瓶中，准确加入 30～35mL 标准 HCl 溶液（0.5mol·L^{-1}），放入冰浴中冷却。

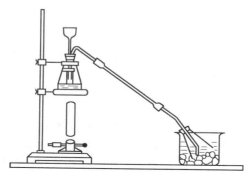

图 1　NH$_3$ 的测定装置

按图 1 装配好仪器，从漏斗中加入 3～5mL 10% NaOH 溶液于小试管中，漏斗下端插入液面下 2～3cm。加热样品，先用大火加热，当溶液接近沸腾时改用小火，保持微沸状态，蒸馏 1h 左右。即可将氨全部蒸出。蒸馏完毕后，取出插入 HCl 溶液中的导管，用蒸馏水冲洗导管内外，洗涤液收集在氨吸收瓶中，从冰浴中取出吸收瓶，加 2 滴 0.1% 的甲基红溶液，用标准 NaOH 溶液（0.5mol·L^{-1}）滴定剩余的溶液。

计算 NH$_3$ 含量：

$$\mathrm{NH_3}\% = \frac{(c_1 V_1 - c_2 V_2) \times 17.04}{m_s \times 1000} \times 100\%$$

式中，c_1，V_1 为标准 HCl 溶液的浓度和体积；c_2，V_2 为标准 NaOH 溶液的浓度和体积；m_s 为样品质量；17.04 为 NH$_3$ 的摩尔质量。

称取试样约 0.65g（含硫量约 90mg），置于 400mL 烧杯中，加 25mL 蒸馏水使其溶解，稀释至 200mL。

(2) SO$_4^{2-}$ 的测定

① 沉淀的制备　在上述溶液中加稀 HCl（6mol·L^{-1}）2mL，盖上表面皿，置于电炉石棉网上，加热至近沸。取 BaCl$_2$（0.1mol·L^{-1}）溶液 30～35mL 于小烧杯中，加热至近沸，然后用滴管将热 BaCl$_2$ 溶液逐滴加入样品溶液中，同时不断搅拌溶液。当 BaCl$_2$ 溶液即将加完时，静置，于 BaSO$_4$ 上清液中加入 1～2 滴 BaCl$_2$ 溶液，观察是否有白色浑浊出现，用以检验沉淀是否已完全。盖上表面皿，置于电炉（或水浴）上，在搅拌下继续加热，陈化约 0.5h，然后冷却至室温。

② 沉淀的过滤和洗涤　将上清液用倾注法倒入漏斗中的滤纸上，用一洁净烧杯收集滤液（检查有无沉淀穿滤现象。若有，应重新换滤纸）。用少量冷蒸馏水洗涤沉淀 3～4 次（每次加入水 10～15mL），然后将沉淀小心地转移至滤纸上。用洗瓶吹洗烧杯内壁，洗涤液并入漏斗中，并用撕下的滤纸角擦拭玻璃棒和烧杯内壁，将滤纸角放入漏斗中，再用少量蒸馏水洗涤滤纸上的沉淀（约 10 次），至滤液不显 Cl$^-$ 反应为止［用 AgNO$_3$（0.1mol·L^{-1}）溶液检查］。

③ 沉淀的干燥和灼烧　取下滤纸，将沉淀包好，置于已恒重的坩埚中，先用小火烘干炭化，再用大火灼烧至滤纸灰化。然后将坩埚转入马弗炉中，在 800～850℃ 灼烧约 30min。

取出坩埚，待红热退去，置于干燥器中，冷却 30min 后称量。再重复灼烧 20min，冷却，取出，称量，直至恒重。

根据 $BaSO_4$ 质量计算试样中硫酸的百分含量。

注意事项

（1）组分含量的理论值：Cu^{2+} 25.85％，NH_3 27.73％，SO_4^{2-} 39.08％，H_2O 7.33％。

（2）实验前，应预习和本实验有关的基本操作相关内容。

（3）溶液加热近沸，但不应煮沸，防止溶液溅失。

（4）$BaSO_4$ 沉淀的灼烧温度应控制在 800～850℃，否则，$BaSO_4$ 将与碳作用而被还原。

（5）检查滤液中的 Cl^- 时，用小表面皿收集 10～15 滴滤液，加 2 滴 $AgNO_3$ 溶液，观察是否出现浑浊，若有浑浊则需继续洗涤。

思考题

（1）试拟出测定硫酸四氨合铜中 SO_4^{2-} 含量的实验步骤。

（2）硫酸四氨合铜中 NH_3、SO_4^{2-}、Cu^{2+} 还可以用哪些方法测定？

实验十四　氯化钠的提纯

实验目的

（1）掌握提纯 NaCl 的原理和方法。

（2）学习溶解、沉淀、常压过滤、蒸发浓缩、结晶等基本操作。

实验原理

化学试剂或医药用的 NaCl 都是以粗食盐为原料提纯的，粗食盐中含有 Ca^{2+}、Mg^{2+}、K^+ 和 SO_4^{2-} 等可溶性杂质和泥沙等不溶性杂质。选择适当的试剂可使 Ca^{2+}、Mg^{2+}、SO_4^{2-} 等离子生成难溶盐沉淀而除去，一般先在食盐溶液中加 $BaCl_2$ 溶液，除去 SO_4^{2-}：

$$Ba^{2+} + SO_4^{2-} === BaSO_4 \downarrow$$

然后再在溶液中加 Na_2CO_3 溶液，除 Ca^{2+}、Mg^{2+} 和过量的 Ba^{2+}：

$$Ca^{2+} + CO_3^{2-} === CaCO_3 \downarrow$$
$$Ba^{2+} + CO_3^{2-} === BaCO_3 \downarrow$$
$$2Mg^{2+} + 2OH^- + CO_3^{2-} === Mg_2(OH)_2CO_3 \downarrow$$

过量的 Na_2CO_3 溶液用 HCl 中和，粗食盐中的 K^+ 仍留在溶液中。由于 KCl 溶解度比 NaCl 大，而且粗食盐中含量少，所以在蒸发和浓缩食盐溶液时，NaCl 先结晶出来，而 KCl 仍留在溶液中。

常压过滤操作可总结为"一角"、"二低"和"三靠"。"一角"是滤纸的折叠，必须和漏斗的角度相符，使它紧贴漏斗壁，并用水湿润。"二低"是滤纸的边缘须低于漏斗口 5mm 左右，漏斗内液面又要略低于滤纸边缘，以防固体混入滤液。"三靠"是过滤时，盛待过滤液的烧杯嘴和玻璃棒相靠，液体沿玻璃棒流进过滤器；玻璃棒末端和滤纸三层部分相靠；漏斗下端的管口与用来装盛滤液的烧杯内壁相靠；使过滤后的清液成细流沿漏斗颈和烧杯内壁流入烧杯中。

过滤时，置漏斗于漏斗架上，漏斗颈与接收容器紧靠，用玻璃棒贴近三层滤纸一边。①首先沿玻璃棒倾入沉淀上层清液，一次倾入的溶液一般最多只充满滤纸的2/3，以免少量沉淀因毛细作用越过滤纸上沿而损失。倾析完成后，在烧杯内将沉淀用少量洗涤液搅拌洗涤，静置沉淀，再如上法倾出上清液。如此3～4次。残留的少量沉淀可用如下方法全部转移干净。左手持烧杯倾斜着拿在漏斗上方，烧杯嘴向着漏斗。用食指将玻璃棒横架在烧杯口上，玻璃棒的下端向着滤纸的三层处，用洗瓶吹出洗液，冲洗烧杯内壁，沉淀连同溶液沿玻璃棒流入漏斗中。②沉淀全部转移到滤纸上以后，仍需在滤纸上洗涤沉淀，以除去沉淀表面吸附的杂质和残留的母液。其方法是从滤纸边沿稍下部位开始，用洗瓶吹出的水流，按螺旋形向下移动。并借此将沉淀集中到滤纸锥体的下部。洗涤时应注意，切勿使洗涤液突然冲在沉淀上。（注意：实验室用真空抽滤泵抽滤。）

仪器与试剂

1. 仪器

酒精灯、循环水泵、抽滤瓶、布氏漏斗、普通漏斗、烧杯、蒸发皿、台秤、滤纸、pH试纸。

2. 试剂

NaCl（粗）。

实验步骤

1. 粗盐溶解

称取5g粗食盐（粗NaCl）于50mL烧杯中，加入30mL水，酒精灯加热搅拌使其溶解。

2. 除 SO_4^{2-}

加热溶液至沸，边搅拌边滴加 $1mol \cdot L^{-1}$ $BaCl_2$ 溶液约5滴，继续加热5min，使沉淀颗粒长大易于沉降。

3. 除 Ca^{2+}、Mg^{2+} 和过量的 Ba^{2+}

将上面溶液加热至沸，边搅拌边滴加饱和 Na_2CO_3 溶液，至滴入 Na_2CO_3 溶液不生成沉淀为止，再多加5滴 Na_2CO_3 溶液，静置。过滤，弃去沉淀。

4. 用HCl调整酸度除去 CO_3^{2-}

往溶液中滴加 $3mol \cdot L^{-1}$ HCl 10滴，加热搅拌，中和到溶液呈微酸性（pH＝3～4左右）。

5. 蒸发与结晶

在蒸发皿中把溶液蒸发浓缩至原体积的1/3，冷却结晶，抽滤至布氏漏斗下端无水滴。

实验结果

（1）产品外观：①粗盐_____②精盐_____。

（2）产品质量：_____g，产率_____。

（3）分析产率过高或过低的原因。

思考题

（1）在除去 Ca^{2+}、Mg^{2+} 和 SO_4^{2-} 时，为何先加 $BaCl_2$ 溶液，然后再加 Na_2CO_3 溶液？

（2）能否用 $CaCl_2$ 代替毒性较大的 $BaCl_2$ 来除去实验中的 SO_4^{2-}？

（3）在提纯过程中，K^+ 在哪一步被除去？

（4）加 HCl 除去 CO_3^{2-} 时，为什么要把溶液的 pH 值调节到 3～4？调至中性如何？

实验十五　硫酸铜的提纯

实验目的

（1）了解用重结晶法提纯物质的基本原理。

（2）练习托盘天平的使用。

（3）掌握加热、溶解、蒸发浓缩、结晶、常压过滤、减压过滤等基本操作技术。

实验原理

硫酸铜为可溶性晶体物质。根据物质的溶解度的不同，可溶性晶体物质中的杂质包括难溶于水的杂质和易溶于水的杂质。一般可先用溶解、过滤的方法，除去可溶性晶体物质中所含的难溶于水的杂质；然后再用重结晶法使可溶性晶体物质中的易溶于水的杂质分离。

重结晶的原理是由于晶体物质的溶解度一般随温度的降低而减小，当热的饱和溶液冷却时，待提纯的物质首先结晶析出而少量杂质由于尚未达到饱和，仍留在母液中。

粗硫酸铜晶体中的杂质通常以硫酸亚铁（$FeSO_4$）、硫酸铁 $[Fe_2(SO_4)_3]$ 为最多。当蒸发浓缩硫酸铜溶液时，亚铁盐易氧化为铁盐，而铁盐易水解，有可能生成 $Fe(OH)_3$ 沉淀，混杂于析出的硫酸铜晶体中，所以在蒸发浓缩的过程中，溶液应保持酸性。

若亚铁盐或铁盐含量较多，可先用过氧化氢（H_2O_2）将 Fe^{2+} 氧化为 Fe^{3+}，再调节溶液的 pH 值约至 4，使 Fe^{3+} 水解为 $Fe(OH)_3$ 沉淀过滤而除去。

$$2Fe^{2+} + H_2O_2 + 2H^+ \Longequal 2Fe^{3+} + 2H_2O$$
$$Fe^{3+} + 3H_2O \Longequal Fe(OH)_3 + 3H^+$$

仪器与试剂

1. 仪器

台秤（公用）、烧杯（100mL）、量筒、石棉网、玻璃棒、酒精灯、漏斗、滤纸、漏斗架、表面皿、蒸发皿、铁三脚、洗瓶、布氏漏斗、油滤装置、硫酸铜回收瓶。

2. 试剂

$CuSO_4 \cdot 5H_2O$（粗）、H_2SO_4（$1mol \cdot L^{-1}$）、H_2O_2（3%）、pH 试纸、NaOH（$0.5mol \cdot L^{-1}$）。

实验步骤

1. 称量和溶解

用台秤称取粗硫酸铜 4g，放入洁净的 100mL 烧杯中，加入纯水 20mL。然后将烧杯置于石棉网上加热，并用玻璃棒搅拌。当硫酸铜完全溶解时，立即停止加热。大块的硫酸铜晶体应先在研钵中研细。每次研磨的量不宜过多。研磨时，不得用研棒敲击，应慢慢转动研棒，轻压晶体成细粉末。

2. 沉淀

往溶液中加入 3% H_2O_2 溶液 10 滴，加热，逐滴加入 $0.5mol \cdot L^{-1}$ NaOH 溶液直到 pH=4（用 pH 试纸检验），再加热片刻，放置，使红棕色 $Fe(OH)_3$ 沉降。用 pH 试纸（或石蕊试纸）检验溶液的酸碱性时，应将小块试纸放入干燥清洁的表面皿上，然后用玻璃棒蘸取待检验溶液点在试纸上，切忌将试纸投入溶液中检验。

3. 过滤

将折好的滤纸放入漏斗中，用洗瓶挤出少量水润湿滤纸，使之紧贴在漏斗壁上。将漏斗放在漏斗架上，趁热过滤硫酸铜溶液，滤液承受在清洁的蒸发皿中。从洗瓶中挤出少量水洗涤烧杯及玻璃棒，洗涤水也应全部滤入蒸发皿中。过滤后的滤纸及残渣投入废液缸中。

4. 蒸发和结晶

在滤液中滴入 2 滴 $1mol \cdot L^{-1}$ H_2SO_4 溶液，使溶液酸化，然后放在石棉网上加热，蒸发浓缩（切勿加热过猛以免液体溅失）。当溶液表面刚出现一层极薄的晶膜时，停止加热。静置冷却至室温，使 $CuSO_4 \cdot 5H_2O$ 充分结晶析出。

5. 减压过滤

将蒸发皿中 $CuSO_4 \cdot 5H_2O$ 晶体用玻棒全部转移到布氏漏斗中，抽气减压过滤，尽量抽干，并用干净的玻棒轻轻挤压布氏漏斗上的晶体，尽可能除去晶体间夹的母液。停止抽气过滤，将晶体转到已备好的干净滤纸上，再用滤纸尽量吸干母液，然后将晶体用台秤称量，计算产率。晶体倒入硫酸铜回收瓶中。

数据记录

（1）粗硫酸铜的质量 $m_1 = $ _____ g。

（2）精制硫酸铜的质量 $m_2 = $ _____ g。

思考题

（1）粗硫酸铜溶解时，加热和搅拌起什么作用？

（2）用重结晶法提纯硫酸铜，在蒸发滤液时，为什么加热不可过猛？为什么不可将滤液蒸干？

（3）滤液为什么必须经过酸化后才能进行加热浓缩？在浓缩过程中应注意哪些问题？

（4）在提纯硫酸铜过程中，为什么要加 H_2O_2 溶液，并保持溶液的 pH 值约为 4？

（5）为了提高精制硫酸铜的产率，实验过程中应注意哪些问题？

实验十六　茶叶中微量元素的鉴定与定量测定

实验目的

（1）了解并掌握鉴定茶叶中某些化学元素的方法。

（2）学会选择合适的化学分析方法。

（3）掌握配合滴定法测茶叶中钙、镁含量的方法和原理。

（4）掌握分光光度法测茶叶中微量铁的方法。

（5）提高综合运用知识的能力。

实验原理

茶叶属植物类，为有机体，主要由 C、H、N 和 O 等元素组成，其中含有 Fe、Al、Ca、Mg 等微量金属元素。本实验的目的是要求从茶叶中定性鉴定 Fe、Al、Ca、Mg 等元素，并对 Fe、Ca、Mg 进行定量测定。

茶叶需先进行"干灰化"。"干灰化"即试样在空气中置于敞口的蒸发皿后坩埚中加热，把有机物经氧化分解而烧成灰烬。这一方法特别适用于生物和食品的预处理。灰化后，经酸溶解，即可逐级进行分析。

铁铝混合液中 Fe^{3+} 对 Al^{3+} 的鉴定有干扰。利用 Al^{3+} 的两性，加入过量的碱，使 Al^{3+} 转化为离子留在溶液中，Fe^{3+} 则生成沉淀，经分离去除后，消除了干扰。

钙镁混合液中，Ca^{2+} 和 Mg^{2+} 的鉴定互不干扰，可直接鉴定，不必分离。

铁、铝、钙、镁各自的特征反应式如下：

$$Fe^{3+} + nKSCN(饱和) \longrightarrow Fe(SCN)_n^{3-n}(血红色) + nK^+$$

$$Al^{3+} + 铝试剂 + OH^- \longrightarrow 红色絮状沉淀$$

$$Mg^{2+} + 镁试剂 + OH^- \longrightarrow 天蓝色沉淀$$

$$Ca^{2+} + C_2O_4^{2-} \xrightarrow{HAc介质} CaC_2O_4(白色沉淀)$$

根据上述特征反应的实验现象，可分别鉴定出 Fe、Al、Ca、Mg 这 4 个元素。

钙、镁含量的测定，可采用配合滴定法。在 $pH = 10$ 的条件下，以铬黑 T 为指示剂，EDTA 为标准溶液。直接滴定可测得 Ca、Mg 总量。若欲测 Ca、Mg 各自的含量，可在 $pH > 12.5$ 时，使 Mg^{2+} 生成氢氧化物沉淀，以钙指示剂、EDTA 标准溶液滴定 Ca^{2+}，然后用差减法即得 Mg^{2+} 的含量。

Fe^{3+}、Al^{3+} 的存在会干扰 Ca^{2+}、Mg^{2+} 的测定，分析时，可用三乙醇胺掩蔽 Fe^{3+} 与 Al^{3+}。

茶叶中铁含量较低，可用分光光度法测定。在 $pH = 2 \sim 9$ 的条件下，Fe^{2+} 与邻菲啰啉能生成稳定的橙红色的配合物，反应式如下：

在显色前，用盐酸羟胺把 Fe^{3+} 还原成 Fe^{2+}，其反应式如下：

$$4Fe^{3+} + 2NH_3 \cdot OH \Longrightarrow 4Fe^{2+} + H_2O + 4H^+ + N_2O$$

显色时，溶液的酸度过高（$pH < 2$），反应进行较慢；若酸度太低，则 Fe^{2+} 水解，影响显色。

仪器与试剂

1. 仪器

煤气灯，研钵，蒸发皿，称量瓶，托盘天平，分析天平，中速定量滤纸，长颈漏斗，250mL 容量瓶，50mL 容量瓶，250mL 锥形瓶，50mL 酸式滴定管，3cm 比色皿，5mL、10mL 吸量管，722 型分光光度计。

2. 试剂

1% 铬黑 T、$6mol \cdot L^{-1}$ HCl、$2mol \cdot L^{-1}$ HAc、$6mol \cdot L^{-1}$ NaOH、$0.25mol \cdot L^{-1}$、$0.01mol \cdot L^{-1}$（自配并标定）EDTA、饱和 KSCN 溶液、$0.010mg \cdot L^{-1}$ Fe 标准溶液、铝试剂、镁试剂、25% 三乙醇胺水溶液、缓冲溶液（$pH = 10$）、HAc-NaAc 缓冲溶液（$pH = 4.6$）、0.1% 邻菲啰啉水溶液、1% 盐酸羟胺水溶液。

实验步骤

1. 茶叶的灰化和试验的制备

取在 100~105℃下烘干的茶叶 7~8g 于研钵中捣成细末，转移至称量瓶中，称出称量瓶和茶叶的质量和，然后将茶叶末全部倒入蒸发皿中，再称空称量瓶的质量，差减得蒸发皿中的茶叶的准确质量。

将盛有茶叶末的蒸发皿加热使茶叶灰化（在通风橱中进行），然后升高温度，使其完全灰化，冷却后，加 6mol·L⁻¹ 的 HCl 10mL 于蒸发皿中，搅拌溶解（可能有少量不溶物）将溶液完全转移至 150mL 烧杯中，加水 20mL，再加 6mol·L⁻¹ NH₃·H₂O 适量控制溶液 pH 为 6~7，使产生沉淀。并置于沸水浴加热 30min，过滤，然后洗涤烧杯和滤纸。滤液直接用 250mL 容量瓶盛接，并稀释至刻度，摇匀，贴上标签，标明为 Ca²⁺、Mg²⁺ 试液（1 号），待测。

另取 250mL 容量瓶一只于长颈漏斗之下，用 6mol·L⁻¹ 的 HCl 溶液 10mL 重新溶解滤纸上的沉淀，并少量多次地洗涤滤纸。完毕后，稀释容量瓶中滤液至刻度线，摇匀，贴上标签，标明为 Fe³⁺ 试液（2 号），待测。

2. Fe、Al、Ca、Mg 元素的鉴定

从 1 号试液的容量瓶中倒出试液 1mL 于一洁净的试管中，然后从试管中取液 2 滴于点滴板上，加镁试剂 1 滴，再加 6mol·L⁻¹ 的 NaOH 溶液碱化，观察现象，作出判断。

从上述试管中再取试液 2~3 滴于另一试管中，加入 1~2 滴 2mol·L⁻¹ HAc 酸化，再加 2 滴 0.25mol·L⁻¹ 草酸，观察实验现象，作出判断。

从 2 号试液的容量瓶中倒出试液 1mL 于一洁净试管中，然后从试管中取试液 2 滴于点滴板上，加饱和 KSCN 1 滴，根据实验现象，作出判断。

在上述试管剩余的试液中，加 6mol·L⁻¹ 的 NaOH 溶液直至白色沉淀溶解为止，离心分离，取上层清液于另一试管中，加 6mol·L⁻¹ 的 HAc 溶液酸化，加铝试剂 3~4 滴，放置片刻后，加 6mol·L⁻¹ NH₃·H₂O 碱化，在水浴中加热，观察实验现象，作出判断。

3. 茶叶中，Ca，Mg 总量的测定

从 1 号容量瓶中准确吸取试液 25mL 置于 250mL 锥形瓶中，加入三乙醇胺 5mL，再加入缓冲溶液 10mL，摇匀，最后加入铬黑 T 指示剂少许，用 0.01mol·L⁻¹ 的 EDTA 标准溶液滴定至溶液由红紫色恰变纯蓝色，即达终点，根据 EDTA 的消耗量，计算茶叶中 Ca、Mg 的总量。并以 MgO 的质量分数表示。

4. 茶叶中 Fe 含量的测量

（1）邻菲啰啉亚铁吸收曲线的绘制　用吸量管吸取铁标准溶液 0、2.0mL、4.0mL 分别注入 50mL 容量瓶中，各加入 5mL 盐酸羟胺溶液，摇匀，再加入 5mL HAc-NaAc 缓冲溶液和 5mL 邻菲啰啉溶液，用蒸馏水稀释至刻度，摇匀，放置 10min，用 3cm 的比色皿，以试剂空白溶液为参比溶液，在 722 型分光光度计中，从波长 420~600nm 间分别测定其光密度，以波长为横坐标、光密度为纵坐标，绘制邻菲啰啉亚铁的吸收曲线，并确定最大吸收峰的波长，以此为测定波长。

（2）标准曲线的绘制　用吸量管分别吸取铁的标准溶液 0、1.0mL、2.0mL、3.0mL、4.0mL、5.0mL、6.0mL 于 7 只 50mL 容量瓶中，依次分别加入 5.0mL 盐酸羟胺，5.0mL HAc-NaAc 缓冲溶液，5.0mL 邻菲啰啉，用蒸馏水稀释至刻度，摇匀，放置 10min。用 3cm 的比色皿，以空白溶液为参比溶液，用分光光度计分别测其光密度。以 50mL 溶液中铁含量为横坐标，相应的光密度为纵坐标，绘制邻菲啰啉亚铁的标准曲线。

（3）茶叶中 Fe 含量的测定　用吸量管从 2 号容量瓶中吸取试液 2.5mL 于 50mL 容量瓶中，依次加入 5.0mL 盐酸羟胺，5.0mL HAc-NaAc 缓冲溶液，5.0mL 邻菲啰啉，用水稀释至刻度，摇匀，放置 10min。以空白溶液为参比溶液，在同一波长处测其光密度，并从标准曲线上求出 50mL 容量瓶中 Fe 的含量，并换算出茶叶中 Fe 的含量，以 Fe_2O_3 质量数表示之。

注意事项

（1）茶叶尽量捣碎，利于灰化。

（2）灰化应彻底，若溶后发现有未灰化物，应定量过滤，将未灰化的重新灰化。

（3）茶叶灰化后，酸溶解速度较慢时可小火略加热，定量转移要安全。

（4）测 Fe 时，使用的吸量管较多，应插在所吸的溶液中，以免搞错。

（5）1 号 250mL 容量瓶试液用于分析 Ca、Mg 元素，2 号 250mL 容量瓶用于分析 Fe、Al 元素，不要混淆。

思考题

（1）欲测该茶叶中 Al 含量，应如何设计方案？

（2）试讨论，为什么 pH＝6～7 时，能将 Fe^{3+}、Al^{3+} 与 Ca^{2+}、Mg^{2+} 分离完全？

（3）通过本实验，你对分析问题和解决问题方面有何收获？请谈谈体会。

实验十七　熔点的测定（毛细管法）

实验目的

（1）了解熔点测定的意义。

（2）掌握用毛细管法测定熔点的操作方法。

实验原理

物质的熔点是指物质的固-液两相在大气压下达成平衡时的温度 T_M。当温度高于 T_M 时，所有的固相将全部转化为液相，若低于 T_M 时，则由液相转变为固相。

纯固态物质通常都有固定的熔点，在一定压力下，固-液两相之间的变化对温度是非常敏锐的，从开始熔化（始熔）至完全熔化（全熔）的温度范围（熔程）较小，一般不超过 0.5～1℃。若该物质中含有杂质时，则其熔点往往比纯物质的熔点低，而且熔程也较大。因此，熔点的测定常常可以用来识别和定性地检验物质的纯度。若测定熔点的样品为两种不同的有机物的混合物（如肉桂酸和尿素），它们各自的熔点均为 133℃，但把它们等量混合，再测其熔点，则比 133℃低得多，而且熔程较大，这种现象叫做混合熔点下降，其实验称为混合熔点实验，是用来检验两种熔点相同或相近的有机物质是否为同一种物质的简便的物理方法。

化合物温度不到熔点时以固相存在，加热使温度上升，达到熔点，开始有少量液体出现，而后固液相平衡。继续加热，温度不再变化，此时加热所提供的热量使固相不断转变为液相，两相间仍为平衡，最后的固体熔化后，继续加热则温度线性上升（图 1）。因此在接近熔点时，加热速度一定要慢，每分钟温度升高不能超过 2℃，只有这样，才能使整个熔化过程尽可能接近于两相平衡条件，测得的熔点也更精确。

本实验采用简便的毛细管法测熔点，实际上由此法测得的不是一个温度点，而是熔化

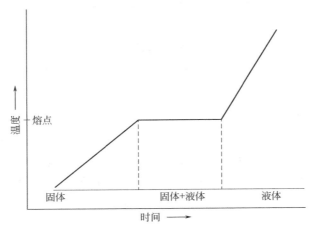

图 1　化合物受热温升曲线

范围，所得的结果也常高于真实的熔点，但可以作为一般纯度的鉴定。

用毛细管法测定熔点时，温度计上的熔点读数与真实熔点之间常有一定的偏差，原因是多方面的，温度的影响是一个重要因素。如温度计中的毛细管孔径不均匀，有时刻度不精确。温度计刻度有全浸式和半浸式两种。全浸式温度计的刻度是在温度计的汞线全部均匀受热的情况下刻出来的，在使用这类温度计测定熔点时仅有部分汞线受热，因而露出来的温度当然较全部受热者为低。另外长期使用的温度计，玻璃也可能发生体积变形而使刻度不准。

为了消除上述误差，可选择几种已知熔点的纯粹有机化合物作为标准，以实测的熔点作纵坐标、测得的熔点与应有熔点的差值作横坐标，绘成曲线，从图中曲线上可直接读出温度计的校正值。

仪器与试剂

1. 仪器

b 形管、毛细管、酒精灯、铁架台、玻璃棒、表面皿、温度计、胶塞。

2. 试剂

浓硫酸（H_2SO_4）、［甘油（丙三醇）］、未知样（固体）。

实验装置

如图 2。

实验步骤

1. 毛细管封口

将毛细管以向上倾斜 45°伸入酒精灯火焰中，边烧边不停转动，以使毛细血管顶端受热均匀，直到顶端熔化为一光亮小球，说明已经封好。

2. 填装样品

取 0.1～0.2g 样品，置于干净的表面皿中，用玻璃棒研成粉末，聚成小堆，将毛细管开口一端插入粉末堆中，样品便被挤入管中，再把开口一端向上，通过一根长约 40cm，使其自由落下，粉末落入管底，重复操作，直至样品高 2～3mm 为止。

3. 安装仪器

b 形管又叫 Thiele 管、熔点测定管。将 b 形管夹在铁架台上，往其中装入甘油至高出其

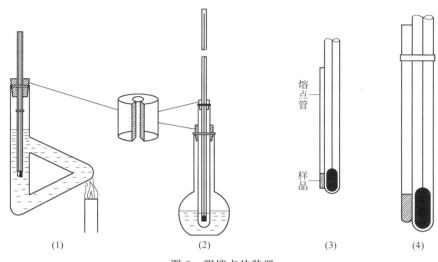

图 2　测熔点的装置

上侧管 1cm 为宜。管口配一缺口单孔胶塞。把毛细管中下部用甘油润湿后，将其紧附在温度计旁，样品部分应靠在温度计水银球的中部。或用橡皮圈将毛细管紧固在温度计上。要注意使橡皮圈置于距浓硫酸（甘油）1cm 以上的位置。将黏附有毛细管的温度计小心地插入 b 形管中，插入的深度以水银球恰在 b 形管两侧管的中部为准。加热时火焰须与 b 形管的倾斜部分接触。

4. 测定熔点

初始加热时，可按每分钟 3～4℃ 的速度升高温度。当温度升高至与待测样品的熔点相差 10～15℃ 时，减弱加热火焰，使温度缓慢而均匀地以每分钟 1℃ 的速度上升。注意观察毛细管中样品的变化。应观察和记录当毛细管中样品开始塌落并有小滴液体时（初熔）和固体完全消失时（全熔）的温度读数。由初熔到全熔的温度范围即为此样品的熔化范围，又称熔程。熔点测定，至少要有两次的重复数据。每一次测定必须用新的毛细管另装样品，不得将已测过熔点的毛细管冷却，使其中样品固化后再作第二次固定。因为有时某些化合物部分分解，有些经加热，会转变为具有不同熔点的其他结晶形式。注意：再次测定时，须等浴液冷却至低于此样品熔点的 20～30℃ 时，才能开始。

测定未知物的熔点时，应先对样品粗测一次，加热可以稍快，找出大概熔程后，再认真测两次。

混合样品的熔点测定至少要测定三种比例，即 1：9、1：1 和 9：1。

实验完毕，要等温度计自然冷却至接近室温时，才能用水冲洗。浓 H_2SO_4（甘油）要冷至室温时，方可倒回原试剂瓶。

本实验约需 3h。

注意事项

（1）熔点管必须洁净。如含有灰尘等，能产生 4～100℃ 的误差。

（2）熔点管底未封好会产生漏管。

（3）样品粉碎要细，填装要实，否则产生空隙，不易传热，造成熔程变大。

（4）样品不干燥或含有杂质，会使熔点偏低，熔程变大。

（5）样品量太少不便观察，而且熔点偏低；太多会造成熔程变大，熔点偏高。

（6）升温速度应慢，让热传导有充分的时间。升温速度过快，熔点偏高。

（7）熔点管壁太厚，热传导时间长，会产生熔点偏高。

注：

1. 毛细管法是实验室中测点熔点较为常用的方法。目前已有更为先进的仪器，如显微熔点测定仪、自动熔点测定仪等。这些仪器的特点是操作方便、读数准确、试剂用量少。

2. 本实验用甘油作热浴液，如果用浓硫酸作热浴液时，应特别小心，防止灼伤皮肤，不要让杂质、样品或其他有机物接触浓硫酸，否则会使浓硫酸变黑，有碍熔点的观察。可在发黑的浓硫酸中加入少许硝酸钾晶体，加热后可使之脱色。

思考题

（1）测熔点时，若有下列情况将产生什么结果？

① 熔点管壁太厚。

② 熔点管底部未完全封闭，尚有一针孔。

③ 熔点管不洁净。

④ 样品未完全干燥或含有杂质。

⑤ 样品研得不细或装得不紧密。

⑥ 加热太快。

（2）是否可以使用第一次测过熔点时已经熔化的有机化合物再作第二次测定呢？为什么？

（3）测定熔点使用的熔点管（装试样的毛细管）一般外径为_____，长约_____；装试样的高度约为_____，要装得_____和_____。

实验十八　沸点测定（微量法）及简单蒸馏

实验目的

（1）掌握简单蒸馏、微量法测定沸点的基本原理和操作方法。

（2）了解液体有机化合物的分离和提纯及通过沸点测定鉴别液体有机化合物的纯度。

实验原理

1. 沸点测定

由于分子运动，液体分子有从表面逸出的倾向。这种倾向常随温度的升高而增大。即液体在一定温度下具有一定的蒸气压，液体的蒸气压随温度升高而增大，而与体系中存在的液体及蒸气的绝对量无关。

将液体加热时，其蒸气压随温度升高而不断增大。当液体的蒸气压增大至与外界施加给液面的总压力（通常是大气压力）相等时，就有大量气泡不断地从液体内部逸出，即液体沸腾。这时的温度称为该液体的沸点，显然液体的沸点与外界压力有关。外界压力不同，同一液体的沸点会发生变化。不过通常所说的沸点是指外界压力为一个大气压时的液体沸腾温度。

在一定压力下，纯的液体有机物具有固定的沸点。但当液体不纯时，则沸点有一个温度稳定范围，常称为沸程。

2. 简单蒸馏原理

　　液体混合物之所以能用蒸馏的方法加以分离，是因为组成混合液的各组分具有不同的挥发度。例如，在常压下苯的沸点为 80.1℃，而甲苯的沸点为 110.6℃。若将苯和甲苯的混合液在蒸馏瓶内加热至沸腾，溶液部分被汽化。此时，溶液上方蒸气的组成与液相的组成不同，沸点低的苯在蒸气相中的含量增多，而在液相中的含量减少。因而，若部分汽化的蒸气全部冷凝，就得到易挥发组分含量比蒸馏瓶内残留溶液中所含易挥发组分含量高的冷凝液，从而达到分离的目的。同样，若将混合蒸气部分冷凝，正如部分汽化一样，则蒸气中易挥发组分增多。这里强调的是部分汽化和部分冷凝，若将混合液或混合蒸气全部冷凝或全部汽化，则不言而喻，所得到的混合蒸气或混合液的组成不变。综上所述，蒸馏就是将液体混合物加热至沸腾，使液体汽化，然后，蒸气通过冷凝变为液体，使液体混合物分离的过程，从而达到提纯的目的。沸点差别较大的混合物（至少相差 30℃以上）通过简单蒸馏就可达到分离和提纯的目的。

仪器与试剂

1. 仪器

酒精灯（加热套）、温度计（100℃）、沸点测点管、b 形管、圆底烧瓶（50mL）、蒸馏头、刺形分馏柱、直型冷凝管、接液管、锥形瓶、橡皮管、铁架台、铁夹、铁圈。

2. 试剂

60％工业酒精水溶液或工业酒精、丙酮（分析纯）、未知样品（液体）。

实验装置

1. 沸点测定

如图 1。

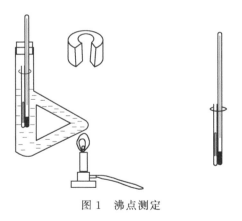

图 1　沸点测定

2. 简单蒸馏

如图 2。

实验操作

1. 沸点的测定

（1）沸点管的制备　沸点管由外管和内管组成，外管用长 7～8cm、内径 0.2～0.3cm 的玻璃管将一端烧熔封口制得，内管用市购的毛细管截取 3～4cm 封其一端而成。测量时将内管开口向下插入外管中。

（2）沸点的测定

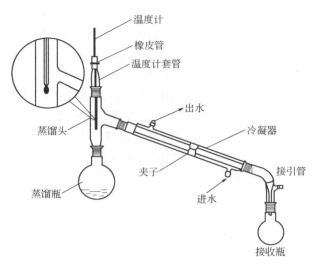

图 2　简单蒸馏

　　a. 装样　取 1～2 滴待测样品滴入沸点管的外管中,将内管插入外管中,然后用小橡皮圈把沸点附于温度计旁,再把该温度计的水银球位于 b 形管两支管中间。

　　b. 升温　升温速率为每分钟 4～5℃,加热时由于气体膨胀,内管中会有小气泡缓缓逸出。

　　c. 读数　当温度升到比沸点稍高时,管内会有一连串的小气泡快速逸出。这时停止加热,使溶液自行冷却,气泡逸出的速度即渐渐减慢。在最后一气泡不再冒出并要缩回内管的瞬间记录温度,此时的温度即为该液体的沸点,待温度下降 15～20℃后,可重新加热再测几次(所得温度数值不得相差 1℃)。

　　2. 简单蒸馏

　　(1) 安装实验装置

　　a. 安装实验装置方向:自下而上、从左向右。

　　b. 安装实验装置次序:先固定蒸馏瓶,接着装上蒸馏头、冷凝管、接引管、接收瓶。在冷凝管的 1/2 至下端 1/3 之间用铁夹固定。

　　c. 整个装置必须端正、稳固、紧凑。从正面和侧面看都不倾斜,玻璃磨口连接紧密。

　　d. 用胶管连接冷凝管的进出水口,冷却水从低端进、从高端出。

　　(2) 加料　通过漏斗将样品的乙醇(先称重或量体积)加到蒸馏瓶中,高度以蒸馏瓶的 1/3～2/3 之间用宜。并加进 2～3 颗沸石。装上温度计(水银球的上线与蒸馏管侧管的下线在同一高度)。

　　(3) 加热和馏分收集

　　a. 开通冷却水,水流为缓慢流动即可。

　　b. 加热蒸馏瓶,观察温度。随着加热进行,样品的温度升高,蒸馏头上的温度计读数也缓慢升高。在达到乙醇的沸点前会有少量液体蒸出(前馏分)。

　　c. 当温度计读数达到 77℃时,更换接收瓶。接收 77～79℃的馏分,此馏分为纯化的乙醇。

　　d. 控制加热速度使温度计水银球上有液体浸润,达到气-液平衡,并使蒸馏速度为 1～2 滴/s。此温度也是乙醇的沸点。

（4）结束蒸馏

a. 如果温度超过 79℃，更换接收瓶并停止加热。

b. 不管温度是否超过 79℃，当蒸馏瓶中的样品剩下 1mL 左右时，停止加热。

c. 停止实验时先切断加热电源，撤去热源。稍冷后按与安装相反的次序拆装置：停冷却水，取下温度计，取下接引管、冷凝管、蒸馏头等。

（5）称量纯化的乙醇的体积或称重　本实验约需 3h。

注意事项

（1）蒸馏装置必须与外部大气相通，绝不可成为密闭装置！

（2）沸点高于 140℃ 的成分的蒸馏用空气冷凝管。

（3）用蒸馏法分离混合液体，不同组分的沸点差应大于 30℃。否则分离效果不佳。

（4）用磨口温度计则不需温度计套管。但温度计水银球的位置必须正确。

（5）冷凝管除了装成斜的，还可以装成垂直的。用内冷式（冷却水管盘绕在冷凝管内）的或蛇形（蒸汽冷却部分为蛇形管）冷凝管效率较高。请比较冷凝管斜装和直装的优缺点。

（6）用蒸馏法浓缩样品且浓缩后样品量很少时，用梨形蒸馏瓶（底部尖形）。

（7）如果不加沸石，可能加热到沸点时样品也不沸腾（过热液体）。此时不可补加沸石，以免暴沸。应停止加热，待样品冷却片刻后再加沸石。然后加热蒸馏。

（8）沸石不重复使用。使用过一次后沸石表面的毛细管口都被填满，不再起作用。沸石也可用一端封闭的玻璃毛细管代替。管口置于被蒸馏的液体中。蒸馏时在管口不断产生气泡，保持均匀的沸腾。

（9）蒸馏易挥发或有气味的样品时，用胶管连接接收管通气口并引向水槽。接收瓶外可用冰冷却。蒸馏易吸潮的样品时，接收管通气口连接干燥管。

思考题

（1）液体的沸点与蒸气压有什么关系？

（2）纯物质的沸点恒定吗？沸点恒定的液体是纯物质吗？为什么？

（3）使用纯的化合物蒸馏也有前馏分。为什么？

（4）为什么温度计的水银球位置应在蒸馏头支管的下线高度？太高或太低有什么问题？

（5）加热速度太慢，即使能蒸馏出样品，温度读数也偏低；反之加热太快（油浴温度太高）温度读数会高于沸点，为什么？

（6）为什么不能把样品蒸干？

（7）为什么液体的沸点与外界压力有关？

（8）地球上的降水循环与蒸馏相似。但是地球上的水还没到沸点也可变成气体，为什么？地表的气流上升到高空能产生云或雨雪，为什么？

实验十九　减压蒸馏和水蒸气蒸馏

实验目的

(1) 学会减压蒸馏和水蒸气蒸馏的原理。

(2) 掌握减压蒸馏和水蒸气蒸馏的操作方法。

实验原理

1. 减压蒸馏基本原理

减压蒸馏适用于在常压下沸点较高及常压蒸馏时易发生分解、氧化、聚合等反应的热敏性有机化合物的分离提纯。一般把低于一个大气压的气态空间称为真空，因此，减压蒸馏也称为真空蒸馏。

液体的沸点与外界施加于液体表面的压力有关，随着外界施加于液体表面压力的降低，液体沸点下降。沸点与压力的关系可近似地用下式表示：

$$\lg p = A + \frac{B}{T}$$

式中　p——液体表面的蒸气压；

　　　T——溶液沸腾时的热力学温度；

　A，B——常数。

如果用 $\lg p$ 为纵坐标、$1/T$ 为横坐标，可近似得到一条直线。从二元组分已知的压力和温度，可算出 A 和 B 的数值，再将所选择的压力带入上式即可求出液体在这个压力下的沸点。

2. 水蒸气蒸馏基本原理

水蒸气蒸馏是纯化分离有机化合物的重要方法之一，当水和不（或难）溶于水的化合物一起存在时，整个体系的蒸气压力根据道尔顿分压定律，应为各组分蒸气压力之和。即：

$$p = p_水 + p_A$$

式中　p_A——与水不（或难）溶化合物的蒸气压。

当 p 与外界大气压相等时，混合物就沸腾。这时的温度即为它们共沸的沸点，所以混合物的沸点将比任何一组分的沸点都要低一点，而且在低于100℃的温度下随水蒸气一起蒸馏出来。因此，常压下应用水蒸气蒸馏，能在低于100℃的情况下将高沸点组分与水一起蒸出来，蒸馏时混合物的沸点保持不变。

仪器与试剂

1. 仪器

夹子、T形管、蒸馏瓶、克氏蒸馏头、冷凝管、真空接引管、接收瓶、安全瓶、水银气压力计、油泵、电热套2个。

2. 试剂

DMF、粗苯甲酸乙酯。

实验装置

1. 减压蒸馏

如图1。

2. 水蒸气蒸馏

如图2。

操作要点

（1）减压蒸馏时，蒸馏瓶和接收瓶均不能使用不耐压的平底仪器（如锥形瓶、平底烧瓶等）和薄壁或有的破损仪器，以防由于装置内处于真空状态，外部压力过大而引起爆炸。

（2）减压蒸馏的关键是装置密封性要好，因此在安装仪器时，应在磨口接头处涂抹少量凡士林，以保证装置密封和润滑。温度计一般用一小段乳胶管固定在温度计套管上，根据温

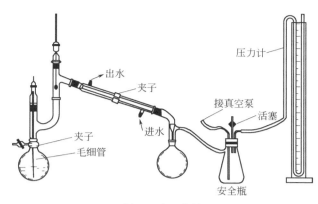

图 1　减压蒸馏

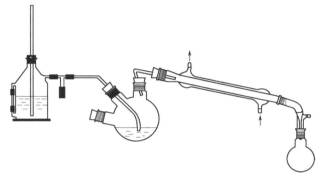

图 2　水蒸气蒸馏

度计的粗细来选择乳胶管内径，乳胶管内径略小于温度计直径较好。

（3）仪器装好后，应空试系统是否密封。具体方法如下。①泵打开后，将安全瓶上的放空阀关闭，拧紧毛细管上的螺旋夹，待压力稳定后，观察压力计（表）上的读数是否到了最小或是否达到所要求的真空度。如果没有，说明系统内漏气，应进行检查。②检查方法：首先将真空接引管与安全瓶连接处的橡胶管折起来用手捏紧，观察压力计（表）的变化，如果压力马上下降，说明装置内有漏气点，应进一步检查装置，排除漏气点；如果压力不变，说明自安全瓶以后的系统漏气，应依次检查安全瓶和泵，并加以排除或请指导老师排除。③漏气点排除后，应再重新空试，直至压力稳定并且达到所要求的真空度时，方可进行下面的操作。

（4）减压蒸馏时，加入待蒸馏液体的量不能超过蒸馏瓶容积的 1/2。待压力稳定后，蒸馏瓶内液体中有连续平稳的小气泡通过。如果气泡太大已冲入克氏蒸馏头的支管，则可能有两种情况：一是进气量太大，二是真空度太低。此时，应调节毛细管上的螺旋夹使其平稳进气。由于减压蒸馏时一般液体在较低的温度下就可以蒸出，因此，加热不要太快。当馏头蒸完后转动真空接引管（一般用双股接引管，当要接收多组馏分时可采用多股接引管），开始接收馏分，蒸馏速度控制在每秒 1～2 滴。在压力稳定及化合物较纯时，沸程应控制在 1～2℃范围内。

（5）停止蒸馏时，应先将加热器撤走，打开毛细管上的螺旋夹，待稍冷却后，慢慢地打开安全瓶上的放空阀，使压力计（表）恢复到零的位置，再关泵。否则由于系统中压力低，会发生油或水倒吸回安全瓶或冷阱的现象。

（6）为了保护油泵系统和泵中的油，在使用油泵进行减压蒸馏前，应将低沸点的物质先用简单蒸馏的方法去除，必要时可先用水泵进行减压蒸馏。加热温度以产品不分解为准。

实验步骤

1. 减压蒸馏

DMF 的减压蒸馏如下。

（1）取两个 50mL 圆底烧瓶分别作为减压蒸馏瓶和接收瓶，按照装置图安装仪器。

（2）称取 23mL DMF 放入减压蒸馏瓶，开油泵，真空度控制在一定 3.5～6.5kPa。

（3）加热，收集沸点范围一般不超过所预期的温度±1℃，得到纯 DMF。

2. 水蒸气蒸馏

（1）水蒸气发生器中加入其容积 1/2～2/3 的水，加 10mL 粗苯甲酸乙酯于三口烧瓶中，按图搭好装置，打开 T 形管上的螺旋夹，开冷凝水。

（2）加热水蒸气发生器使水沸腾。待 T 形管上有蒸汽冲出时，将螺旋夹关闭，让蒸汽通入三口瓶，有浑浊液流入接收瓶时，调节馏出速度为 2～3 滴/s。

（3）待馏出液透明澄清时，可停止蒸馏。先打开 T 形管上的夹子，再停止加热。

（4）将馏出液转入分液漏斗，静置分层，除去水层，有机层用量筒量取苯甲酸乙酯体积。本实验约需 4h。

注意事项

1. 减压蒸馏

（1）减压蒸馏装置的关键是密封性要好，因此在安装仪器时，应在磨口接头处涂抹少量凡士林，并且要再检查，以确保密封性达到要求时，再进行以下步骤。

（2）先抽真空，待压力稳定后再加热。

（3）停止加热时，先撤去加热器。

2. 水蒸气蒸馏

（1）水蒸气发生器盛放约容积的 2/3 的水为宜，（可通过液位管观察），否则沸腾时水将会冲入烧瓶。

（2）水蒸气发生器与烧瓶之间的连接段要尽可能的短，以减少水蒸气的冷凝。

思考题

（1）为什么减压蒸馏时要保持缓慢而稳定的蒸馏速度？

（2）用锥形瓶作减压蒸馏的接收瓶可不可以？为什么？

（3）进行水蒸气蒸馏，被提纯化合物必须具备哪三个条件。

（4）进行水蒸气蒸馏时，蒸气导管的末端为什么要插入接近于容器的底部。

（5）水蒸气蒸馏装置中的 T 形管有什么作用。

（6）在什么情况下可采用水蒸气蒸馏？

实验二十　柱色谱-亚甲基蓝与荧光黄的分离

实验目的

（1）学习柱色谱法的原理及其应用。

（2）掌握柱色谱分离技术和操作技能。

实验原理

色谱法亦称色层法、层析法等，是分离，纯化和鉴定有机化合物的重要方法之一。色谱法的基本原理是利用混合物各组分在某一物质中的吸附或溶解性能（即分配）的不同，或其他亲和作用性能的差异，混合物的溶液流经该种物质，进行反复吸附或分配等作用，从而将各组分分开（图1）。

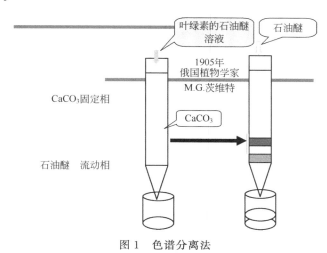

图 1　色谱分离法

1. 吸附剂（固定相）

常用的吸附剂有氧化铝、硅胶、氧化镁、碳酸钙等。吸附剂应经过纯化和活性处理，颗粒大小均匀。对吸附剂来说粒子越小、表面积越大，吸附能力就越高，但是颗粒小时，溶剂的流速就太慢，因此应根据需要确定。

大多数吸附剂都能强烈地吸水，而且水分易被其他化合物置换，而使吸附剂的活性降低，通常用加热的方法使吸附剂活化。

2. 洗脱剂

在柱层析分离中，洗脱剂的选择也是一个重要的因素。一般洗脱剂的选择是通过薄层色谱实验来确定的。选择洗脱机的另一个原则是：洗脱剂的极性不能大于样品中各组分的极性。首先使用极性较小的溶剂，使最容易脱附的组分分离，然后加入不同比例的极性溶剂配成的洗脱剂，将极性较大的化合物洗脱下来。

常用洗脱剂的极性：

石油醚＜环己烷＜四氯化碳＜甲苯＜苯＜二氯甲烷＜氯仿＜乙醚＜乙酸乙酯＜丙酮＜乙醇＜甲醇＜水＜乙酸

仪器与试剂

荧光黄和亚甲基蓝的混合液、95％乙醇。

40cm×1cm 色谱柱、锥形瓶、烧杯。

吸附剂：硅胶 100～200 目。

实验装置

如图 2。

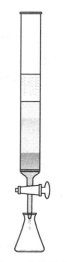

图 2　实验装置

实验步骤

1. 装柱（湿法）

将色谱柱垂直固定在铁架台上，往柱内加适量洗脱机中极性最低的洗脱剂，打开活塞，赶走气泡。将吸附剂（硅胶）用洗脱机中极性最低的洗脱机调成糊状，倒入柱中，同时，打开下旋活塞，在色谱柱下面放一个干净的锥形瓶或烧杯。在此过程中，应不断敲打色谱柱，以便使色谱柱中的吸附剂夯实均匀并没有气泡。

加完吸附剂后，在吸附剂上再盖一张直径大小合适的小滤纸。

2. 加样

当溶剂刚好流至上层滤纸面时，立即用滴管沿壁加入 2mL 的荧光黄与亚甲基蓝混合液，当此溶液流至上层滤纸面时，立即用少量的 95% 乙醇清洗下管壁的有色物质，如此连续 2～3 次，直至洗净为止。

3. 洗脱

用 95% 乙醇作洗脱剂进行洗脱，当色谱柱内出现明显谱带即可。荧光黄则留在柱子上端，当第一个色带快流出来时用锥形瓶收集（蓝色的亚甲基蓝溶液），取下。

4. 清理

分离结束后，应先让溶剂尽量流干，然后倒置，用洗耳球从活塞口向管内挤压空气，将吸附剂从柱顶挤压出。使用过的吸附剂倒入垃圾桶里，切勿倒入水槽，以免堵塞水槽。

本实验约需 4h。

注意事项

（1）洗脱剂的选择：对未知样品先用极性小的溶剂洗脱，再用极性大的溶剂洗脱。

（2）装柱的技术：松紧度。

（3）吸附剂的用量。

（4）柱高：柱子太高洗脱慢。

思考题

（1）为什么必须保证所装柱中没有空气泡？

（2）柱色谱所选择的洗脱剂为什么要先用非极性或弱极性的，然后再使用较强极性的洗脱剂洗脱？

实验二十一 正溴丁烷的制备

实验目的

（1）学习正溴丁烷的制备原理和方法。

（2）练习回流、蒸馏、分液、液体干燥和气体吸收操作。

实验原理

正丁醇与溴化钠、浓硫酸共热即得

主反应：

$$NaBr + H_2SO_4 \longrightarrow NaHSO_4 + HBr$$

$$n\text{-}C_4H_9OH + HBr \xrightarrow{H_2SO_4} n\text{-}C_4H_9Br + H_2O$$

副反应：

$$n\text{-}C_4H_9OH \xrightarrow{H_2SO_4} CH_3CH_2CH{=}CH_2 + H_2O$$

$$2n\text{-}C_4H_9OH \xrightarrow{H_2SO_4} (n\text{-}C_4H_9)_2O + H_2O$$

$$2HBr + H_2SO_4 \xrightarrow{\triangle} Br_2 + SO_2\uparrow + 2H_2O$$

仪器与试剂

1. 仪器

圆 100mL 三口瓶、球形冷凝管、分水器、温度计、125mL 分液漏斗、50mL 蒸馏瓶、电热套。

2. 试剂

正丁醇、浓硫酸、溴化钠（表 1）。

表 1 主要药品及产物的物理常数

药品名称	相对分子质量	用量	熔点/℃	沸点/℃	相对密度(d_4^{20})	水溶解度/(g/100mL)
正丁醇	74.12	6.2mL(0.34mol)	−88.9	117.7	0.8098	7.9
溴化钠	102.8	8.3g(0.081mol)	747	1189	3.203	溶于水
浓硫酸	98	10mL	10.37	337	1.84	易溶于水
正溴丁烷	137.03		−112.4	101.6	1.28	不溶于水

实验装置

如图 1。

实验步骤

1. 投料

在圆底烧瓶中加入 10mL 水，再慢慢加入 10mL 浓硫酸，混合均匀并冷至室温后，再依次加入 6.2mL 正丁醇和 8.3g 溴化钠，充分振荡后加入几粒沸石。

2. 加热回流

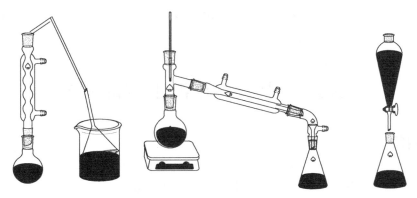

图 1　实验装置

　　以石棉网覆盖电炉为热源，安装回流装置（含气体吸收部分）。在石棉网上加热至沸，调整圆底烧瓶底部与石棉网的距离，以保持沸腾而又平稳回流，并时加摇动烧瓶促使反应完成。反应约 30～40min。（注意调整距离和摇动烧瓶的操作）

　　3. 分离粗产物

　　待反应液冷却后，改回流装置为蒸馏装置（用直形冷凝管冷凝），蒸出粗产物（注意判断粗产物是否蒸完）。

　　4. 洗涤粗产物

　　将馏出液移至分液漏斗中，加入等体积的水洗涤（产物在下层），静置分层后，将产物转入另一干燥的分液漏斗中，用等体积的浓硫酸洗涤（除去粗产物中的少量未反应的正丁醇及副产物正丁醚、1-丁烯、2-丁烯）。尽量分去硫酸层（下层）。有机相依次用等体积的水（除硫酸）、饱和碳酸氢钠溶液（中和未除尽的硫酸）和水（除残留的碱）洗涤后，转入干燥的锥形瓶中，加入 1～2g 的无水氯化钙干燥，间歇摇动锥形瓶，直到液体清亮为止。

　　5. 收集产物

　　抽滤除去干燥机，蒸馏，收集 99～103℃，称量，计算产率。

　　本实验约需 5h。

注意事项

　　(1) 投料时应严格按教材上的顺序，投料后，一定要混合均匀。

　　(2) 反应时，保持回流平稳进行，防止导气管发生倒吸。

　　(3) 洗涤粗产物时，注意正确判断产物的上下层关系。

　　(4) 干燥剂用量合理。

思考题

　　(1) 本实验中硫酸的作用是什么？硫酸的浓度过大或过小有什么不好？

　　(2) 反应后的粗产物中含有哪些杂质？是如何除去的？各步洗涤的目的何在？

　　(3) 为什么用饱和碳酸氢钠溶液洗涤前要先用水洗涤？

实验二十二　环己烯的制备

实验目的

　　(1) 学习用酸催化环己醇脱水制备环己烯的原理和方法。

（2）掌握分馏、蒸馏、分液等基本操作。

实验原理

主反应

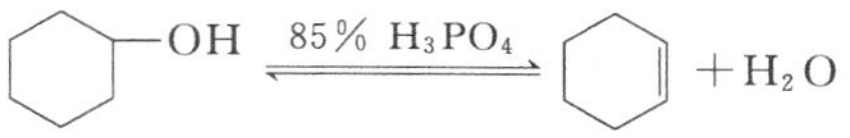

副反应

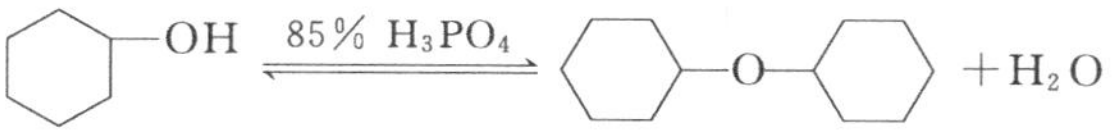

主反应为可逆反应，本实验采用的措施是：边反应边蒸出反应生成的环己烯和水形成的二元共沸物（沸点 70.8℃，含水 10％）。但是原料环己醇也能和水形成二元共沸物（沸点 97.8℃，含水 80％）。为了使产物以共沸物的形式蒸出反应体系，而又不夹带原料环己醇，本实验采用分馏装置，并控制柱顶温度不超过 90℃。

反应采用 85％的磷酸为催化剂，而不用浓硫酸作催化剂，是因为磷酸氧化能力较硫酸弱得多，减少了氧化副反应。

分馏的原理就是让上升的蒸汽和下降的冷凝液在分馏柱中进行多次热交换，相当于在分馏柱中进行多次蒸馏，从而使低沸点的物质不断上升、被蒸出；高沸点的物质不断地被冷凝、降、流回加热容器中；结果将沸点不同的物质分离。

仪器与试剂

1. 仪器

电热套、升降台、圆底烧瓶（50mL、19 号）、分馏柱（19 号）、蒸馏头（19 号）、温度计（100℃）、直形冷凝管（19 号）、真空接引管（19 号）、锥形瓶（50mL、19 号）分液漏斗、蒸馏装置一套。

2. 试剂

磷酸、环己醇、食盐。

主要反应试剂及产物的物理常数见表 1。

表 1　主要反应试剂及产物的物理常数

药品名称	相对分子质量	用量	熔点/℃	沸点/℃	相对密度（d_4^{20}）	水溶解度/(g/100mL)
环己醇	100.16	10mL(0.096mol)	25.2	161	0.9624	微溶于水
环己烯	82.14		−103.7	83.19	0.8098	不溶于水
磷酸	98	5mL(0.08mol)	22	261	1.874	易溶于水

实验装置

如图 1。

实验步骤

（1）在 50mL 干燥的圆底（或茄形）烧瓶中，放入 10mL 环己醇（9.6g，0.096mol）和 5mL 85％磷酸，充分振摇、混合均匀。投入几粒沸石，按图 1(a) 安装反应装置，用锥形瓶作接收器。

（2）将烧瓶在石棉网上用小火慢慢加热，控制加热速度使分馏柱上端的温度不要超过 90℃，馏出液为带水的混合物。当烧瓶中只剩下很少量的残液并出现阵阵白雾时，即可停止蒸馏。全部蒸馏时间约需 40min。

（3）将蒸馏液分去水层，加入等体积的饱和食盐水 ［图 1(c)］，充分振摇后静止分层，

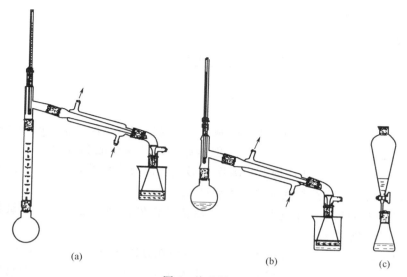

图 1　实验装置

分去水层（洗涤微量的酸，产品在哪一层？）。将下层水溶液自漏斗下端活塞放出、上层的粗产物自漏斗的上口倒入干燥的小锥形瓶中，加入 1～2g 无水氯化钙干燥。

（4）将干燥后的产物滤入干燥的梨形蒸馏瓶中 ［图 1(b)］，加入几粒沸石，用水浴加热蒸馏。收集 80～85℃的馏分于一已称重的干燥小锥形瓶中。产量 4～5g。

本实验约需 4h。

注意事项

（1）环己醇在常温下是黏稠状液体，因而若用量筒量取时应注意转移中的损失。所以，取样时，最好先取环己醇，后取磷酸。

（2）环己醇与磷酸应充分混合，否则在加热过程中可能会局部碳化，使溶液变黑。

（3）安装仪器的顺序是从下到上、从左到右。十字头应口向上。

（4）由于反应中环己烯与水形成共沸物（沸点 70.8℃，含水 10%）；环己醇也能与水形成共沸物（沸点 97.8℃，含水 80%）。因比在加热时温度不可过高，蒸馏速度不宜太快，以减少未作用的环己醇蒸出。文献要求柱顶控制在 73℃左右，但反应速度太慢。本实验为了加快蒸出的速度，可控制在 90℃以下。

（5）反应终点的判断可参考以下几个参数：①反应进行 40min 左右；②分馏出的环己烯和水的共沸物达到理论计算量；③反应烧瓶中出现白雾；④柱顶温度下降后又升到 85℃以上。

（6）洗涤分水时，水层应尽可能分离完全，否则将增加无水氯化钙的用量，使产物更多地被干燥剂吸附而招致损失。这里用无水氯化钙干燥较适合，因它还可除去少量环己醇。无水氯化钙的用量视粗产品中的含水量而定，一般干燥时间应在 0.5h 以上，最好干燥过夜。但由于时间关系，实际实验过程中，可能干燥时间不够，这样在最后蒸馏时，可能会有较多的前馏分（环己烯和水的共沸物）蒸出。

（7）在蒸馏已干燥的产物时，蒸馏所用仪器都应充分干燥。接收产品的三角瓶应事先称重。

（8）一般蒸馏都要加沸石。

思考题

（1）在纯化环己烯时，用等体积的饱和食盐水洗涤，而不用水洗涤，目的何在？

（2）本实验提高产率的措施是什么？

（3）实验中，为什么要控制柱顶温度不超过 90℃？

（4）本实验用磷酸作催化剂比用硫酸作催化剂好在哪里？

（5）蒸馏时，加入沸石的目的是什么？

（6）使用分液漏斗有哪些注意事项？

（7）用无水氯化钙干燥有哪些注意事项？

（8）查药品物理常数的途径有哪些？

实验二十三　正丁醚的合成

实验目的

（1）掌握醚合成原理、洗涤、提纯的过程。

（2）学习共沸脱水的原理和分水器的实验操作。

实验原理

主反应：

$$2CH_3CH_2CH_2CH_2OH \longrightarrow (CH_3CH_2CH_2CH_2)_2O + H_2O$$

副反应：

$$CH_3CH_2CH_2CH_2OH \longrightarrow CH_3CH_2CH=CH_2 + H_2O$$

本实验主反应为可逆反应，为了提高产率，利用正丁醇能与生成的正丁醚及水形成共沸物。

仪器与试剂

1. 仪器

圆 100mL 三口瓶、球形冷凝管、分水器、温度计、125mL 分液漏斗、50mL 蒸馏瓶。

2. 试剂

正丁醇、浓硫酸、5%氢氧化钠溶液、无水氯化钙、饱和氯化钙溶液（表1）。

表 1　主要药品及产物的物理常数

药品名称	相对分子质量	用量	熔点/℃	沸点/℃	相对密度 (d_4^{20})	水溶解度/(g/100mL)
正丁醇	74.12	31mL(0.34mol)	−88.9	117.7	0.8098	7.9
正丁醚	130.23		−98	142	0.7689	不溶于水
浓硫酸	98	4.5mL	10.37	337	1.84	易溶于水

实验装置

如图 1。

实验步骤

（1）在 100mL 三口瓶中加入 31mL 正丁醇（0.8109g/mL），再将 5mL 浓硫酸慢慢加入

图 1　实验装置

瓶中，使瓶中的浓硫酸与正丁醇混合均匀，并加入几粒沸石。在瓶口上装温度计和分水器，温度计要插在液面以下，分水器的上端接一回流冷凝管。

（2）分水器中需要先加入一定量的水，把水的位置做好记号。将三口瓶放到电热套中加热，开始调压不要太高，先加热 30min 但不到回流温度（约 100～115℃），后加热保持回流约 1h。随着反应的进行，分水器中的水层不断增加，反应液的温度也不断上升。当分水器中的水层超过了支管而要流回烧瓶时，可以打开分水器的旋塞放掉一部分水。当分水器中的水层不再变化，瓶中反应液温度到达 150℃ 左右时，停止加热。如果加热时间过长，溶液会变黑，并有大量副产物烯生成。

（3）待反应物稍冷，拆下分水器，将仪器改成蒸馏装置，再加 2 粒沸石，进行蒸馏至无馏出液为止。

（4）将馏出液倒入分液漏斗中，分去水层。粗产物每次用 15mL 冷的 50% 硫酸洗涤，共洗 2 次，再用水洗涤 2 次，最后用 1～2g 无水氯化钙干燥。将干燥后的粗产物倒入 50mL 圆底烧瓶中（注意不要把氯化钙倒进瓶中！）进行蒸馏，收集 140～144℃ 的馏分，产量为 7～8g。

本实验约需 4h。

注意事项

（1）本实验根据理论计算失水体积为 3mL，但实际分出水的体积略大于计算量，故分水器放满水后先放掉约 4.0mL 水。

（2）制备正丁醚的较宜温度是 130～140℃，但开始回流时，这个温度很难达到，因为正丁醚可与水形成共沸点物（沸点 94.1℃，含水 33.4%）；另外，正丁醚与水及正丁醇形成三元共沸物（沸点 90.6℃，含水 29.9%，正丁醇 34.6%），正丁醇也可与水形成共沸物（沸点 93℃，含水 44.5%），故应在 100～115℃ 之间反应 0.5h 之后可达到 130℃ 以上。

（3）在碱洗过程中，不要太剧烈地摇动分液漏斗，否则生成乳浊液，分离困难。

（4）正丁醇溶在饱和氯化钙溶液中，而正丁醚微溶。

思考题

（1）如何得知反应已经比较完全？

（2）反应物冷却后为什么要倒入 50mL 水中？各步洗涤的目的何在？

（3）能否用本实验方法由乙醇和 2-丁醇制备乙基仲丁基醚？你认为用什么方法比较好？

实验二十四　环己酮的制备

实验目的

（1）掌握铬酸氧化法制备环己酮的原理和方法。

（2）熟练回流、蒸馏、液体的洗涤、干燥等基本操作。

实验原理

实验室制备脂肪或脂环醛酮，最常用的方法是将伯醇和仲醇用铬酸氧化。铬酸是重要的铬酸盐和40%～50%硫酸的混合物。仲醇用铬酸氧化是制备酮的最常用的方法。酮对氧化剂比较稳定，不易进一步氧化。铬酸氧化醇是一个放热反应，必须严格控制反应的温度，以免反应过于激烈。环己酮主要用于合成尼龙-6或尼龙-66，还广泛用作溶剂，它尤其因对许多高聚物（如树脂、橡胶、涂料）的溶解性能优异而得到广泛的应用。在皮革工业中还用作脱脂剂和洗涤剂。

$$Na_2Cr_2O_7 + H_2SO_4 \longrightarrow 2CrO_3 + Na_2SO_4 + H_2O$$

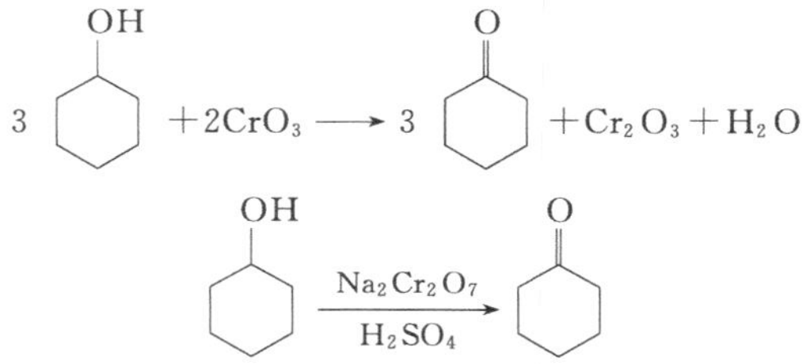

仪器与试剂

1. 仪器

250mL 圆底烧瓶、温度计、蒸馏装置、分液漏斗。

2. 试剂

浓硫酸、环己醇、重铬酸钠、草酸、食盐、无水碳酸钠（表1）。

表1　主要反应试剂及产物的物理常数

名称	相对分子质量	颜色晶型	熔点/℃	沸点/℃	相对密度	n_D	溶解度		
							H_2O	乙醇	乙醚
环己醇	100.16	无色液体	25.2	160.9	0.9624	1.465	sl	s	s
重铬酸钠	298	Red mn	84.6	d 400	2.348^{25}		208^{20}		
碳酸钠	105.99	白色粉末	851	d	2.532		sl	sl	vs
环己酮	98	Col,oil	−45	155.65	0.9478	1.4507	vs	vs	sl

实验装置

如图1。

实验步骤

1. 在 50mL 圆底烧瓶内，放置 10mL 冰水，在搅拌下慢慢加入 2.5mL 浓硫酸，充分混匀，小心加入 1.92g 环己醇（2mL，19.24mmol）。在上述混合液内插入一支温度计，将溶

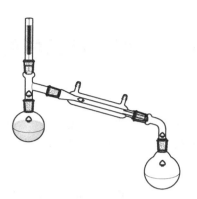

图 1　实验装置

液冷至 30℃以下。

2. 在烧杯中将 3.5g 重铬酸钠（11.6mmol）溶解于 2mL 水中，取此溶液 1mL 加入圆底烧瓶中，充分振摇，这时可观察到反应温度上升和反应液由橙红色变为墨绿色，表明氧化反应已经发生。继续向圆底烧瓶中滴加剩余的重铬酸钠溶液，同时不断振摇烧瓶，控制滴加速度，保持烧瓶内反应液温度在 55～60℃之间。若超过此温度时立即在冰水浴中冷却。滴加完毕，继续振摇反应瓶直至观察到温度自动下降 1～2℃以上。然后再加入少量的草酸（约需 0.15g），使反应液完全变成墨绿色，以破坏过量的重铬酸盐。

3. 在反应瓶内加入 12mL 水，再加几粒沸石，装成蒸馏装置，将环己酮与水一起蒸馏出来，环己酮与水能形成沸点为 95℃的共沸混合物。直至馏出液不再混浊后再多蒸约 1～2mL，用食盐饱和馏液后移入分液漏斗中，静置后分出有机层，用无水碳酸钾干燥，蒸馏，收集 150～156℃馏分。称重，计算产率（纯环己酮熔点为 155℃）。

本实验约需 4h。

注意事项

（1）本实验是一个放热反应，必须严格控制控制重铬酸钠溶液的滴加速度。

（2）本实验使用大量乙醚作溶剂和萃取剂，故在操作时应特别小心，以免出现意外。

（3）环己酮在 31℃水解度为 2.4g·(100mL)$^{-1}$ 水中。加入粗盐的目的是为了降低溶解度，有利于分层。

（4）反应容器外要用冰水浴冷却。

思考题

（1）用铬酸氧化法环己酮的制备实验，为什么要严格控制反应温在 55～60℃之间，温度过高或过低有什么不好？

（2）环己醇用铬酸氧化得到环己酮，用高锰酸钾氧化则得到己二醇，为什么？

（3）利用伯醇氧化制备醛时，为什么要将铬酸溶液加入醇中而不是反之？

实验二十五　乙酸乙酯的制备

实验目的

（1）熟悉酯化反应原理及进行的条件。

（2）掌握酯化反应的原理和乙酸乙酯的制备方法。

（3）熟悉常用的液体干燥剂，掌握其使用方法。

实验原理

有机酸酯可用醇和羧酸在少量无机酸催化下直接酯化制得。当没有催化剂存在时，酯化反应很慢；当采用酸作催化剂时，就可以大大地加快酯化反应的速度。酯化反应是一个可逆反应。为使平衡向生成酯的方向移动，常常使反应物之一过量，或将生成物从反应体系中及时除去，或者两者兼用。

本实验利用共沸混合物，反应物之一过量的方法制备乙酸乙酯。

主反应：

$$CH_3COOH + CH_3CH_2OH \underset{120℃}{\overset{浓\ H_2SO_4}{\rightleftharpoons}} CH_3COOC_2H_5 + H_2O$$

副反应：

$$2CH_3CH_2OH \underset{140℃}{\overset{浓\ H_2SO_4}{\longrightarrow}} CH_3CH_2OCH_2CH_3 + H_2O$$

$$CH_3CH_2OH \underset{170℃}{\overset{浓\ H_2SO_4}{\longrightarrow}} CH_2{=\!=}CH_2 + H_2O$$

仪器与试剂

1. 仪器

圆底烧瓶、冷凝管、温度计、蒸馏头、分液漏斗、酒精灯、接液管锥形瓶。

2. 试剂

冰乙酸、无水乙醇、浓硫酸、饱和碳酸钠溶液、饱和氯化钙溶液、饱和食盐水、无水硫酸镁（表1）。

表1　主要药品及产物的物理常数

药品名称	相对分子质量	用量	熔点 /℃	沸点 /℃	相对密度 (d_4^{20})	水溶解度 /(g/100mL)
冰乙酸	60.05	12mL	16.6	118.1	1.049	易溶于水
无水乙醇	46.07	19mL	−117	78.3	0.78	易溶于水
浓硫酸	98.08	5mL	10.37	337	1.83	易溶于水
乙酸乙酯	88.10		−74	77.15	0.905	不溶于水

实验装置

如图1。

实验步骤

1. 回流

在100mL圆底烧瓶中，加入12mL冰乙酸和19mL无水乙醇，混合均匀后，将烧瓶放置于冰水浴中，分批缓慢地加入5mL浓 H_2SO_4，同时振摇烧瓶。混匀后加入2~3粒沸石，按图安装好回流装置，打开冷凝水，用电热套加热，保持反应液在微沸状态下回流30~40min。

2. 蒸馏

反应完成后，冷却近室温，将装置改成蒸馏装置，用电热套或水浴加热，收集70~79℃馏分。

3. 乙酸乙酯的精制

（1）中和　在粗乙酸乙酯中慢慢地加入约10mL饱和 Na_2CO_3 溶液，直到无二氧化碳气

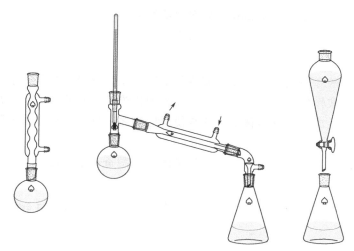

图 1　实验装置

体逸出后，再多加 1～3 滴。然后将混合液倒入分液漏斗中，静置分层后，放出下层的水。

（2）水洗　用约 10mL 饱和食盐水洗涤酯层，充分振摇，静置分层后，分出水层。

（3）二氯化钙饱和溶液洗　再用约 20mL 饱和 $CaCl_2$ 溶液分两次洗涤酯层，静置后分去水层。

（4）干燥　酯层由漏斗上口倒入一个 50mL 干燥的锥形瓶中，并放入 2g 无水 $MgSO_4$ 干燥，配上塞子，然后充分振摇至液体澄清。

（5）精馏　收集 74～79℃ 的馏分。

4．称重，计算产率。

本实验约需 5h。

注意事项

（1）实验进行前，圆底烧瓶、冷凝管应是干燥的。

（2）回流时注意控制温度，温度不宜太高，否则会增加副产物的量。

（3）在馏出液中除了酯和水外，还含有未反应的少量乙醇和乙酸，也还有副产物乙醚，故加饱和碳酸钠溶液主要除去其中的酸。多余的碳酸钠在后续的洗涤过程可被除去，可用石蕊试纸检验产品是否呈碱性。

（4）饱和食盐水主要洗涤粗产品中的少量碳酸钠，还可洗除一部分水。此外，由于饱和食盐水的盐析作用，可大大降低乙酸乙酯在洗涤时的损失。

（5）氯化钙饱和溶液洗涤时，氯化钙与乙醇形成络合物而溶于饱和氯化钙溶液中，由此除去粗产品中所含的乙醇。

（6）乙酸乙酯与水或醇可分别生成共沸混合物，若三者共存则生成三元共沸混合物。因此，酯层中的乙醇不除净或干燥不够时，由于形成低沸点的共沸混合物，从而影响酯的产率。

思考题

（1）在本实验中硫酸起什么作用？

（2）为什么乙酸乙酯的制备中要使用过量的乙醇？若采用乙酸过量的做法是否合适？为什么？

（3）蒸出的粗的乙酸乙酯中主要有哪些杂质？如何除去？

（4）能否用浓的氢氧化钠溶液代替饱和碳酸钠溶液来洗涤蒸馏液？

（5）用饱和氯化钙溶液洗涤，能除去什么？为什么先用饱和食盐水洗涤？可以用水代替饱和食盐水吗？

实验二十六　甲基橙的制备

实验目的

(1) 掌握和了解重氮盐偶联反应的条件，掌握甲基橙制备的原理及实验方法。

(2) 练习微型过滤，洗涤，重结晶等基本操作。

实验原理

芳香族伯胺在酸性介质中和亚硝酸钠作用下生成重氮盐，重氮盐与芳香叔胺偶联，生成偶氮染料。

1. 重氮盐的制备

$$H_2N \!-\!\!\langle\bigcirc\rangle\!-\! SO_3H + NaOH \longrightarrow H_2N \!-\!\!\langle\bigcirc\rangle\!-\! SO_3Na + H_2O$$

$$H_2N \!-\!\!\langle\bigcirc\rangle\!-\! SO_3Na \xrightarrow[\text{HCl}]{NaNO_2} \left[HO_3S \!-\!\!\langle\bigcirc\rangle\!-\! N \!\equiv\!\! N \right]^{+} Cl^{-}$$
重氮盐

2. 偶合

$$\xrightarrow[\text{HOAc}]{C_6H_5N(CH_3)_2} \left[HO_3S \!-\!\!\langle\bigcirc\rangle\!-\! N \!=\!\! N \!-\!\!\langle\bigcirc\rangle\!-\! \overset{+}{\underset{H}{N}}(CH_3)_2 \right]^{+} OAc^{-}$$

$$\xrightarrow{NaOH} NaO_3S \!-\!\!\langle\bigcirc\rangle\!-\! N \!=\!\! N \!-\!\!\langle\bigcirc\rangle\!-\! N(CH_3)_2$$
甲基橙（4-二甲胺基偶氮苯-4′-磺酸钠）

仪器与试剂

1. 仪器

25mL 烧杯 2 个、温度计、抽滤装置、试管。

2. 试剂

对氨基苯磺酸、亚硝酸钠、N,N-二甲基苯胺（表 1）。

表 1　主要药品及产物的物理常数

名　称	相对分子量	相对密度	熔点/℃	沸点/℃	溶解度/(g/100mL)		
					水	醇	醚
对氨基苯磺酸	173.19	1.485	d288	—	0.8	sl	sll
亚硝酸钠	69.00	2.168	271	—	81^{20}		
N,N-二甲基苯胺	121.18	0.9557	2.45	117.9	sl	s	s
甲基橙	327.34		D		0.2	sl	i

实验装置

如图 1。

实验操作

1. 重氮盐的制备

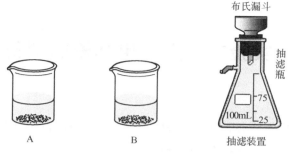

图1 实验装置

（1）A 烧杯中：0.8g NaNO$_2$＋6mL H$_2$O，搅拌溶解。

（2）B 烧杯中，2.1g 对氨基苯磺酸＋10mL 5％NaOH，温热溶解。

（3）A 烧杯的溶液加入 B 烧杯中，冰水冷却到 0～5℃，加入（3mL HCl＋10mL H$_2$O）溶液（0～5℃），0～5℃保温 15min。

2. 偶合

（1）管中：1.3mL N,N-二甲基苯胺＋1mL 冰乙酸。

（2）搅拌下，试管中的溶液加入 B 烧杯中，加完后继续搅拌 10min。

（3）B 烧杯中，加入 25mL 5％NaOH，结晶析出，从冰水取出，平衡室温，析出甲基橙。

3. 纯化

（1）抽滤收集结晶，重结晶提纯。

（2）溶解少许甲基橙于水中，加几滴稀盐酸溶液，接着用稀的氢氧化钠溶液中和，观察颜色变化。

本实验约需 5h。

注意事项

（1）对氨基苯磺酸是两性化合物，酸性比碱性强，以酸性内盐存在，所以它能与碱作用成盐，而不能与酸成盐。

（2）滴加（1）完毕用淀粉-碘化钾试纸检验，若不显蓝色，尚需酌情补加亚硝酸钠溶液。若亚硝酸已过量，可用尿素水溶液使其分解。$2HNO_2＋2KI＋2HCl \longrightarrow I_2＋2NO＋2H_2O＋2KCl$。

（3）重氮化反应中，溶液酸化时生成亚硝酸，同时，对氨基苯磺酸钠变为对氨基苯磺酸从溶液中以细粒状沉淀析出，并立即与亚硝酸作用，发生重氮化反应，生成粉末状的重氮盐。为了使对氨基苯磺酸完全重氮化，反应过程必须不断搅拌。

（4）重氮化一般应严格控制在 0～5℃，如果温度高于 5℃，则生成的重氮盐易水解成酚类，降低产率。制备好以后仍要保存在冰水浴中备用。

（5）加热温度不宜过高，一般约在 60℃，否则颜色变深影响质量。

（6）偶合反应结束后反应液呈弱碱性，若呈中性，则继续加入少量碱液至恰呈碱性，因强碱性又易产生成树脂状聚合物而得不到所需产物。

（7）重结晶操作应迅速，否则由于产品呈碱性，温度高易使产物变质，颜色变深。

（8）湿的甲基橙在空气中受光照射后，颜色会很快变深，故一般得紫红色粗产物，如再依次用水、乙醇、乙醚洗涤晶体，可使其迅速干燥。

（9）溶解少许产品于水中，加几滴稀盐酸，然后再用稀氢氧化钠溶液中和，观察溶液颜色有何变化。

实验结果

（1）外观：_____。
（2）产率：_____。

思考题

（1）谈谈实验的成败、得失。
（2）什么叫偶联反应？试结合本实验讨论一下偶联反应的条件。
（3）在本实验中，制备重氮盐时为什么要把对氨基苯磺酸变成钠盐？本实验如改成下列操作步骤：先将对氨基苯磺酸与盐酸混合，再滴加亚硝酸钠溶液进行重氮化反应，可以这样做吗？为什么？
（4）试解释甲基橙在酸碱介质中的变色原因，并用反应式表示。

实验二十七 己二酸的制备

实验目的

（1）学习环己醇氧化制备己二酸的原理和操作方法。
（2）练习浓缩、过滤及重结晶等操作技术。

实验原理

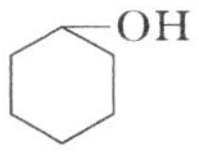

环己醇 $-OH + KMnO_4 + H_2O \longrightarrow HOOC(CH_2)_4COOH + MnO_2 + KOH$

仪器与试剂

1. 仪器

水浴锅、三口烧瓶、恒压滴液漏斗、空心塞、球形冷凝管、螺帽接头、温度计（100℃）抽滤装置等。

2. 试剂

环己醇、高锰酸钾、浓盐酸、亚硫酸氢钠、氢氧化钠（表1）。

表1 主要药品及产物的物理常数

药品名称	相对分子质量	用量	熔点/℃	沸点/℃	相对密度(d_4^{20})	水溶解度/(g/100mL)
环己醇	100.16	2g(0.0199mol)	25.2	161	0.9624	3.52
高锰酸钾	158.04	6g(0.038mol)	—	—	2.703	可溶
己二酸	146.14		152	265(10mmHg)	1.360	可溶

实验装置

如图1。

实验步骤

（1）安装反应装置，在三口烧瓶中加入6g高锰酸钾和50mL 0.3mol/L氢氧化钠溶液，

图 1　实验装置

搅拌加热至 35℃ 使之溶解，然后停止加热。

（2）在继续搅拌下用滴管滴加 2.1mL 环己醇，控制滴加速度，维持反应温度 43～47℃，滴加完毕后若温度下降，可在 50℃ 的水浴中继续加热，直到高锰酸钾溶液颜色褪去。在沸水浴中将混合物加热几分钟使二氧化锰凝聚。

（3）趁热抽滤，滤渣二氧化锰用少量热水洗涤 3 次，每次尽量挤压掉滤渣中的水分。

（4）滤液用小火加热蒸发使溶液浓缩至原来体积的一半，冷却后再用浓盐酸酸化至 pH 值为 2～4 止。冷却析出结晶，抽滤后得粗产品。

（5）将粗产物用水进行重结晶提纯。然后在烘箱中烘干，称量，计算产率。

本实验约需 5h。

注意事项

（1）制备羧酸采取的都是比较强烈的氧化条件，一般都是放热反应，应严格控制反应温度；否则不但倒影响产率，有时还会发生爆炸事故。

（2）环己醇常温下为黏稠液体，可加入适量水搅拌，便于用滴管滴加。

思考题

（1）为什么本实验在加入环己醇之前应预先加热反应液？实验开始时加料速度较慢，待反应开始后反而可适当加快加料速度？

（2）反应完后如果反应混合物呈淡紫红色，为什么要加入亚硫酸氢钠？写出其反应方程式。

（3）本实验得到的溶液为什么要用盐酸酸化？除用盐酸酸化外，是否还可用其他酸酸化？为什么？

实验二十八　从茶叶中提取咖啡因

实验目的

（1）了解天然产物的提取方法。

（2）学习咖啡因的提取方法。

实验原理

茶叶中含有多种生物碱、丹宁酸、茶多酚、纤维素和蛋白质等物质。咖啡因是其中一种生物碱，熔点为234~237℃的无色针状结晶，100℃失去结晶水，178℃升华，在茶叶中含量为1%~5%，属于杂环化合物嘌呤的衍生物，化学名称为1,3,7-三甲基-2,6-二氧嘌呤，其结构式：

咖啡因易溶于乙醇等有机溶剂。咖啡因不仅可以通过测定熔点和用光谱法加以鉴别，还可以通过制备熔点为137℃的咖啡因水杨酸盐衍生物，进一步得到确认。从茶叶中提取咖啡因，是用适当的溶剂（乙醇、氯仿、苯等）在脂肪提取器中连续抽提，然后浓缩而得到粗的咖啡因。粗咖啡因中还含有一些其他的生物碱和杂质，可利用升华进一步提纯。

仪器与试剂

1. 仪器
圆底烧瓶、提取器、冷凝管。

2. 试剂
茶叶、95%的乙醇。

实验装置

如图1、图2。

图1　索氏提取器

图2　升华装置

实验步骤

1. 咖啡因提取
称取10g茶叶，用滤纸将茶叶包入卷成筒状，注意勿使茶叶从滤纸缝中漏出，将滤纸筒装入索式提取器中，加入适量95%的乙醇（加到虹吸管刚好溢流时再加入20mL）。记录实际加入溶剂量。加热回流（记录每次虹吸溢流的时间间隔）直到溢流液颜色很淡或无色时，控制转移支提器筒中大部分溶剂尚未发生溢流时，停止加热。将下部烧瓶中的提取液倒入蒸发皿中，晾干，待升华之用。乙醇倒入回收瓶中，废茶叶放入废液内。

2. 咖啡因提纯

将蒸发皿在红外灯下烘烤（温度不宜太高避免升华）。称取 3g 氧化钙，研细后与萃取液拌和成茶砂，继续在 50～60℃下烘烤。干燥后，取 0.5g 茶砂进行减压升华操作。剩余茶砂用常压升华法升华。称量所得的升华产物。实测熔点 236～238℃（文献值 238℃）。

本实验约需 5h。

注意事项

（1）加热回流时温度不宜过高，防止蒸馏瓶中茶叶炭化。

（2）滤纸包大小应适宜，不可超过虹吸管高度。

（3）乙醇要回收。

（4）在红外灯下烘烤时，温度不宜太高，避免升华，也不要烘得太干。

思考题

（1）本实验中，生石灰的作用是什么？

（2）升华前，如果水分不去掉，大火加热时将会出现什么情况？

实验二十九　阿司匹林——乙酰水杨酸的制备

实验目的

（1）学习利用酚类的酰化反应制备乙酰水杨酸的原理和制备方法。

（2）掌握重结晶、减压过滤、洗涤、干燥、熔点测定等基本实验操作。

实验原理

乙酰水杨酸即阿司匹林，可通过水杨酸与乙酸酐反应制得。

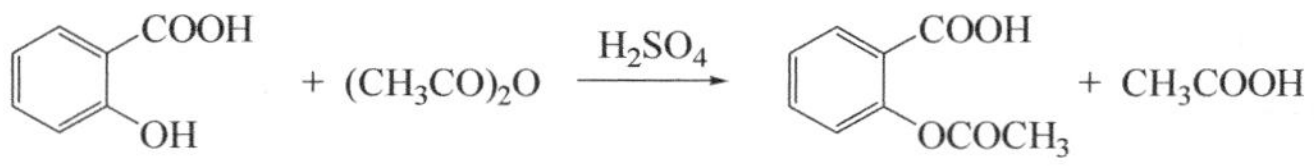

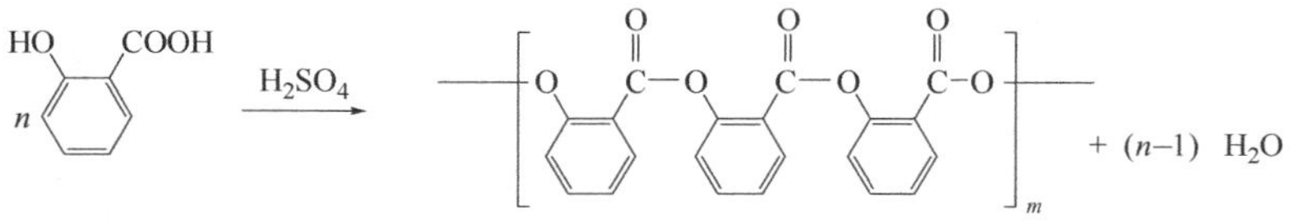

在生成乙酰水杨酸的同时，水杨酸分子之间也可以发生缩合反应，生成少量的聚合物。乙酰水杨酸能与碳酸钠反应生成水溶性盐，而副产物聚合物不溶于碳酸钠溶液，利用这种性质上的差异，可把聚合物从乙酰水杨酸中除去。

粗产品中还有杂质水杨酸，这是由于乙酰化反应不完全或由于在分离步骤中发生水解造成的。它可以在各步纯化过程和产物的重结晶过程中被除去。与大多数酚类化合物一样，水杨酸可与三氯化铁形成深色配合物，而乙酰水杨酸因酚羟基已被酰化，不与三氯化铁显色，因此，产品中残余的水杨酸很容易被检验出来。

仪器与试剂

1. 仪器

锥形瓶（50mL）、水浴烧杯、抽滤装置一套、干燥装置一套。

2. 试剂

水杨酸、乙酸酐、浓硫酸、浓盐酸、乙酸乙酯、碳酸钠饱和碳酸钠溶液、1‰三氯化铁溶液（表1）。

表 1　主要反应试剂及产物的物理常数

药品名称	相对分子质量	用量	熔点 /℃	沸点 /℃	相对密度 (d_4^{20})	水溶解度 /(g/100mL)
水杨酸	138.12	2g(0.014mol)	159	211/ 2.66kPa	1.443	微溶于冷水 易溶于热水
乙酸酐	102.09	5mL(5.4g,0.05mol)	−73	139	1.082	在水中逐渐分解
乙酰水杨酸	180.16		135~138	—	1.350	微溶于水
浓硫酸	98	5 滴			1.84	易溶于水
浓盐酸	36.46	4~5mL			1.187	易溶于水
乙酸乙酯	88.12	2~3mL	−83.6	77.1	0.9005	微溶于水

实验装置

如图 1~图 3。

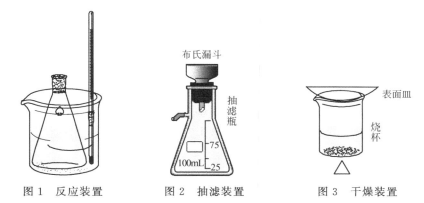

图 1　反应装置　　　图 2　抽滤装置　　　图 3　干燥装置

实验步骤

在 50mL 的锥形瓶中加入 3g 水杨酸、4.5g 乙酸酐、5 滴浓硫酸，小心旋转锥形瓶使水杨酸全部溶解后，在水浴中加热 20~30min，控制水浴温度在 85~90℃。取出锥形瓶，边摇边滴加 1mL 冷水，然后快速加入 50mL 冷水，立即进入冰浴冷却。若无晶体或出现油状物，可用玻璃棒摩擦内壁（注意必须在冰水浴中进行）。待晶体完全析出后用布氏漏斗抽滤，用少量冰水分二次洗涤锥形瓶后，再洗涤晶体，抽干。

将粗产品转移到 100mL 烧杯中，在搅拌下慢慢加入 38mL 饱和碳酸钠溶液，加完后继续搅拌几分钟，直到无二氧化碳气体产生为止。抽滤，副产物聚合物被滤出，用 5~10mL 水冲洗漏斗，合并滤液，倒入预先盛有 4~5mL 浓盐酸和 10mL 水配成溶液的烧杯中，搅拌均匀，即有乙酰水杨酸沉淀析出。用冰水冷却，使沉淀完全。减压过滤，用冷水洗涤 2 次，抽干水分。将晶体置于表面皿上，蒸汽浴干燥，得乙酰水杨酸产品。称重约_____g，测熔点 133~135℃。

取几粒结晶加入盛有 5mL 水的试管中，加入 1~2 滴 1‰ 的三氯化铁溶液，观察有无颜色反应。

为了得到更纯的产品，可将上述晶体的一半溶于少量（2～3mL）乙酸乙酯中，溶解时应在水浴上小心加热，如有不溶物出现，可用预热过的小漏斗趁热过滤。将滤液冷至室温，即可析出晶体。如不析出晶体，可在水浴上稍加热浓缩，然后将溶液置于冰水中冷却，并用玻璃棒摩擦瓶壁，结晶后，抽滤析出的晶体，干燥后再测熔点，应为 135～136℃。

本实验约需 5h。

注意事项

（1）要按照书上的顺序加样。否则，如果先加水杨酸和浓硫酸，水杨酸就会被氧化。

（2）本实验的几次结晶都比较困难，要有耐心。在冰水冷却下，用玻璃棒充分摩擦器皿壁，才能结晶出来。

（3）由于产品微溶于水，所以水洗时，要用少量冷水洗涤，用水不能太多。

（4）第一次的粗产品不用干燥，即可进行下步纯化，第二步的产品可用蒸汽浴干燥。

（5）在最后重结晶操作中，可用微型玻璃漏斗过滤，以避免用大漏斗黏附的损失。

（6）最后的重结晶可用乙醇溶解，并加水析晶。方法是：将晶体放入磨口锥形瓶中，加入 10mL 95％乙醇及 1～2 颗沸石，接上球形冷凝管，在水浴中加热溶解后，移去火源，取下锥形瓶，滴入冷蒸馏水至沉淀析出，再加入 2mL 冷蒸馏水，析出完全后，抽滤，以少量冷蒸馏水洗涤晶体二次，抽干，取出晶体，用滤纸压干，再蒸汽浴干燥，称重。

思考题

（1）本实验为什么不能在回流下长时间反应？

（2）反应后加水的目的是什么？

（3）第一步的结晶的粗产品中可能含有哪些杂质？

（4）当结晶困难时，可用玻璃棒在器皿壁上充分摩擦，即可析出晶体。试述其原理？除此之外，还有什么方法可以让其快速结晶？

实验三十　环己酮肟的制备

实验目的

学习和掌握醛、酮与羟胺生成肟的反应原理和实验方法。

实验原理

醛、酮与羟胺的加成缩合物是好的结晶，具有固定熔点，因而常用来鉴别醛、酮。这类化合物在稀酸的作用下，能够水解为原来的醛、酮，因而可以利用这种反应来分离和提纯醛、酮。

本实验以环己酮和盐酸羟胺为原料制备环己酮肟。反应式：

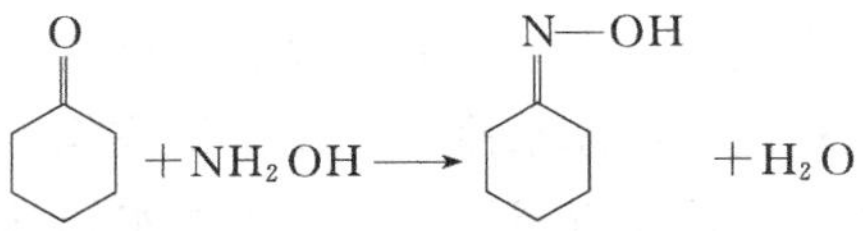

仪器与试剂

1. 仪器

锥形瓶、温度计、抽滤装置等。

2. 试剂

盐酸羟胺（化学纯）、乙酸钠（化学纯）、环己酮（化学纯）（表1）。

表 1　主要药品及产物的物理常数

药品名称	相对分子质量	用量	熔点/℃	沸点/℃	相对密度 (d_4^{20})	水溶解度/(g/100mL)
盐酸羟胺	69.49	14g，0.2mol	152 分解	—	1.67	易溶于热水
环己酮	98.14	14g，0.14mol		155.6	0.95	微溶于冷水
环己酮肟	113.14		89～90	206～210	1.1	溶于水
乙酸钠	82.03	20g	324		1.53	易溶于水

实验装置

如图1、图2。

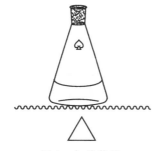

图 1　加热装置

布氏漏斗

抽滤瓶

图 2　抽滤装置

实验步骤

（1）在250mL锥形瓶中，加入14g（0.2mol）羟胺盐酸盐和20g乙酸钠，用60mL水溶解。温热此溶液，使达到35～40℃。每次2mL，分批共加入15mL环己酮（14g，0.14mol），边加边振荡，即有白色固体析出。

（2）加完环己酮以后，用胶塞塞紧瓶口，激烈振荡，白色粉状结晶析出表明反应完全。

（3）冷却后，将混合物抽滤，固体每次用2～3mL水洗涤两次。抽干后，在滤纸上进一步地压干。

（4）用5mL乙醇做重结晶，得到白色晶体，熔点为89～90℃。

（5）称量，计算产率。

本实验约需4h。

注意事项

（1）加入的乙酸钠溶解慢，可研细后加入水中，或通过加热促使其溶解。

（2）产物在酸性中易水解，故不在较高温度下进行。

（3）若反应中环己酮肟呈白色小球状，则表示还未完全反应，应继续振摇。

思考题

（1）制备环己酮肟时，加入乙酸钠的目的是什么？

（2）实验的反应类型是什么？弱酸在反应中如何起到催化作用？

（3）酸性过强对反应有什么负面影响？

实验三十一　环己酮肟的重排——己内酰胺的制备

实验目的

（1）掌握实验室以 Beckmann 重排反应来制备酰胺方法、原理及反应历程。

（2）掌握和巩固低温操作、干燥、减压蒸馏、沸点测定等基本操作。

实验原理

肟在酸性试剂作用下发生分子重排生成酰胺。这种由肟变成酰胺的重排是一个很普遍的反应，叫做贝克曼重排。不对称的酮肟或醛肟进行重排时，通常羟基总是和在反式位置的烃基进行互换位置，即为反式位移。在重排过程中，烃基的迁移与羟基的离去是同时发生的同步反应。该反应是立体专一性的。

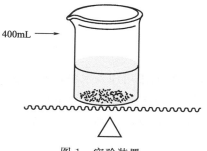

仪器与试剂

1. 仪器

烧杯、温度计、电热套等。

2. 试剂

环己酮肟、硫酸、氨水、四氯化碳、无水硫酸镁、石油醚（表 1）。

表 1　主要药品及产物的物理常数

药品名称	相对分子质量	用量	熔点/℃	沸点/℃	相对密度(d_4^{20})	水溶解度/(g/100mL)
环己酮肟	113.14	5g,0.044mol	89~90	206~210	1.1	溶于水
硫酸	98	5mL	10.3	337	1.84	溶于水

实验装置

如图 1。

400mL →

图 1　实验装置

实验步骤

（1）投料　在 400mL 烧杯中加入 5g 环己酮肟和 5mL 85% 的硫酸，搅拌溶解。

（2）反应　小火加热至反应开始（有气泡生成，110～120℃），立即撤掉热源，反应在数秒钟内完成，生成棕色黏稠状液体。

（3）冷却　在冰水中冷却至5℃以下。

（4）调pH值　在搅拌状态下缓慢滴加20%的氨水至碱性，控温20℃以下。pH值7～9，滴加时间约为30min。

（5）萃取　加6～7mL水溶解固体，每次用5mL的四氯化碳萃取三次，合并有机层。

（6）干燥　用无水硫酸镁干燥至澄清。

（7）蒸馏　蒸出多余的四氯化碳，大约剩5mL，转移到干燥的烧杯中，稍冷后在60℃下滴加石油醚，搅拌至有固体析出，继续冷却并搅拌使大量的固体析出。

（8）抽滤　冷却后抽滤。用石油醚洗涤一次。

（9）性质和结构测定　对产品进行熔点测定和红外测定，并设计实施性质检验方法。

本实验约需5h。

注意事项

（1）控制反应温度在要求范围之内，防止反应复杂化。

（2）环己酮肟要干燥，否则反应很难进行。

（3）温度上升到110～120℃，当有气泡产生时，立即移去火源。

（4）由于重排反应进行得很激烈，故须用大烧杯以利于散热，使反应缓和。环己酮肟的纯度对反应有影响。

（5）用氨水进行中和时，开始要加得很慢，否则温度突然升高，影响收率。

（6）滴加石油醚时一定要搅拌（有浑浊时可用玻璃棒有意摩擦烧杯壁，有利于晶体析出）。

思考题

（1）为什么要加入20%氨水中和？

（2）滴加氨水时为什么要控制反应温度？

（3）粗产品转入分液漏斗，分出水层为哪一层？应从漏斗的哪个口放出？

实验三十二　乙酰苯胺的制备

实验目的

(1) 掌握乙酰苯胺化反应的原理和实验操作。

(2) 熟悉分馏的实际应用。

(3) 进一步熟悉固体有机物提纯的方法——重结晶。

实验原理

反应式：

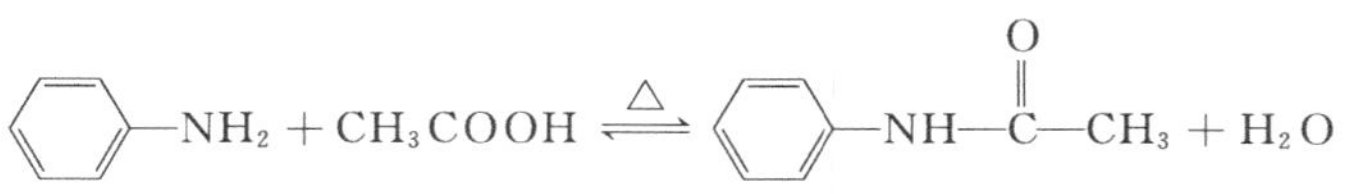

$$\text{〈}\bigcirc\text{〉}-NH_2 + CH_3COOH \overset{\triangle}{\rightleftharpoons} \text{〈}\bigcirc\text{〉}-NH-\overset{\overset{\textstyle O}{\|}}{C}-CH_3 + H_2O$$

本实验用冰乙酸作为乙酰化试剂进行芳胺的酰化反应。该反应为可逆反应，在实际操作中，加入过量的冰乙酸，同时蒸出生成的水（含少量的乙酸），以提高乙酰苯胺的产率。

仪器与试剂

1. 仪器

烧瓶、刺形分馏柱、蒸馏头、接液管、电热套等。

2. 试剂

苯胺、冰乙酸、锌粉（表1）。

表1 主要药品及产物的物理常数

药品名称	相对分子质量	用量/mL	熔点/℃	沸点/℃	相对密度 (d_4^{20})	水溶解度/(g/100mL)
苯胺	93.13	10	−6.3	184	1.02	微溶于水
冰乙酸	60.05	15	14	117.9	1.05	溶于水
乙酰苯胺	135.2		114.3	304	1.22	微溶于冷水,溶于热水

实验步骤

（1）酰化 在100mL圆底烧瓶中，加入10mL新蒸馏的苯胺、15mL冰乙酸和0.1g锌粉。立即装上分馏柱，在柱顶安装一支温度计，用小量筒收集蒸出的水和乙酸。用电热套缓慢加热至反应物沸腾。调节电压，当温度升至约105℃时开始蒸馏。维持温度在105℃左右约30min，这时反应所生成的水基本蒸出。当温度计的读数不断下降时，则反应达到终点，即可停止加热。

（2）结晶抽滤 在烧杯中加入100mL冷水，将反应液趁热以细流倒入水中，边倒边不断搅拌，此时有细粒状固体析出。冷却后抽滤，并用少量冷水洗涤固体，得到白色或带黄色的乙酰苯胺粗品。

（3）重结晶 将粗产品转移到烧杯中，加入100mL水，在搅拌下加热至沸腾。观察是否有未溶解的油状物，如有则补加水，直到油珠全溶。稍冷后，加入0.5g活性炭，并煮沸10min。在保温漏斗中趁热过滤除去活性炭。滤液倒入热的烧杯中。然后自然冷却至室温，冰水冷却，待结晶完全析出后，进行抽滤。用少量冷水洗涤滤饼两次，压紧抽干。将结晶转移至表面皿中，自然晾干后称量，计算产率。

（4）性质和结构测定 对产品进行熔点测定、红外测定、核磁测定，并设计实施性质检验方法。

本实验约需5h。

实验装置

如图1。

注意事项

（1）锌粉在酸性介质中可防止苯胺被氧化，但要控量。

（2）乙酰苯胺在不同温度下溶解度不同。所以重结晶要加热水，控量，以免造成乙酰苯胺的损失。

（3）乙酰苯胺与水会生成低熔混合物，熔融态的低熔混合物呈油珠状；当水足够时，随温度提高，油珠会溶解并消失。

（4）收集乙酸及水的总体积约为4.5mL。

图 1　实验装置

（5）本实验是关键是：控制分馏柱柱顶温度在 100～110℃；重结晶操作的效果。

思考题

（1）实验中，为什么要控制分馏柱上端的温度在 105℃左右？温度过高有什么不好？

（2）在本实验中，采取什么措施可以提高乙酰苯胺的产量？

（3）反应后生成的混合物中含有未作用的苯胺和过量的乙酸，如何除去？

实验三十三　对硝基苯胺的制备

实验目的

（1）掌握对硝基苯胺的制备原理；掌握官能团去保护的原理。

（2）掌握低温反应的操作；巩固重结晶、抽滤等基本操作。

实验原理

1. 对硝基乙酰苯胺的制备

$$\underset{}{\text{C}_6\text{H}_5\text{NHCOCH}_3} + \text{HNO}_3 \xrightarrow{\text{浓 } \text{H}_2\text{SO}_4} \underset{}{p\text{-}\text{NO}_2\text{C}_6\text{H}_4\text{NHCOCH}_3} + \text{H}_2\text{O}$$

2. 对硝基苯胺的制备

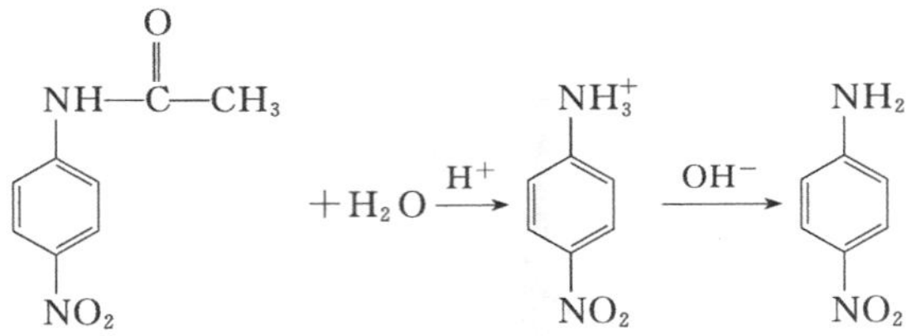

3. 副反应

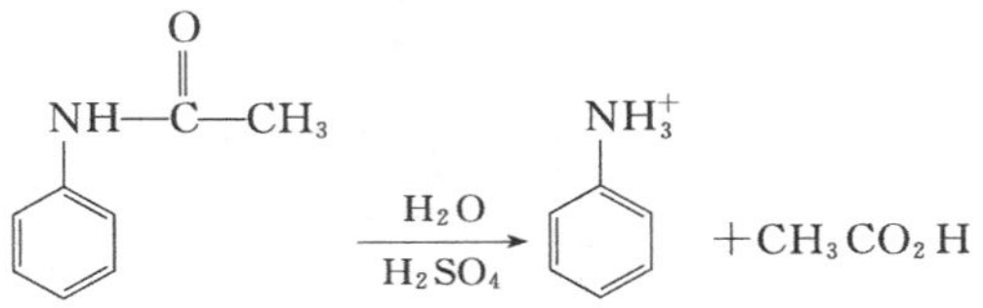

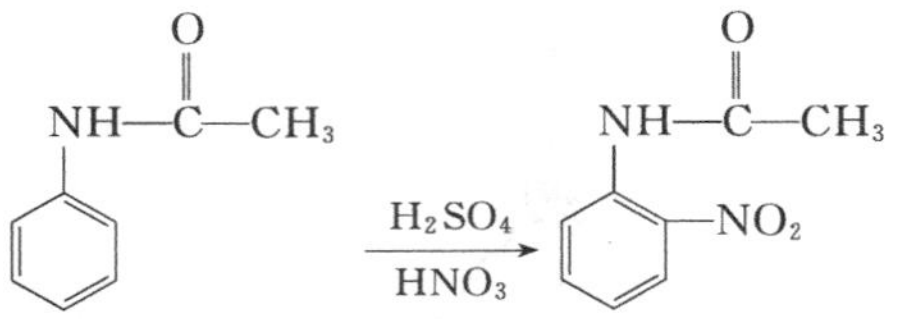

仪器与试剂

1. 仪器

烧瓶、回流装置、电热套等。

2. 试剂

乙酰苯胺、冰乙酸、硫酸（表1）。

表1 主要药品及产物的物理常数

药品名称	相对分子质量	用量	熔点/℃	沸点/℃	相对密度 (d_4^{20})	水溶解度/(g/100mL)
乙酰苯胺	135.2	5g,0.037mol	114.3	304	1.22	微溶于冷水,易溶于热水
冰乙酸	60.05	15mL	14	117.9	1.05	易溶于水
硫酸	98	20mL	10.3	337	1.89	易溶于水

实验装置

如图1、图2。

实验步骤

1. 对硝基乙酰苯胺的制备

在100mL锥形瓶内、放入5g乙酰苯胺和5mL冰乙酸。用冷水冷却，一边摇动锥形瓶，一边慢慢地加入10mL浓硫酸。乙酰苯胺逐渐溶解。将所得溶液放在冰盐浴中冷却到0～2℃。

① 注意1

a. 慢慢地加入硫酸，防止其在大于25℃时部分水解。

b. 搅拌下分批加入，使其完全溶解。

c. 冰水浴冷却到5℃以下。然后在充分搅拌下滴管慢慢分批滴加混酸（4mL浓硫酸＋4mL浓硝酸），控制反应温度0～2℃，不要超过5℃。

图 1　对硝基乙酰苯胺合成装置

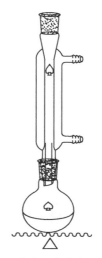

图 2　对硝基苯胺合成装置

② 注意 2

a. 混酸应提前准备好，冷却后使用。

b. 必须保证充分搅拌，使之反应充分，而且使烧杯中温度均匀。

c. 大约 20min 滴加完混酸，温度保持 5℃ 以下，在室温下放置 0.5h，间歇摇荡之。

d. 搅拌下将反应物缓慢的倒入盛有 40mL 水的烧杯中，水提前用冰块冷却，析出固体。

③ 注意 3

a. 倾倒不要太快，否则可能结成大块，影响产物质量。

b. 抽滤，先用 30mL 的冰水洗涤 3 次，再用 10mL 3％ 的碳酸氢钠溶液洗涤 3 次。得到产品。

④ 注意 4

a. 用碳酸氢钠溶液洗涤是为了除去副产物邻硝基乙酰苯胺。

b. 产品呈白色或者浅黄色。

2. 对硝基苯胺的制备

在 50mL 圆底烧瓶中放入 4g 对硝基乙酰苯胺和 20mL 70％硫酸，投入沸石，装上回流冷凝管，在石棉网上加热回流 10～20min。将透明的热溶液倒入 100mL 冷水中。加入过量的 20％氢氧化钠溶液，使对硝基苯胺沉淀下来。冷却后减压过滤。滤饼用冷水洗去碱液后，在水中进行重结晶。产量：约_____g。

3. 性质和结构测定

对产品进行熔点测定、红外测定、核磁测定，并设计实施性质检验方法。

本实验约需 5h。

思考题

(1) 对硝基苯胺是否可以从苯胺直接硝化来制备？为什么？

(2) 如何除去对硝基乙酰苯胺粗产物中的邻硝基乙酰胺？

(3) 硝化反应为什么要控制在低温？

(4) 酸催化水解有什么优点？

实验三十四　分析天平的称量练习

实验目的

(1) 了解分析天平的构造，学会正确的称量方法。

(2) 掌握减量法的称样方法。

(3) 了解在称量中如何运用有效数字。

仪器和试样

分析天平和砝码、台秤和砝码、瓷坩埚 2 只、称量瓶 1 只及固体 NaCl。

实验步骤

(1) 准备 2 只洁净、干燥并编有号码的瓷坩埚。先在台秤上粗称其质量（准确到 0.1g），记在记录本上。然后进一步在分析天平上精确称量，准确到 0.1mg。为什么？

(2) 取一只装有试样的称量瓶，粗称其质量，再在分析天平上精确称量，记下质量为 $W_1(g)$，然后自天平中取出称量瓶。将试样慢慢倾入上面已称出质量的第一只瓷坩埚中。倾样时，由于初次称量。缺乏经验，很难一次倾准。因此要试称。即第一次倾出少一些，粗称此量，根据此质量估计不足的量（为倾出量的几倍），继续倾出此量。然后再准确称量，设为 $W_2(g)$，则 $W_1 - W_2$ 即为试样的质量。例如要求称量 0.1～0.5g 试样，若第一次倾出的量为 0.15g（不必称准至小数点后第四位，为什么？）则第二次应倾出相当于或加倍于第一次倾出的量，其总量即在需要的范围内。第一份试样称好后，再倾第二份试样于第二只坩埚中，称出称量瓶加剩余试样重为 W_3，则 $W_2 - W_3$ 即为第二份试样重。

(3) 分别称出两"坩埚＋试样"的质量，即为 W_4 和 W_5。

(4) 结果的检验。

① 检查 $W_1 - W_2$ 的质量是否等于第一只坩埚中增加的质量；$W_2 - W_3$ 的质量是否等于第二只坩埚中增加的质量；如不相等，求出差值。要求称量的绝对差值小于 0.5mg。

② 再检查倒入坩埚中的两份试样的质量是不是合乎要求（即在 0.2～0.5g 之间）。

③ 如不符合要求，分析原因并继续再称。

实验报告示例

实验　分析天平的称量练习

(一) 实验日期　　　年　　　月　　　日

(二) 方法摘要：用减量法称取试样 2 份，每份 0.2～0.5g。

(三) 数据记录：

称量次序 记录项目	I		II	
称量瓶＋试样重(倒出前)	W_1	17.6549g	W_2	17.3338g
称量瓶＋试样重(倒出后)	W_2	17.3338g	W_3	16.9823g
称出试样重		0.3211g		0.3515g

续表

记录项目 \ 称量次序	I		II	
坩埚＋称出试样重	W_4	28.5730g	W_5	27.7175g
空坩埚重	A	28.2516g	B	27.3658g
称出试样重	0.3214g		0.3517g	
绝对差值	0.0003g		0.0002g	

（四）讨论：讨论的内容可以是实验中发现的问题，情况纪要，误差分析，经验教训，心得体会，也可以对教师或实验室提出意见和建议。总之，此栏的内容比较广泛，但比较灵活，有则写之，无则可免。

思考题

（1）如何表示分析天平的灵敏度？一般电光天平的灵敏度以多少为宜？灵敏度太低或太高有什么不好？

（2）电光天平的零点如何测得？为什么在称量开始时，先要测定天平零点？天平零点如果偏离太大时，应该怎样调节？

（3）为什么天平梁没有托住以前，绝对不许把任何东西放在盘上或从盘上取下。

（4）减量法称样是怎样进行的？增量法的称量是怎样进行的？它们各有什么优缺点？宜在何种情况下采用？

（5）在称量的记录和计算中，如何正确运用有效数字？

实验三十五　酸碱标准溶液的配制和浓度的比较

实验目的

（1）练习滴定操作，初步掌握准确的确定终点的方法。
（2）练习酸碱标准溶液的配制和浓度的比较。
（3）熟悉甲基橙和酚酞指示剂的使用和终点的变化，初步掌握酸碱指示剂的选择方法。

实验原理

浓盐酸容易挥发，NaOH 容易吸收空气中水分和 CO_2，因此不能直接配制准确浓度的 HCl 和 NaOH 标准溶液，只能先配制近似浓度的溶液，然后用基准物质标定其准确浓度。也可用另一已知准确浓度的标准溶液滴定该溶液，再根据它们的体积比求得该溶液的浓度。

酸碱指示剂都具有一定的变色范围，$0.1mol \cdot L^{-1}$ NaOH 和 HCl 溶液的滴定（强碱与强酸的滴定），其突跃范围 pH＝4～10，应当选用在此范围内变色的指示剂，例如甲基橙或酚酞等。NaOH 溶液和 HAc 溶液的滴定，是强碱和弱酸的滴定，其突跃范围处于碱性区域，应选用在此区域内变色的指示剂。

实验试剂

浓盐酸、固体 NaOH、甲基橙指示剂、酚酞指示剂。

实验步骤

1. $0.1mol \cdot L^{-1}$ HCl 溶液和 $0.1mol \cdot L^{-1}$ NaOH 溶液的配制

通过计算求出配制 400mL 0.1mol·L⁻¹ HCl 溶液所需浓盐酸（相对密度 1.19，约 6mol·L⁻¹）的毫升数（与教师或同学核对一下，计算结果是否正确），然后，用小量筒量取此体积（mL）的浓盐酸，加入纯水中，并稀释成 400mL，贮于玻璃塞细口瓶中，充分摇匀。

同样，通过计算求出配制 400mL 0.1mol·L⁻¹ NaOH 溶液所需 NaOH 的质量（g），在台秤上迅速称出（NaOH 置于什么器皿中称？为什么？）所需要重量的粒状 NaOH，置于小烧杯中，用量筒取 400mL 纯水，每次加少量水，分数次将固体 NaOH 溶解，把 NaOH 溶液转移至细口瓶（带胶塞）中，将量筒中剩余水全部倒入细口瓶中，充分摇匀。

固体氢氧化钠极易吸收空气中的 CO₂ 和水分，所以称量必须迅速，市售固体氢氧化钠常因吸收 CO₂ 而混有少量 Na₂CO₃，以至在分析结果中引入误差，因此在要求严格的情况下，配制 NaOH 溶液时必须设法除去 CO₃²⁻，常用方法有二。

（1）在台秤上称取一定量固体 NaOH 于烧杯中，用少量水溶解后倒入试剂瓶中，再用水稀释到一定体积（配成所要求浓度的标准溶液），加入 1～2mL 20% 的 BaCl₂ 溶液，摇匀后用橡皮塞塞紧静置过夜。待沉淀完全沉降后，用虹吸管把清液转入另一试剂瓶中，塞好备用。

（2）饱和的 NaOH 溶液（50%）具有不溶解 Na₂CO₃ 的性质，所以用固体 NaOH 配制的饱和溶液，其中的 Na₂CO₃ 可以全部沉下来。在涂蜡的玻璃器皿或塑料容器中先配制饱和的 NaOH 溶液，待溶液澄清后，吸取上层溶液，用新煮沸并冷却的纯水稀释至一定浓度。

配制完毕，在每一贮试剂的瓶上贴一标签，注明试剂名称、配制日期、用者姓名，并留一空位以备填入此溶液的准确浓度。在配制溶液后均须立即贴上标签，注意养成此习惯。

长期使用的 NaOH 标准溶液，装入下口瓶中，瓶塞上部最好装一碱石灰管。（为什么？）

2. NaOH 溶液与 HCl 溶液的浓度的比较

按照滴定分析基本操作和本书中介绍的方法洗净酸碱滴定管各一支（检查是否漏水）。先用纯水冲洗滴定管内壁 2～3 次，然后用配制好的盐酸标准溶液淌洗酸式滴定管 2～3 次，再于管内装满该酸溶液；用 NaOH 标准溶液淌洗碱式滴定管 2～3 次，再于管内装满该碱溶液，然后排出两支滴定管管尖空气泡（为什么要排出气泡？如何排出？）。

分别将两滴定管液面调节至 0.00 刻度，或零点稍下处，（为什么？）静置 1min 后，精确读取滴定管内液面位置（能读到小数点后几位？）并立即记录在实验报告上。

取锥形瓶（250mL）一只，洗净后放在碱式滴定管下，以每分钟约 10mL 的速度放出约 20mL NaOH 溶液于锥形瓶中，加入一滴甲基橙指示剂，用 HCl 溶液滴定至溶液由黄色变橙色为止，读取 NaOH 及 HCl 溶液的精确读数，记于报告本上，反复滴定几次，记下读数，分别求出体积比 V_{NaOH}/V_{HCl}；直至三次测定结果的相对平均偏差在 0.2% 之内，取其平均值。

再以酚酞为指示剂，用 NaOH 溶液滴定 HCl 溶液至溶液由无色变微红色，其他手续同上。

记录和计算

见实验报告示例。

实验报告示例

在预习时要求在实验记录本上写好下列示例之（一）、（二），画好（三）中表格和做好必要的计算。实验过程中把数据记录在表中，实验后完成计算及讨论。（一般实验均要求这样）。

实验报告示例

实验 酸碱溶液的配制和浓度的比较

（一）日期　　　年　　　月　　　日

（二）方法摘要

1. 配制 400mL 0.1mol·L^{-1} HCl 溶液。

2. 配制 400mL 0.1mol·L^{-1} NaOH 溶液。

3. 以甲基橙，酚酞为指示剂进行 HCl 与 NaOH 溶液的浓度比较滴定，反复练习。

4. 计算 NaOH 溶液与 HCl 溶液的体积比。

（三）记录和计算

1. 0.1mol·L^{-1} NaOH 溶液和 0.1mol·L^{-1} HCl 溶液的配制

6mol·L^{-1} 浓 HCl 溶液体积＝

固体 NaOH 质量＝　　　　　　　　　　　（列算式并算出答案）

2. NaOH 溶液与 HCl 溶液浓度的比较。

（1）以甲基橙为指示剂

记录项目 ＼ 滴定次序	I	II	III
NaOH 终读数	mL	mL	mL
NaOH 初读数	mL	mL	mL
V_{NaOH}	mL	mL	mL
HCl 终读数	mL	mL	mL
HCl 初读数	mL	mL	mL
V_{HCl}	mL	mL	mL
$V_{\text{NaOH}}/V_{\text{HCl}}$			
平均值			
个别测定的绝对偏差			
相对平均偏差/%			

（2）以酚酞为指示剂（格式同上）

思考题

（1）在装满标准溶液前为什么要用此溶液淌洗内壁 2～3 次？用于滴定的锥形瓶或烧杯是否需要干燥？要不要用标准溶液淌洗？为什么？

（2）为什么不能用直接配制法配制 NaOH 标准溶液？

（3）配制 HCl 溶液及 NaOH 溶液用的纯水体积，是否需要准确量度？为什么？

（4）装 NaOH 溶液的瓶或滴定管不宜用玻璃塞，为什么？

（5）用 HCl 溶液滴定 NaOH 标准溶液时是否可用酚酞作指示剂。

（6）在每次滴定完成后，为什么要将标准溶液加至滴定管零点或近零点，然后进行第二次滴定?

(7) 在 HCl 溶液与 NaOH 溶液浓度比较的滴定中以甲基橙和酚酞作指示剂,所得溶液体积比是否一致?为什么?

实验三十六 NaOH 标准溶液浓度的标定及乙酸总酸度的测定

Ⅰ. NaOH 标准溶液浓度的标定

实验目的

(1) 进一步练习滴定操作。

(2) 学习碱溶液浓度的标定方法。

实验原理

标定碱溶液所用的基准物质有多种,本实验中采用酸性基准物邻苯二甲酸氢钾在酚酞指示剂存在下标定 NaOH 标准溶液的浓度,邻苯二甲酸氢钾的分子式为 $KHC_8H_4O_4$,其中只有一个可电离的 H^+。

标定时的反应式为:

$$KHC_8H_4O_4 + NaOH =\!=\!= KNaC_8H_4O_4 + H_2O$$

邻苯二甲酸氢钾用作为基准物的优点是:易于获得纯品;易于干燥,不吸湿;摩尔质量大,可相对降低称量误差。

实验试剂

$0.1mol \cdot L^{-1}$ NaOH 标准溶液、邻苯二甲酸氢钾(分析纯)、酚酞指示剂。

实验步骤

NaOH 标准溶液浓度的标定:在分析天平上准确称取三份已在 105~110℃ 烘过 1h 以上的分析纯的邻苯二甲酸氢钾。每份重 0.4~0.6g(怎样计算?)放入 250mL 锥形瓶中,用 50mL 煮沸后刚冷却的蒸馏水使之溶解(如没有完全溶解,可稍微加热),冷却后加入 2 滴酚酞指示剂,用 NaOH 标准溶液滴定至呈微红色 0.5min 内不退,即为终点。三份测定的相对平均偏差应在 0.2% 之内,否则重复测定。

实验记录和计算

若滴定剂的物质量浓度为 c(mol·L^{-1}),滴定终点消耗体积为 (mL),被测物的摩尔质量为 M,则被测物的物质量 n 为:

$$n_{被测物} = \frac{a}{b}cV$$

被测物质量 m 为:

$$m = n_{被测物} \times \frac{M}{1000} = \frac{a}{b}cV \times \frac{M}{1000}$$

据此邻苯二甲酸氢钾标定 NaOH 的物质的量浓度 c 的计算公式为:

$$c_{NaOH}=\frac{m\times 1000}{204.2V_{NaOH}}=\frac{m}{0.2042V_{NaOH}}$$

式中，m 为邻苯二甲酸氢钾质量。标定反应的化学计量系数 $\frac{a}{b}=1$。

记录项目 \ 称量次序	Ⅰ	Ⅱ	Ⅲ
称量瓶＋$KHC_8H_4O_4$（前）	g	g	g
称量瓶＋$KHC_8H_4O_4$（后）	g	g	g
$KHC_8H_4O_4$ 重	g	g	g
NaOH 终读数	mL	mL	mL
NaOH 初读数	mL	mL	mL
V_{NaOH}	mL	mL	mL
c_{NaOH}			
$\overline{c}_{NaOH}$			
个别测定的绝对偏差	d_1	d_2	d_3
相对平均偏差/% $\overline{d}_r=\dfrac{\overline{d}}{c_{NaOH}}\times 100$			

思考题

（1）溶解基准物 $KHC_8H_4O_4$ 所用水的体积的量度，是否需要准确？为什么？

（2）用酚酞作指示剂进行中和滴定时，溶液存在的 CO_2 对滴定有何影响？如何除去？

（3）称入基准物质的锥形瓶，其内壁是否要预先干燥？为什么？

（4）用邻苯二甲酸氢钾为基准物质标定 $0.1mol\cdot L^{-1}$ NaOH 溶液时，基准物称取量如何计算？

（5）用邻苯二甲酸氢钾标定 NaOH 溶液时，为什么用酚酞而不用甲基橙作指示剂？

Ⅱ．乙酸总酸度的测定

实验目的

(1) 了解强碱滴定弱酸过程中的 pH 变化，化学计量点以及指示剂的选择。

(2) 进一步掌握移液管和滴定管的使用方法和滴定操作技术。

实验原理

乙酸的电离常数 $K=1.8\times 10^{-5}$，用 NaOH 标准溶液滴定乙酸，其反应式是：

$$NaOH+CH_3COOH \Longrightarrow CH_3COONa+H_2O$$

滴定化学计量点 pH 值为 8.7，$0.1mol\cdot L^{-1}$ NaOH 溶液滴定 $0.1mol\cdot L^{-1}$ CH_3COOH 溶液的 pH 突跃范围为 7.7～9.7。通常选用酚酞为指示剂，终点由无色到呈微红色，由于 CO_2 能使酚酞的红色退去，故应滴定至摇匀后溶液红色在 0.5min 内不退为止。

滴定时，不仅 CH_3COOH 与 NaOH 作用，CH_3COOH 中可能存在的其他各种形式的酸也与 NaOH 反应，故滴定所得为总酸度，以 CH_3COOH 的含量表示［本实验中以 CH_3COOH

（g·L^{-1}）表示]。

实验试剂

0.1mol·L^{-1} NaOH 标准溶液、酚酞指示剂、乙酸试样（含 CH$_3$COOH 10%左右）。

实验步骤

用移液管吸取乙酸试液 10mL 于 250mL 锥形瓶中，加酚酞指示剂 2 滴。以 0.1mol·L^{-1}NaOH 标准溶液滴定至微红色在 0.5min 内不退为止。平行测定三份，取其平均值。

实验记录和计算

计算公式：CH$_3$COOH（g·L^{-1}）$= \dfrac{c_{NaOH} \times V_{NaOH} \times M_{HOAc} \times 10^{-3}}{10} \times 1000$ （$M_{HOAc} = 60.05$）

记录项目	I	II	III
乙酸试液体积	mL	mL	mL
NaOH 终读数	mL	mL	mL
NaOH 初读数	mL	mL	mL
V_{NaOH}	mL	mL	mL
乙酸含量/g·L^{-1}			
平均值			

思考题

（1）以 NaOH 溶液滴定 CH$_3$COOH 溶液，属于哪类滴定？怎样选择指示剂？

（2）本滴定的终点怎样掌握？为什么？

（3）若欲测冰乙酸的总酸度［也可用 CH$_3$COOH(g·L^{-1})表示］应怎样操作？

（4）若乙酸试样的酸度以物质量浓度表示，应怎样计算？

实验三十七　HCl 标准溶液浓度的标定及混合碱中 NaOH 和 Na$_2$CO$_3$ 含量的测定

I . HCl 标准溶液浓度的标定

实验目的

（1）进一步练习滴定操作。

（2）学习酸溶液的标定方法。

实验试剂

0.1mol·L^{-1} HCl 标准溶液、无水 Na$_2$CO$_3$、甲基橙指示剂。

实验步骤

准确称取已烘干的无水碳酸钠三份（其质量按消耗 20～30mL 0.1mol·L^{-1} HCl 溶液计

算，请自己计算）。置于 3 只 250mL 锥形瓶中，加水约 30mL，温热，摇动使之溶解，以甲基橙为指示剂，以 $0.1mol \cdot L^{-1}$ HCl 标准溶液滴定至溶液由黄色转变为橙色。记下 HCl 标准溶液的消耗量，并计算出 HCl 标准溶液的浓度。

实验记录和计算

同前实验 NaOH 标准溶液的标定。

思考题

(1) 基准物 Na_2CO_3 的称取量如何计算？

(2) 作为标定用的基准物应该具备哪些条件？

(3) 用 Na_2CO_3 为基准物质标定 HCl 溶液时，为什么不用酚酞指示剂？

注：NaOH 标准溶液与 HCl 标准溶液的浓度一般只需标定一种，另一种则通过 NaOH 溶液与 HCl 溶液的体积比算出。标定 NaOH 溶液还是标定 HCl 溶液，要视采用何种标准溶液测定何种试样而定。原则上，应标定测定时所用的标准溶液。标定时的条件与测定时的条件（例如指示剂和被测成分等）应尽可能一致。

Ⅱ. 混合碱中 NaOH 和 Na₂CO₃ 含量的测定

实验目的

(1) 了解双指示剂法测定碱液中 NaOH 和 Na_2CO_3 含量的原理。

(2) 进一步了解甲基橙和酚酞指示剂的使用方法。

实验原理

碱液中 NaOH 和 Na_2CO_3 的含量，可以在同一份试液中用两种不同的指示剂进行测定。即所谓"双指示剂法"。此法方便、快速，在生产中应用普遍。

常用的两种指示剂是酚酞和甲基橙，在试液中先加酚酞，用 HCl 标准溶液滴定至红色刚刚退去。由于酚酞的变色范围在 pH 为 8～10，因此，此时不仅 NaOH 被滴定，Na_2CO_3 也被滴定成 $NaHCO_3$，记下此时 HCl 标准溶液的耗用量 V_1（mL）。再加入甲基橙指示剂，开始溶液呈黄色，滴定至呈橙色，此时 $NaHCO_3$ 被滴定成 H_2CO_3，记下 HCl 标准溶液的总耗用量 V_2（mL）。根据 V_1 和 V_2 可以计算出试液中 NaOH 及 Na_2CO_3 的含量，计算式如下：

$$NaOH(g \cdot L^{-1}) = \frac{[V_1 - (V_2 - V_1)] \times C_{HCl} \times M_{NaOH} \times 1000}{1000 \times V_{试}}$$

$$= \frac{(2V_1 - V_2) \times C_{HCl} \times 40.01}{V_{试}}$$

$$Na_2CO_3 \ (g \cdot L^{-1}) = \frac{2(V_2 - V_1) \times c_{HCl} \times M_{Na_2CO_3 \times 1000}}{2 \times 1000 \times V_{试}}$$

$$= \frac{(V_2 - V_1) \times c_{HCl} \times 106.0}{V_{试}}$$

实验试剂

$0.1mol \cdot L^{-1}$ HCl 标准溶液、甲基橙指示剂、酚酞指示剂。

实验步骤

用移液管吸取碱液试样 10mL，加酚酞指示剂 1～2 滴，用 0.1mol·L^{-1} HCl 标准溶液滴定，边滴加边摇动，以免局部 Na_2CO_3 直接滴定至 H_2CO_3。滴定至酚酞恰好退色为止，此时即为终点，记下所用标准溶液的体积 V_1。然后再加 2 滴甲基橙指示剂，此时溶液呈黄色，继续以 HCl 溶液滴定至溶液呈橙色，此时即为终点，记下所用 HCl 溶液的总体积 V_2。

实验记录和计算

(1) 参照乙酸总酸度测定。

(2) 要以 Na_2O（g·L^{-1}）表示总碱度。计算公式为：

$$Na_2O(g·L^{-1}) = \frac{c_{HCl} \times V_{HCl} \times 61.98 \times 10^{-3} \times 1/2 \times 1000}{10}$$

思考题

(1) 碱液中的 NaOH 及 Na_2CO_3 的含量怎样测定？

(2) 此处如何确定 HCl 和 Na_2CO_3 相互作用的物质的量之比？

(3) 如何判断碱液的组成？（即 NaOH、Na_2CO_3、$NaHCO_3$ 三种组分中含哪两种？其相对量为多少？）

(4) 如欲测定碱液的总碱度、应采用何种指示剂？试拟出测定步骤及以 $Na_2O\%$ 表示的总碱度的计算公式（固体碱试样）。

(5) 某固体试样，可能含有 Na_2HPO_4 和 NaH_2PO_4 及其他杂质，试拟定分析方案，测定其中 Na_2HPO_4 和 NaH_2PO_4 的含量，注意考虑以下问题：方法原理；用什么标准溶液；用什么指示剂；测定结果的计算公式。

(6) 现有某含有 HCl 和 CH_3COOH 的试液，欲测定其中 HCl 及 CH_3COOH 的含量，试拟定一分析方案。

实验三十八　EDTA 标准溶液的配制和标定及水的硬度测定

Ⅰ. EDTA 标准溶液的配制和标定

实验目的

(1) 学习 EDTA 标准溶液的配制和标定方法。

(2) 掌握配合滴定的原理，了解络合滴定的特点。

(3) 熟悉钙指示剂的使用及其终点变化。

实验原理

乙二胺四乙酸（简称 EDTA，常用 H_4Y 表示）难溶于水，常温下其溶解度为 0.2g·L^{-1}（约 0.0007mol·L^{-1}）。在分析中不适用，通常使用其二钠盐配制标准溶液。乙二胺四乙酸二钠盐的溶解度为 120g·L^{-1}，可配成 0.3mol·L^{-1} 以上的溶液，其水溶液的 pH 值约为 4.8，通常采用间接法配制标准溶液。

标定 EDTA 溶液常用的基准物有 Zn、ZnO、$CaCO_3$、Ni、Cu 等。通常选用其中与被测物组分相同的物质作基准物，这样，滴定条件较一致，可减小误差。

EDTA 溶液若用于测定石灰石或白云石中 CaO、MgO 的含量，则宜用 $CaCO_3$ 为基准物。首先可加 HCl 溶液与之作用，反应如下：

$$CaCO_3 + 2HCl \longrightarrow CaCl_2 + CO_2 + H_2O$$

然后把溶液转移到容量瓶中稀释，制成钙标准溶液。吸取一定量钙标准溶液，调节酸度至 pH＝12，用钙指示剂作指示剂，以 EDTA 溶液滴定至酒红色变纯蓝色，即为终点。其变色原理如下。

钙指示剂（常以 H_3Ind 表示）在水溶液中按下式电离：

$$H_3Ind \longrightarrow 2H^+ + HInd^{2-}$$

在 pH＝12 的溶液中，$HInd^{2-}$ 与 Ca^{2+} 形成比较稳定的配离子，反应如下：

$$HInd^{2-} + Ca^{2+} \longrightarrow CaInd^- + H^+$$
$$\phantom{HInd^{2-} + Ca^{2+} }纯蓝色\phantom{+ Ca^{2+} === }酒红色$$

所以在钙标准溶液中加入钙指示剂时，溶液呈酒红色。当用 EDTA 溶液滴定时，由于 EDTA 能与 Ca^{2+} 形成比 $CaIn^-$ 配离子更稳定的配离子，因此在滴定终点附近，$CaInd^-$ 配离子转化为较稳定的 CaY^{2-} 配离子，而钙指示剂则被游离了出来，其反应可表示如下：

$$CaInd^- + H_2Y^{2-} + OH^- \longrightarrow CaY^{2-} + HInd^{2-} + H_2O$$
$$酒红色\phantom{+ H_2Y^{2-} + OH^- ===}无色纯蓝色$$

用此法测定钙，若有 Mg^{2+} 共存 [在调节溶液酸度为 pH＝12 时，Mg^{2+} 将形成 $Mg(OH)_2$ 沉淀]，此共存之少量 Mg^{2+} 不仅不干扰钙的测定，而且反而使终点比 Ca^{2+} 单独存在时更敏锐。当 Ca^{2+}、Mg^{2+} 共存，终点由酒红色转变为纯蓝色，当 Ca^{2+} 单独存在时则由酒红色转变为紫蓝色，所以测定单独存在的 Ca^{2+} 时，常常加入少量的 Mg^{2+} 溶液。

络合滴定中所用的纯水，应不含 Fe^{3+}、Al^{3+}、Cu^{2+}、Ca^{2+}、Mg^{2+} 等杂质离子。

实验试剂

乙二胺四乙酸二钠（固体，分析纯）、$CaCO_3$（固体，优级纯或分析纯）、镁溶液（溶解 1g $MgSO_4 \cdot 7H_2O$ 于水中，稀释至 200mL）、10% NaOH、钙指示剂（固体指示剂）。

实验步骤

1. $0.01mol \cdot L^{-1}$ EDTA 溶液的配制

在台秤上称取乙二胺四乙酸二钠 1.5g，溶解于 200mL 温水中，如浑浊，应过滤。转移至细口瓶中，稀释至 400mL，摇匀。

2. 以 $CaCO_3$ 为基准物标定 EDTA 溶液

（1）$0.01mol \cdot L^{-1}$ 标准钙溶液的配制：置碳酸钙基准物于称量瓶中，在 110℃ 干燥 2h，置干燥器中冷却后，准确称取 0.2～0.3g（称准至小数点后第四位，为什么?）于 100mL 烧杯中，盖以表面皿，加少量水润湿，再从杯嘴边逐滴加入（注意! 为什么?）数毫升 6mol·L^{-1} HCl 至完全溶解，用纯水把可能溅到表面皿上的溶液洗入杯中，待冷却后移入 250mL 容量瓶中，稀释至刻度，摇匀。

（2）标定　用移液管移取 25mL 标准钙溶液，置于 250mL 锥形瓶中，加入蒸馏水约 25mL 水，2mL 镁溶液、10mL 10% NaOH 溶液及约 10mg（大米粒大小）钙指示剂，摇匀后，用 EDTA 溶液滴定至由红色变蓝色，即为终点。

实验记录和计算

参照实验三自拟。

注意事项

（1）络合反应的速度较慢（不像酸碱反应能在瞬间完成），故滴定时加入 EDTA 溶液的速度不能太快，特别是接近终点时，应逐滴加入，并充分振摇。

（2）络合滴定中，加入指示剂的量是否适当，对于终点的观察十分重要，宜在实践中总结经验，加以掌握。（M_{CaCO_3} ＝100.1）

思考题

（1）为什么通常使用乙二胺四乙酸二钠盐配制 EDTA 标准溶液，而不用乙二胺四乙酸？

（2）以 HCl 溶液溶解 $CaCO_3$ 基准物时，操作中应注意些什么？

（3）以 $CaCO_3$ 为基准物标定 EDTA 溶液时，加入镁溶液的目的是什么？

（4）以 $CaCO_3$ 为基准物，以钙指示剂为指示剂标定 EDTA 溶液时，应控制溶液的酸度为多少？为什么？怎样控制？

（5）络合滴定法与酸碱滴定法相比，有哪些不同点？操作中应注意哪些问题？

（6）列出 $CaCO_3$ 为基准物质，标定 EDTA 浓度的计算公式。

Ⅱ．水的硬度测定

实验目的

（1）了解水的硬度的测定意义和常用的硬度表示方法。

（2）掌握 EDTA 法测定水的硬度的原理和方法。

（3）掌握铬黑 T 和钙指示剂的应用。了解金属指示剂的特点。

实验原理

一般含有钙镁盐类的水叫硬水（硬水和软水尚无明确的界限，硬度小于 5～6 度的一般可称软水）。硬度有暂时硬度和永久硬度之分。

暂时硬度——水中含有钙、镁的酸式碳酸盐，遇热即成碳酸盐沉淀而失去其硬性。反应如下：

$$Ca(HCO_3)_2 \longrightarrow CaCO_3（完全沉淀）+ H_2O + CO_2 \uparrow$$

$$Mg(HCO_3)_2 \longrightarrow MgCO_3（不完全沉淀）+ H_2O + CO_2 \uparrow$$
$$\qquad\qquad\qquad |+ H_2O$$
$$\qquad\qquad\qquad \longrightarrow Mg(OH)_2 \downarrow + CO_2 \uparrow$$

永久硬度——水中含有钙、镁的硫酸盐、氯化物、硝酸盐，在加热时不亦沉淀。（但在锅炉使用温度下，溶解度低的可析出成为锅垢）。

暂硬和永硬的总和称为"总硬"。由镁离子形成的硬度称为"镁硬"，由钙离子形成的硬度称为"钙硬"。

水中钙、镁离子含量，可用 EDTA 法测定，钙硬测定原理与以 $CaCO_3$ 为基准物标定 EDTA 标准溶液浓度相同。总硬则以铬黑 T 为指示剂，控制溶液的酸度 pH≈10 以 EDTA 标准溶液滴定之。由 EDTA 溶液的浓度和用量，可算出水的总硬，由总硬减去钙硬即为镁硬。

水的硬度有多种表示方法，随各国的习惯而有所不同。有将水中的盐类都折算成 $CaCO_3$，而以 $CaCO_3$ 的量作为硬度标准的。也有将盐合算成 CaO，而以 CaO 的量来表示的。我国目前采用两种表示方法：一种以度（°）计，1 硬度单位表示十万份水中含 1 份 CaO，$1° = 10ppmCaO$（ppm 为百万份之份数，为 parts per million 的缩写）。

另一种以每升中所含 $CaCO_3$（mg）［或 CaO（mg）］

即 $CaCO_3$（mg·L^{-1}）表示。本实验采用后一种表示方法。

$$硬度(CaCO_3, mg \cdot L^{-1}) = \frac{c_{EDTA} V_{EDTA} M_{CaCO_3}}{V_水} \times 1000$$

式中　c_{EDTA}——EDTA 标准溶液的物质量浓度；

　　　V_{EDTA}——滴定时用去的 EDTA 标准溶液的体积（mL），若此体积（mL）为滴定总硬时所耗用的，则所得硬度为总硬，若此体积（mL）为滴定钙硬时耗用的，则所得硬度为钙硬；

　　　M_{CaCO_3}——$CaCO_3$ 的摩尔质量；

　　　$V_水$——水样体积，mL。

实验试剂

$0.01mol \cdot L^{-1}$ EDTA 标准溶液、NH_3-NH_4Cl 缓冲溶液（pH 约为 10）、10% NaOH 溶液、钙指示剂、铬黑 T 指示剂。

实验步骤

总硬的测定如下所述。

量取澄清的水样 100mL❶（用什么量器？为什么？）放入 250mL 或 500mL 锥形瓶中，加入 10mL NH_3-NH_4Cl 缓冲液❷，摇匀，再加入 3～4 滴铬黑 T 指示剂，此时溶液呈淡红色，用 $0.01mol \cdot L^{-1}$　EDTA 标准溶液滴定至呈纯蓝色，即为终点。

若水样不是澄清的，必须过滤之，过滤所用的仪器和滤纸必须是干燥的。最初和最后的滤液宜弃去。非属必要，一般不用纯水稀释水样。

如果水中有铜、锌、锰等离子存在，则会影响测定结果，铜离子存在时会使滴定终点不明显，锌离子参与反应，使结果偏高，锰离子存在时，加入指示剂后马上变成灰色，影响滴定。遇此情况，可在水样中加入 1mL 2% Na_2S 溶液，使铜离子成 CuS 沉淀，过滤之；锰的影响可借加盐酸羟胺溶液消除。若有 Fe^{3+}、Al^{3+} 存在，可用三乙醇胺掩蔽。

思考题

（1）用 EDTA 法怎样测出总硬？用什么指示剂？产生什么反应？终点变色如何？试液的 pH 值应控制在什么范围？如何控制？测定钙硬又如何？

（2）如何得到镁硬？

（3）用 EDTA 法测定水硬时，哪些离子的存在有干扰？如何消除？

---

❶ 此取样量仅适于硬度按 $CaCO_3$ 计算为 $(10 \sim 250) \times 10^{-6}$ 的水样，若硬度大于 250×10^{-6} $CaCO_3$，则取样量应相应减少。

❷ 硬度较大的水样，在加缓冲液后常析出 $CaCO_3$、$(MgOH)_2CO_3$ 微粒，使滴定终点不稳定，遇此情况，可于水样中加适量稀 HCl 溶液振荡后，再调至近中性，然后加缓冲液，则终点稳定。

实验三十九　铅、铋混合液中铅、铋含量的连续测定

实验目的

(1) 掌握借控制溶液的酸度来进行多种金属离子连续滴定的配位滴定方法和原理。

(2) 熟悉二甲酚橙指示剂的应用和终点的测定方法。

实验原理

EDTA 溶液若用于测定 Pb^{2+}、Bi^{3+}，则宜以 ZnO 或金属锌为基准物，以二甲酚橙为指示剂，标定 EDTA 溶液浓度。在 pH 约为 5～6 的溶液中，二甲酚橙指示剂本身显黄色，与 Zn^{2+} 的配合物呈紫红色。EDTA 与 Zn^{2+} 形成更稳定的配合物，因此用 EDTA 溶液滴定至近终点时，二甲酚橙被游离了出来，溶液由紫红色变为黄色。Bi^{3+}、Pb^{2+} 均能与 EDTA 形成稳定的配合物，其稳定性又有相当大的差别（它们的 $\lg K$ 值分别为 27.94 和 18.01）。因此可以利用控制溶液酸度来进行连续滴定。

在测定中，均以二甲酚橙为指示剂，先调节溶液的酸度 pH 约为 1，进行 Bi^{3+} 滴定。溶液由紫红色突变为亮黄色，即为终点，然后再用六亚甲基四胺为缓冲剂，控制溶液 pH 约为 5～6，进行 Pb^{2+} 的滴定。此时溶液再次呈现紫红色，以 EDTA 溶液继续滴定至突变为亮黄色，即为终点。

二甲酚橙属于三苯甲烷类显色剂，易溶于水，它有 7 级酸式离解，其 H_7In 到 H_3In^{4-} 呈黄色、H_2In^{5-} 至 In^{7-} 呈红色。所以它在溶液中的颜色随酸度而变，在溶液 pH<6.3 时呈黄色，pH>6.3 时呈红色，二甲酚橙与 Bi^{3+} 及 Pb^{2+} 的配合物呈紫红色。它们的稳定性与 Bi^{3+}、Pb^{2+} 和 EDTA 所生成配合物相比较要弱一些。

实验试剂

$0.02\text{mol} \cdot L^{-1}$ EDTA 标准溶液、0.2% 二甲酚橙指示剂、20% 六亚甲基四胺溶液、$0.1\text{mol} \cdot L^{-1}$ HNO_3 溶液、$0.5\text{mol} \cdot L^{-1}$ NaOH、(1+4) 氨水、(1+1) HCl 溶液、精密 pH (0.5～5) 试纸、ZnO（基准物）。

实验步骤

1. 以 ZnO 为基准物质标定 EDTA 溶液

(1) 锌标准溶液的配制　准确称取在 800～1000℃ 灼烧过的（需 20min 以上）的基准物 ZnO 0.5～0.6g 于 100mL 烧杯中，用少量水润湿。然后逐滴加入 $6\text{mol} \cdot L^{-1}$ HCl，边加边搅至完全溶解为止。然后，定量转移入 250mL 容量瓶中，稀释至刻度并摇匀。

(2) 标定　移取 25mL 锌标准液于 250mL 锥形瓶中，加约 30mL 水，2～3 滴二甲酚橙指示剂，先加 1+4 氨水至溶液由黄色刚变橙色（不能多加）。然后滴加 20% 六亚甲基四胺至溶液呈稳定的红色再多加 3mL❶，用 EDTA 溶液滴定至溶液由红紫色变为亮黄色，即为终点。

2. Bi^{3+} 和 Pb^{2+} 的测定

---

❶ 此处六亚甲基四胺是用作缓冲剂，它在酸性溶液中能生成 $(CH_2)_6N_4 \cdot H^+$ 此共轭酸与过量的 $(CH_2)_6N_4$ 构成缓冲溶液，从而能使溶液的酸度稳定在 pH=5～6 范围内。

　　（1）Bi³⁺的滴定　移取 10mL 调试好 pH 值的试液 3 份，分别置于 250mL 锥形瓶中。加入 2 滴 0.2％二甲酚橙指示剂，用 0.02mol·L⁻¹ EDTA 标准溶液滴定至溶液由紫红色变为短暂的棕红色，再加几滴，变为亮黄色，即为终点，在离终点 1～2mL 前可以滴得快一些，临近终点时则应慢一些。每加 1 滴，摇动并观察是否变色。

　　调试液 pH 值方法：取一份作初步试验❶，先以 pH 为 0.5～5 范围的精密 pH 试纸试验试液的酸度，一般来说，不带沉淀的含 Bi³⁺的试液其 pH 应在 1 以下（为什么？）。为此，以 0.5mol·L⁻¹ NaOH 溶液（装在滴定管中）调节之，边滴边搅拌，并时时以精密 pH 试纸试之，至溶液 pH 达到 1 为止。记下所加的 NaOH 溶液的体积。（不必精确至小数点后第二位，只需一位有效数字，为什么？）

　　（2）Pb²⁺的滴定　在滴定 Bi³⁺的溶液中，加 4～6 滴二甲酚橙指示剂❷，然后再加 20％六亚甲基四胺，至溶液呈紫红色（或橙红色），再加过量 5mL。然后以 0.02mol·L⁻¹ EDTA 溶液滴定，溶液由紫红色变为亮黄色，即为终点。（$M_{ZnO}=81.39$，$M_{Pb}=207.2$，$M_{Bi}=209.0$）

思考题

　　（1）滴定 Bi³⁺、Pb²⁺时溶液酸度各控制在什么范围？怎样调节？为什么？

　　（2）能否在同一份试液中先滴定 Pb²⁺，而后滴定 Bi³⁺？

　　（3）以 ZnO 为基准物，以二甲酚橙为指示剂标定 EDTA 溶液浓度的原理是什么？溶液的酸度应控制在何 pH 范围？若溶液为强酸性，应怎样调节？

实验四十　KMnO₄ 标准溶液的配制和标定及 H₂O₂ 含量的测定

Ⅰ. KMnO₄ 标准溶液的配制和标定

实验目的

　　（1）了解高锰酸钾标准溶液的配制方法和保存条件。

　　（2）掌握 Na₂C₂O₄ 作基准物标定高锰酸钾溶液浓度的方法及滴定条件。

实验原理

　　市售的高锰酸钾常含有少量杂质：如硫酸盐、氯化物及硝酸盐等，因此不能用精确称量高锰酸钾来配制其准确浓度的溶液。KMnO₄ 氧化力强，还易和水中的有机物、空气中的尘埃及氨等还原物质作用，KMnO₄ 能自行分解，如下式所示：

$$4KMnO_4 + 2H_2O \Longrightarrow 4MnO_2\downarrow + 4KOH + 3O_2\uparrow$$

　　分解的速度随溶液的 pH 值而改变，在中性溶液中分解很慢，但 Mn²⁺和 MnO₂ 的存在能加速其分解，见光则分解得更快，可见，KMnO₄ 溶液的浓度容易改变，必须正确地配制和保存。因此，正确配制和保存的溶液应呈中性，不含 MnO₂，这样，浓度就比较稳定，放

---

　　❶ 由于调节溶液酸度时要以精密的 pH 试纸检验，心中无数，检验次数必然较多，为了消除因溶液损失而产生误差，故采用初步试验的方法。

　　❷ 溶液中原先已加 2 滴二甲酚橙指示剂，由于滴定中加入 EDTA 标准溶液后使体积增大等原因。指示剂的量会感到不足（由溶液颜色可以看出），所以需要再加。

置数月后浓度大约只降低 0.5%，但是，如果长期使用，仍应定期标定。

$KMnO_4$ 标准溶液用还原剂草酸钠 $Na_2C_2O_4$ 作基准物来标定。$Na_2C_2O_4$ 不含结晶水，容易精制，用 $Na_2C_2O_4$ 标定 $KMnO_4$ 溶液的反应如下：

$$2MnO_4^- + 5C_2O_4^{2-} + 16H^+ == 2Mn^{2+} + 10CO_2\uparrow + 8H_2O$$

滴定时利用 MnO_4^- 本身的颜色指示滴定终点。

实验试剂

$KMnO_4$（固）、$Na_2C_2O_4$（化学纯或基准试剂）、$1mol \cdot L^{-1} H_2SO_4$ 溶液。

实验步骤

1. $0.02mol \cdot L^{-1} KMnO_4$ 溶液的配制

称取计算量的 $KMnO_4$，溶于适当量的水中，加热煮沸 $20\sim30min$（随时加水以补充蒸发损失），冷却后在暗处放置 $7\sim10$ 天，然后用玻璃砂芯漏斗或玻璃毛过滤除去 MnO_2 等杂质。滤液贮于洁净的玻塞棕色瓶中，放置暗处保存。如果溶液煮沸并在水浴上保温 1h，冷却后过滤，则不必长期放置，就可以标定其浓度。❶

2. $KMnO_4$ 溶液浓度的标定

准确称取计算量的烘过的 $Na_2C_2O_4$ 基准物于 250mL 锥形瓶中，加水约 10mL 溶解，再加 30mL $1mol \cdot L^{-1} H_2SO_4$ 溶液❷并加热至 $75\sim85℃$❸立即用待标定的 $KMnO_4$ 溶液滴定❹（不能沿瓶壁滴入）至呈粉红色 30s 不退为终点❺。

重复测定 $2\sim3$ 次，根据滴定所消耗的 $KMnO_4$ 溶液体积和基准物的质量，计算 $KMnO_4$ 溶液的浓度 c_{KMnO_4}。

计算公式如下：

$$c_{KMnO_4} = \frac{W_{Na_2C_2O_4}}{V_{KMnO_4} \times 1/1000 \times 5/2 \times M_{Na_2C_2O_4}}$$

（$M_{Na_2C_2O_4} = 134.00$）

思考题

（1）配制 $KMnO_4$ 标准溶液时为什么要把 $KMnO_4$ 水溶液煮沸一定时间（或放置数天）？配好的 $KMnO_4$ 溶液为什么要过滤后才能保存？过滤时是否能用滤纸？

（2）配好的 $KMnO_4$ 溶液为什么要装在棕色瓶中（如果没有棕色瓶应该怎么办？）放置暗处保存？

（3）用 $Na_2C_2O_4$ 标定 $KMnO_4$ 溶液浓度时，为什么必须在大量的 H_2SO_4（HCl 或 HNO_3

---

❶ 加热及放置时均应盖上表面皿，以免掉入尘埃和有机物。

❷ $KMnO_4$ 作氧化剂，通常是在强酸溶液中反应，测定过程中若发现产生棕色浑浊，是酸度不足引起的，应立即加入 H_2SO_4 补救，但已经达到终点，则加 H_2SO_4 已无效，这时应该重做。

❸ 加热可使反应加快，但不应热至沸腾，否则容易引起部分草酸分解，正确的温度是 $75\sim85℃$，在滴定至终点时，溶液的温度不应低于 $60℃$。

❹ $KMnO_4$ 溶液应装在玻璃塞滴定管中，（为什么？）由于 $KMnO_4$ 溶液颜色很深，不易观察溶液弯月面的最低点。因此应该从液面最高边上读数。滴定时，第一滴 $KMnO_4$ 溶液退色较慢，在第一滴 $KMnO_4$ 溶液没有退色以前，不要加入第二滴，等几滴 $KMnO_4$ 溶液已经起作用之后，滴定的速度就可以稍快些，但不能让 $KMnO_4$ 溶液像流水似的流下去，近终点时更需小心缓慢滴入。

❺ $KMnO_4$ 滴定的终点是不大稳定的，这是由于空气中含有还原性气体及尘埃等杂质，落入溶液中能使 $KMnO_4$ 慢慢分解，而使粉红色消失，所以经过 30s 不退色，即可认为终点已到。

可以吗?) 存在下进行? 酸度过高或过低有无影响? 为什么要加热 75~85℃ 后才能滴定? 溶液温度过高或过低有什么影响? 为什么?

(4) 用 $KMnO_4$ 溶液滴定 $Na_2C_2O_4$ 溶液时，$KMnO_4$ 溶液为什么一定要装在玻璃塞滴定管中? 为什么第一滴 $KMnO_4$ 溶液加入后红色退去很慢，以后退色较快?

(5) 装 $KMnO_4$ 溶液的烧杯放置较久后，其壁上常有棕色沉淀。(为什么?)不容易洗净，应该怎样洗涤?

Ⅱ．过氧化氢（H_2O_2）含量的测定

实验原理

测定过氧化氢的含量，可在稀硫酸溶液中，室温条件下用高锰酸钾法测定，其反应式为：

$$5H_2O_2 + 2MnO_4^- + 6H^+ === 2Mn^{2+} + 5O_2\uparrow + 8H_2O$$

开始时反应速度慢，滴入第一滴溶液不容易退色，待 Mn^{2+} 生成后，由于 Mn^{2+} 的催化作用，加快了反应速度，故能顺利地滴定到呈现稳定的微红色即终点。

H_2O_2 与 MnO_4^- 反应时的物质的量之比为 5/2，根据 c_{KMnO_4} 和 V_{KMnO_4} 计算 H_2O_2 的含量（公式如下）。

$$H_2O_2(g \cdot L^{-1}) = \frac{5/2c_{KMnO_4}V_{KMnO_4}M_{H_2O_2}\times 10^{-3}}{V_{试}}$$

如 H_2O_2 试样系工业产品，用上述方法测定误差较大，因此产品中常加入少量乙酰苯胺等有机物质做稳定剂，此类有机物也消耗 $KMnO_4$，遇此情况应采用铈量法或碘量法测定。

实验试剂

(1) H_2SO_4：$1.0mol \cdot L^{-1}$。

(2) $KMnO_4$ 溶液：$0.02mol \cdot L^{-1}$。

(3) H_2O_2 试液：定量量取原装的 H_2O_2，然后稀释成 10 倍，即为 H_2O_2 含量约 3% 的试液。贮存在棕色试剂瓶中。

实验步骤

用移液管移取 10mL 试液置于 250mL 锥瓶中，加 15mL $1.0mol \cdot L^{-1}$ H_2SO_4，用 $KMnO_4$ 标准溶液滴定至微红色在 0.5min 内不消失即为终点。

根据 $KMnO_4$ 溶液的浓度和滴定过程中消耗滴定剂的体积。计算试样中过氧化氢含量（g/mL）。($M_{H_2O_2} = 34.02$)

思考题

(1) 用 $KMnO_4$ 法测定 H_2O_2 时能否用 HNO_3、HCl 和 HAc 控制酸度? 为什么?

(2) 测定 H_2O_2 的原理是什么：在此测定中 H_2O_2 与 $KMnO_4$ 的化学计量关系如何?

实验四十一　$Na_2S_2O_3$ 标准溶液的配制和标定

实验目的

(1) 掌握 $Na_2S_2O_3$ 溶液的配制方法和保存条件，配制 $Na_2S_2O_3$ 溶液。

（2）了解标定 $Na_2S_2O_3$ 溶液浓度的原理和方法。

（3）掌握间接碘法进行的条件。

实验原理

硫代硫酸钠（$Na_2S_2O_3 \cdot 5H_2O$）一般都含有少量杂质如 S、Na_2SO_3、Na_2SO_4、Na_2CO_3 及 $NaCl$ 等，同时还容易风化和潮解，因此不能直接配制成准确浓度的溶液。

$Na_2S_2O_3$ 溶液易受空气和微生物等的作用而分解。

（1）溶解的 CO_2 作用 $Na_2S_2O_3$ 在中性或碱性溶液中较稳定，当 pH＜4.6 时不稳定。溶液含有 CO_2 时，会促进 $Na_2S_2O_3$ 分解：

$$Na_2S_2O_3 + H_2CO_3 \longrightarrow NaHCO_3 + NaHSO_3 + S\downarrow$$

此分解作用一般发生在溶液配成后的最初十天内。分解后一分子 $Na_2S_2O_3$ 变成了一分子 $NaHSO_3$，一分子 $Na_2S_2O_3$ 只能和一个碘原子作用，而一分子 $NaHSO_3$ 却能和两个碘原子作用，因此从反应能力看溶液的浓度增加。以后由于空气的氧化作用浓度又慢慢减小。

在 pH＝9～10 之间硫代硫酸钠溶液最为稳定，在 $Na_2S_2O_3$ 溶液中加入少量 Na_2CO_3，很有好处。

（2）空气的氧化作用

$$2Na_2S_2O_3 + O_2 \longrightarrow 2Na_2SO_4 + 2S\downarrow$$

（3）微生物的作用 这是使 $Na_2S_2O_3$ 分解的主要原因。为了避免微生物的分解作用，可加入少量 HgI_2（10mg/L）。

为了减少溶解在水中的 CO_2 和杀死水中微生物，应用新煮沸后冷却的蒸馏水配制溶液并加入少量 Na_2CO_3，使其浓度约为 0.02%，以防止 $Na_2S_2O_3$ 分解。

日光能促进 $Na_2S_2O_3$ 溶液分解，所以 $Na_2S_2O_3$ 溶液应当贮于棕色瓶中，放置暗处，经 8～14 天再标定。长期使用的溶液，应定期标定，若保存得好，可每 2 个月标定一次。

通常用 $K_2Cr_2O_7$ 作基准物标定 $Na_2S_2O_3$ 溶液的浓度。$K_2Cr_2O_7$ 先与 KI 反应析出 I_2。

$$Cr_2O_7^{2-} + 6I^- + 14H^+ == 2Cr^{3+} + 3I_2 + 7H_2O$$

析出的 I_2 用标准 $Na_2S_2O_3$ 溶液滴定：

$$I_2 + 2S_2O_3^{2-} == S_4O_6^{2-} + 2I^-$$

这个标定方法是间接碘法的应用。在此反应中 $K_2Cr_2O_7$ 与 $Na_2S_2O_3$ 的物质量之比为 1：6。

实验试剂

$Na_2S_2O_3 \cdot 5H_2O$（固）、Na_2CO_3（固）、可溶性淀粉（1%）$K_2Cr_2O_7$（分析纯或基准试剂）、$10\%KI$ 溶液及 $6mol \cdot L^{-1}$ HCl 溶液。

实验步骤

（1）$0.1mol \cdot L^{-1}$ $Na_2S_2O_3$ 溶液的配制 称取 7.5g $Na_2S_2O_3 \cdot 5H_2O$ 于 500mL（400mL）烧杯中，加入 300mL 新煮沸经冷却的蒸馏水，待完全溶解后，加入 0.1g Na_2CO_3，贮存于棕色瓶中，在暗处放置 7～14 天后标定（视测定实验需要，可配成其他浓度）。

（2）$0.1mol \cdot L^{-1}Na_2S_2O_3$ 溶液浓度的标定 准确称取已烘干的 $K_2Cr_2O_7$（分析纯，其质量相当于 20～30mL $0.1mol \cdot L^{-1}Na_2S_2O_3$ 溶液）于 250mL 锥形瓶中，加入 10～20mL 水溶解，（必须溶解完全）再依次加入 20mL 10% KI 溶液和 $6mol \cdot L^{-1}$ HCl 溶液 5mL，盖

好表面皿，混匀后，放在暗处（实验柜内）5min❶然后用 50mL 水稀释❷，用 0.1mol·L⁻¹ Na₂S₂O₃ 溶液滴定到呈浅黄绿色。加入 1%淀粉溶液 1mL，继续滴定至蓝色变为绿色，即为终点❸。根据滴定所消耗的 Na₂S₂O₃ 溶液体积和基准物的质量，计算 Na₂S₂O₃ 溶液的浓度。

$$c_{Na_2S_2O_3} = \frac{6m_{K_2Cr_2O_7}}{M_{K_2Cr_2O_7} V_{Na_2S_2O_3}} \times 1000$$

思考题

（1）如何配制和保存浓度比较稳定的 Na₂S₂O₃ 标准溶液？

（2）用 K₂Cr₂O₇ 作基准标定 Na₂S₂O₃ 溶液时为什么要加入过量的 KI 和 HCl 溶液？为什么放置一定时间后才加水稀释？如果：加 KI 溶液而不加 HCl 溶液，加酸后不放置暗处，不放置或少放置一定时间即加水稀释，会产生什么影响？

（3）为什么用 Na₂S₂O₃ 滴定 I₂ 溶液时必须在将近终点之前才加入淀粉指示剂？

（4）马铃薯和稻米等都含有淀粉，它们的溶液是否可用作指示剂？

（5）使用淀粉指示剂之量为什么要多达 1%1mL？和其他滴定法一样只加几滴行不行？

（6）如果 Na₂S₂O₃ 标准溶液是用来分析铜的，为什么可用纯铜作基准物标定 Na₂S₂O₃ 溶液的浓度？

实验四十二　铜盐中铜含量测定

实验目的

掌握用碘法测定铜的原理和方法。

实验原理

二价铜盐与碘化物发生下列反应：

$$2Cu^{2+} + 4I^- \rightleftharpoons 2CuI\downarrow + I_2$$

$$I_2 + I^- \rightleftharpoons I_3^-$$

析出的 I₂ 再用 Na₂S₂O₃ 标准溶液滴定，由此可以计算出铜的含量。

上述反应是可逆的，为了促使反应实际上能趋于完全，必须加入过量的 KI，但是 KI 浓度太大，会妨碍终点的观察，同时由于 CuI 沉淀强烈地吸附 I₃⁻，使测定结果偏低。如果加入 KSCN，使 CuI（$K_{sp} = 5.06 \times 10^{-12}$）转化为溶解度更小的 CuSCN（$K_{sp} = 4.8 \times 10^{-15}$），即：

$$CuI + SCN^- \rightleftharpoons CuSCN\downarrow + I^-$$

这样不但可以释放被吸附的 I₃⁻。而且反应时再生出来的 I⁻ 与未反应的 Cu²⁺ 发生作用。在这种情况下，可以使用较少的 KI 而能使反应进行得更完全。但是 KSCN 只能在接近终点时加入，否则 SCN⁻ 可能直接还原 Cu²⁺ 而使结果偏低：

---

❶ K₂Cr₂O₇ 与 KI 的反应不是立刻完成的，在稀溶液中反应更慢，因此应等反应完成后再加水稀释。在上述条件下，大约经 5min 反应即可完成。

❷ 生成的 Cr³⁺ 显蓝绿色，妨碍终点观察，滴定前预先稀释，可命 Cr³⁺ 浓度降低，蓝绿色变浅。终点时，溶液由蓝变到绿，容易观察，同时稀释也使溶液的酸度降低，适用于 Na₂S₂O₃ 滴定 I₂。

❸ 滴定完了的溶液放置后会变成蓝色，如果不是很快变蓝（经过 5～10min），那就是由于空气氧化所致，如果很快而且又不断变蓝，就说明 K₂Cr₂O₇ 与 KI 的作用在滴定前进行的不完全。溶液稀释得太早，遇此情况，实验应重做。

$$6Cu^{2+} + 7SCN^- + 4H_2O \Longrightarrow 6CuSCN + SO_4^{2-} + HCN + 7H^+$$

为了防止铜盐水解，反应必须在酸性溶液中进行。酸度过低，Cu^{2+} 氧化 I^- 的反应不完全。结果偏低。而且反应速度慢。终点拖长；酸度过高，则 I^- 被空气氧化为 I_2 的反应为 Cu^{2+} 催化，使结果偏高。

大量 Cl^- 能与 Cu^{2+} 配合，I^- 不能从 Cu（Ⅱ）的氯配合物中将 Cu（Ⅱ）定量地还原，因此最好用硫酸而不用盐酸（少量盐酸不干扰）。

矿石或合金中的铜也可以用碘法测定。但必须设法防止其他能氧化 I^- 的物质（如 NO_3^-、Fe^{3+} 等）的干扰。防止的方法是加入掩蔽剂以掩蔽干扰离子（例如使 Fe^{3+} 生成 FeF_6^{3-} 配离子而掩蔽），或在测定前将它们分离除去。若有 As（Ⅴ）、Sb（Ⅴ）存在，应将 pH 调至 4，以免它们氧化 I^-。

实验试剂

$0.1mol \cdot L^{-1}$ $Na_2S_2O_3$ 标准溶液、$1mol \cdot L^{-1}$ H_2SO_4 溶液 10% KSCN（或 NH_4SCN）溶液、10% KI 溶液、1% 淀粉溶液。

实验步骤

精确称取铜盐试样 3 份（每份 0.5~0.7g）于 250mL 锥形瓶中，加 $1mol \cdot L^{-1}$ H_2SO_4 溶液 3mL 和水 30mL 溶解。加入 10% KI 溶液 7~8mL 立即用 $Na_2S_2O_3$ 标准溶液滴定至呈浅黄色，然后加入 1% 淀粉溶液 1mL，继续滴定到呈浅蓝色，再加入 5mL 10% KSCN（可否用 NH_4SCN 代替？）溶液，摇匀，溶液由蓝色转深。再继续滴定到蓝色恰好消失。此时溶液为米色 CuSCN 悬浮液。由实验结果计算铜盐中铜的质量分数。公式如下：

$$Cu\% = \frac{c_{Na_2S_2O_3} V_{Na_2S_2O_3} \times 10^{-3} M_{Cu}}{G} \times 100\%$$

（$M_{Cu} = 63.56$）

思考题

（1）铜盐易溶于水，为什么溶解时要加硫酸？

（2）用碘法测定铜含量时，为什么要加入 KSCN 溶液？如果在酸化后立即加入 KSCN 溶液，会产生什么影响？

（3）已知 $f^{\ominus}_{Cu^{2+}/Cu^+} = 0.158V$，$f^{\ominus}_{I_2/I^-} = 0.54V$ 为什么在本法中 Cu^{2+} 却能使 I^- 氧化为 I_2？

（4）测定反应为什么一定要在弱酸性溶液中进行？

（5）如果分析矿石或合金中的铜，其试液中含有干扰性杂质如 Fe^{3+}、NO_3^- 等离子，应如何消除它们的干扰？

（6）如果用 $Na_2S_2O_3$ 标准溶液滴定铜矿或铜合金中的铜，用什么基准物标定 $Na_2S_2O_3$ 溶液的浓度最好？

实验四十三　水中微量氟的测定（离子选择电极法）

实验目的

（1）了解用氟离子选择电极测定水中微量氟的原理和方法。

（2）了解总离子强度调节缓冲溶液的意义和作用。

（3）掌握用标准曲线法测定水中微量氟离子的方法。

实验原理

离子选择电极是一种电化学传感器。它将溶液中特定离子的活度转换成相应的电位，用氟离子选择电极（简称氟电极，它是 LaF_3 单晶敏感膜电极，内装 $0.1mol \cdot L^{-1}$ NaCl-NaF 内参比溶液和 Ag-AgCl 内参比电极）测定氟离子浓度的方法与测定 pH 的方法相似，当氟电极插入溶液时，其敏感膜对 F^- 产生响应，在膜和溶液间产生一定的膜电位：

$$\phi_{膜} = K - \frac{2.303RT}{F}\lg a_{F^-}$$

在一定条件下膜电位 $f_{膜}$ 与 F^- 活度的对数值成直线关系，当氟电极（作指示电极）与饱和甘汞电极（参比电极）插入被测溶液中组成原电池时，电池的电动势 E 在一定条件下与 F^- 离子活度的对数值成直线关系：

$$E = K' - \frac{2.303RT}{F}\lg a_{F^-}$$

式中，K' 值为包括内外参比电极的电位，液接电位等的常数。通过测量电池电动势可以测定 F^- 的活度。当溶液的总离子强度不变时，离子的活度系数为一定值，则有：

$$E = K - \frac{2.303RT}{F}\lg c_{F^-}$$

E 与 F^- 的浓度 c_{F^-} 的对数值成直线关系。因此，为了测定 F^- 的浓度，常在标准溶液与试样溶液中同时加入相等的足够量的惰性电解质作总离子强度调节缓冲溶液，使它们的总离子强度相同。

当 F^- 浓度在 $1 \sim 10^{-6}mol \cdot L^{-1}$ 范围内时，氟电极电位与 pF（F^- 浓度的负对数）成直线关系，可用标准曲线法进行测定。

氟电极只对游离的 F^- 有响应。在酸性溶液中，H^+ 与部分 F^- 形成 HF 或 HF_2^- 会降低 F^- 的浓度。在碱性溶液中，LaF_3 薄膜与 OH^- 发生交换作用而使溶液中 F^- 浓度增加，因此溶液的酸度对测定有影响。氟电极适宜测定的 pH 的范围为 $5 \sim 7$。

氟电极的最大的优点是选择性好，除能与 F^- 生成稳定的配合物或难溶沉淀的元素（如 Al、Fe、Zr、Th、Ca、Mg、Li 及稀土元素等）会干扰测定（通常可用柠檬酸、DCTA、EDTA、磺基水杨酸及磷酸盐等掩蔽）外，10^3 倍以上的 Cl^-、Br^-、I^-、SO_4^{2-}、HCO_3^-、NO_3^-、OAc^-、$C_2O_4^{2-}$ 及 $C_4H_4O_6^{2-}$ 等阴离子均不干扰。加入总离子强度调节缓冲剂[①]，可以起到控制一定的离子强度和酸度以及掩蔽干扰离子等多种作用。

水中微量氯也可用氯离子选择电极测定。

仪器与试剂

1. 仪器

精密酸度计和电磁搅拌器或自动电位滴定仪、氟电极和甘汞电极。

2. 试剂

$0.1000mol \cdot L^{-1}$ 氟标准溶液、TISAB（总离子强度调节缓冲溶液）。

实验步骤

1. 氟电极的准备

氟电极在使用前，宜在纯水中浸泡数小时或过夜，或在 10^{-3} mol·L^{-1} NaF 溶液中浸泡 1～2h，再用去离子水洗到空白电位为 300mV 左右。电极晶片勿与坚硬物碰擦。晶片上沾有油污，用脱脂棉依次以酒精、丙酮轻拭，再用去离子水洗净。连续使用期间的间隙内，可浸泡在水中；长期不用，则风干后保存。

电极内装电解质溶液，为防止晶片内侧附着气泡而使电路不通，在电极第一次使用前或测量后，可让晶片朝下，轻击电极杆，以排除晶片上可能附着的气泡。

2. 试剂的配制

0.1000mol·L^{-1} 氟标准溶液：准确称取于 120℃烘干 2h 并冷却的分析纯 NaF 4.199g，溶于去离子水中，转入 1000mL 容量瓶中，稀释至刻度，贮于聚乙烯瓶中。

TISAB（总离子强度调节缓冲溶液）：于 1000mL 烧杯中，加入 500mL 去离子水和 57mL 冰乙酸、58g NaCl、12g 柠檬酸钠（Na$_3$C$_6$H$_5$O$_7$·2H$_2$O）搅拌至溶解。将烧杯放在冷水浴中，缓缓加入 6mol·L^{-1} NaOH 溶液，直至 pH 在 5.0～5.5 之间（约 125mL，用 pH 计检查），冷至室温。转入 1000mL 容量瓶中，用去离子水稀释至刻度。

3. 标准曲线法

(1) 吸取 5mL 0.1000mol·L^{-1} 氟标准溶液于 50mL 容量瓶中。加入 5mL TISAB 溶液，用去离子水稀释至刻度，摇匀，此溶液为 10^{-2} mol·L^{-1} 氟标准溶液。用逐级稀释法配制成浓度为 10^{-3} mol·L^{-1}、10^{-4} mol·L^{-1}、10^{-5} mol·L^{-1} 及 10^{-6} mol·L^{-1} F$^-$ 溶液标准系列。逐级稀释时只需加入 4.5mL TISAB 溶液。

(2) 将标准系列溶液由低浓度到高浓度依次转入塑料烧杯中，在电磁搅拌器上搅拌 4min 后，插入氟电极和参比电极，（0.5min 后）开始读取平衡电位，然后每隔 0.5min 读取一次，共读取 6 次。

(3) 吸取含量＜5mg/L 自来水样 25mL（若含量较高，稀释后再吸取）于 50mL 容量瓶中，加入总离子强度调节缓冲溶液 5mL，用去离子水稀释至刻度，摇匀。在与标准系列相同条件下测定电位。

(4) 在普通坐标纸上作 E-pF 图（以第 6 次电位为准）。

(5) 从标准曲线上查出 F$^-$ 浓度。再计算出水中含氟量（g·L^{-1}）。（M_{F^-} ＝19）

注意事项

使用离子选择电极一般注意事项如下。

(1) 电极在使用前应按说明书要求进行活化，清洗，电极的敏感膜应保持清洁和完好，切勿沾污或受到机械损伤。

(2) 固态膜电极钝化后，用 M6（06）金相砂纸抛光，一般能恢复原来的性能，或在湿鹿皮上放少量优质牙膏或牙粉，用以摩擦氟电极，也可以使氟电极活化。

(3) 测定时应按溶液从稀到浓的次序进行，在浓溶液中测定后应立即用去离子水将电极洗到空白电位值再测定稀溶液，否则将严重影响电极寿命和测量准确度（有迟滞效应），电极也不宜在浓溶液中长时间浸泡，以免影响检出下限。

(4) 电极使用后，应清洗至其电位为空白电位值。擦干，按要求保存。

思考题

(1) 用氟电极测定 F$^-$ 浓度的原理是什么？

(2) 用氟电极测得的是 F$^-$ 的浓度还是活度？如果要测定 F$^-$ 的浓度应该怎么办？

（3）氟电极在使用前应该怎样处理？达到什么要求？

（4）总离子强度调节缓冲溶液包括哪些组分？各组分的作用怎样？

实验四十四 醇系物的气相色谱分析

实验目的

（1）学习用峰高乘保留值的归一化法定量的基本原理及测定方法。

（2）掌握色谱分析操作技术。

实验原理

使用归一化法定量，要求试样中的各个组分都能得到完全分离，并且在色谱图上应能绘出其色谱峰，计算式为：

$$\%C_i = \frac{m_i}{\sum\limits_{i=1}^{n} m_i} \times 100$$

因为

$$m_i = f'_i A_i, \quad A_i = h_i Y_{\frac{1}{2}}$$

所以

$$\%C_i = \frac{f'_i h_i Y_{\frac{1}{2}}}{\sum\limits_{i=1}^{n} f'_i h_i Y_{\frac{1}{2}}}$$

在一定条件下，同系物的半峰宽度与保留时间成正比，因此在作相对计算时，可用 $h_i t_{r_i}$ 表示峰面积 A_i。

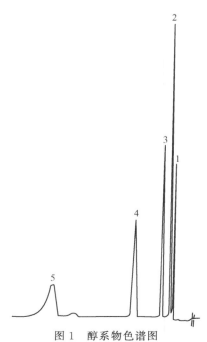

图 1 醇系物色谱图

1—水；2—甲醇；3—乙醇；4—丙醇；5—丁醇

醇系物指甲醇、乙醇、正丙醇、正丁醇等，其中常含有水分，组分可完全分离，所得的水分、甲醇、乙醇及正丙醇的色谱峰都是狭窄的，而正丁醇的峰则稍宽（图 1）。此组峰的宽窄相差较大，对小峰半峰宽的测量易引入较大误差，所以，可以采用峰高乘保留时间的归一化法计算醇系物各组分含量。计算式如下：

$$\%C_i = \frac{f'_i h_i t_{ri}}{\sum\limits_{i=1}^{n} f'_i h_i t_{ri}}$$

仪器与试剂

（1）气相色谱仪：任一型号均可，本实验采用 SP-3400 型气相色谱仪。

（2）色谱柱：长 2m，内径 3mm 的不锈钢柱，洗净、烘干，内装固定相 GDX-103。

（3）氮气或氢气钢瓶。

（4）秒表。

（5）微量进样器，10μL 或 25μL。

（6）皂膜流量计。

（7）醇系物试样❶。

操作条件

（1）固定相：GDX-103。

（2）检测器：热导池检测器（TCD）——桥电流 130mA，检测器温度 135℃。

（3）载气：氢气或氮气均可，因氢的热导值高，灵敏度高，进样量少，本实验用氮气，流速控制在 50~100mL/min。

（4）柱温：125℃。

（5）气化室温度：120℃。

（6）进样量：2~3μL（氮作载气）。

实验步骤

（1）用皂膜流量计测定载气流速。

（2）根据实验操作条件，将色谱仪按仪器操作步骤调节至可进样状态，待仪器上电路和气路系统达到平衡，记录仪上基线平直时，即可进样。

（3）微量进样器吸取醇系物试样 2~3μL 进样，用秒表连续测定每个组分的保留时间。

实验记录及计算

根据实验记录的信息，对采集到的谱图进行分析处理，采用归一化法，计算出各组分的含量。

（1）气相色谱仪的主要部件和分析流程包括哪些主要部分？

（2）以微量进样器进样时应注意什么？

（3）归一化法定量有何特点，使用该方法应具备什么条件？

实验四十五　邻菲啰啉分光光度法测定铁

实验目的

（1）通过测定铁的条件试验，掌握分光光度法测定铁的条件及方案的拟定方法。

------

❶ 用一级纯试剂，按下列体积比混合而成：甲醇∶乙醇∶正丙醇∶正丁醇＝1∶2∶3∶4。

（2）了解 721 型分光光度计的主要构造和使用方法。

实验原理

邻菲啰啉（又称邻二氮菲）是测定微量铁的一种较好试剂，在 pH＝1.5～9.5 的条件下，Fe^{2+} 与邻菲啰啉生成极稳定的橘红色配合物，反应式如下：

此配合物的 $\lg K_稳＝21.3$，摩尔吸光系数 $\varepsilon_{510}＝11000$。

在发色前首先用盐酸羟胺把 Fe^{3+} 还原为 Fe^{2+}，其反应式如下：

$$4Fe^{3+}＋2NH_2OH \longrightarrow 4Fe^{2+}＋N_2O＋H_2O＋4H^+$$

测定时，控制溶液酸度在 pH＝3～9 较为适宜。酸度高时，反应进行较慢；酸度太低，则 Fe^{3+} 水解，影响显色。

Bi^{3+}、Cd^{2+}、Hg^{2+}、Ag^+、Zn^{2+} 等离子与显色剂生成沉淀，Ca^{2+}、Cu^{2+}、Ni^{2+} 等离子则形成有色配合物。因此，当这些离子共存时，应注意它们的干扰作用。

仪器与试剂

1. 仪器

721 型可见分光光度计、2cm 比色皿、5mL 吸量管。

2. 试剂

$100\mu g \cdot mL^{-1}$ 的铁标准溶液、$10\mu g \cdot mL^{-1}$ 的铁标准溶液、10％盐酸羟胺溶液（因其不稳定，要临时配制）、0.1％邻菲啰啉溶液（新近配制）、$1mol \cdot L^{-1}$ NaOAc 溶液、$2mol \cdot L^{-1}$ HCl 溶液。

实验步骤

1. 试剂的配制

$100\mu g \cdot mL^{-1}$ 的铁标准溶液的配制：准确称取 0.864g 分析纯 $(NH_4)_2Fe(SO_4)_2 \cdot 12H_2O$，置于一烧杯中，以 30mL $2mol \cdot L^{-1}$ HCl 溶液溶解后移入 1000mL 容量瓶以水稀释至刻度，摇匀。

$10\mu g \cdot mL^{-1}$ 的铁标准溶液：由 $100\mu g \cdot mL^{-1}$ 的铁标准溶液准确稀释 10 倍而成。

10％盐酸羟胺溶液（因其不稳定，要临时配制）。

0.1％邻菲啰啉溶液（新近配制）。

$1mol \cdot L^{-1}$ NaOAc 溶液。

2. 条件试验

（1）吸收曲线的绘制　准确移取 $10\mu g \cdot mL^{-1}$ 的铁标准溶液 5mL 于 50mL 容量瓶中，加入 10％盐酸羟胺溶液 1mL 摇匀，稍冷，加入 $1mol \cdot L^{-1}$ NaOAc 溶液 5mL 和 0.1％邻菲啰啉溶液 3mL，以水稀释至刻度，在 721 型分光光度计上，用 2cm 比色皿，以水为空白溶液，用不同的波长，从 430～570nm，每隔 20nm 测定一次吸光度 A，然后以波长为横坐标、吸光度为纵坐标绘制出吸收曲线，从吸收曲线上确定进行测定的适宜波长。每换一次波长，调一次 100％。

(2) 邻菲啰啉铁配合物的稳定性　用上面的溶液继续进行测定，其方法是：在最大吸收波长（510nm）处，以 30min、60min、90min 和 120min，各测一次吸光度，然后以时间（t）为横坐标，吸光度（A）为纵坐标。绘制 A-t 曲线，此曲线即表示有色配合物的稳定性。

(3) 显色剂浓度的试验　取 50mL 容量瓶 7 个，用 5mL 移液管准确移取 $10\mu g \cdot mL^{-1}$ 的铁标准溶液 5mL 于各容量瓶中，分别加入 1mL 10％盐酸羟胺溶液，经 2min 后再分别加入 5mL $1mol \cdot L^{-1}$ NaOAc 溶液，然后分别加入 0.1％邻菲啰啉溶液 0.3mL、0.6mL、1.0mL、1.5mL、2.0mL、3.0mL 和 4.0mL，用水稀释至刻度，摇匀，在 721 型分光光度计上，用适宜波长（例如 510nm），2cm 比色皿，以水为空白测定上述各溶液的吸光度，然后以邻菲啰啉试剂加的入体积（mL）为横坐标、吸光度为纵坐标，绘制 A-c 曲线，从中找出显色剂的最适宜的加入量。

3. 铁含量的测定

(1) 标准曲线的绘制　取 50mL 容量瓶 6 只，分别准确吸取 $10\mu g \cdot mL^{-1}$ 铁标准溶液 0.0、2.0mL、4.0mL、6.0mL、8.0mL 和 10.0mL 于各容量瓶中，各加 1mL 10％盐酸羟胺溶液，摇匀，经 2min 后再各加 5mL $1mol \cdot L^{-1}$ NaOAc 溶液及 3mL 0.1％邻菲啰啉溶液，以水稀释至刻度，摇匀，在 721 型分光光度计上，用 2cm 比色皿，在最大吸收波长（510nm）处，测定各溶液的吸光度，以铁含量为横坐标、吸光度为纵坐标，绘制标准曲线。

(2) 吸取未知液 5mL 代替标准溶液，其他步骤均同上，测定其吸光度，根据未知液的吸光度，在标准曲线上查出 5mL 未知液中的铁含量，并以每毫升未知液中含铁微克数表示。

记录及分析结果（供参考）

1. 记录

分光光度计型号_____比色皿_____光源电压_____

(1) 吸收曲线的绘制

波长/nm	430	450	470	490	510	530	550	570
吸光度 A								

(2) 邻菲啰啉铁配合物的稳定性

放置时间/min	0	30	60	90	120
吸光度 A					

(3) 显色剂浓度的试验

容量瓶号	1	2	3	4	5	6	7
显色剂量/mL	0.3	0.6	1.0	1.5	2.0	3.0	4.0
吸光度 A							

(4) 标准曲线的绘制与铁含量的测定

试液	标准溶液						未知液
吸取体积/mL	0.0	2.0	4.0	6.0	8.0	10.0	5.0
总含铁量/μg							
吸光度 A							

2. 绘制以下曲线：

（1）吸收曲线；（2）A-t 曲线；（3）A-c 曲线；（4）标准曲线。

3. 对各项测定结果进行分析并作出结论

例如吸收曲线的绘制：邻菲啰啉铁配合物在波长 510nm 处吸光度最大，因此测定铁时宜选用的波长为 510nm。（$M_{Fe}=55.85$）

思考题

（1）Fe^{3+} 标准溶液在显色前加盐酸羟胺的目的是什么？如测定一般铁盐的总铁量，是否需要加盐酸羟胺？

（2）如用配制已久的盐酸羟胺溶液，对分析结果将带来什么影响？

（3）在溶液酸度对配合物影响的实验中，用 $100\mu g \cdot mL^{-1}$ 铁标准溶液稀释 10 倍后，移取 10mL，与不稀释而直接取用 1mL 进行比较，各有什么优缺点？为什么在这个实验中选择稀释后再取 10mL 的方法？

（4）在本实验的各项测定中，某种试剂加入量的容积要比较准确，而某种试剂则可不必，为什么？

（5）溶液的酸度对邻菲啰啉铁吸光度影响如何？为什么？

（6）根据自己实验数据，计算在最适宜波长下邻菲啰啉铁配合物的摩尔吸光系数。

实验四十六　扑热息痛红外光谱的测定及解析

实验目的

（1）了解红外光谱仪的基本结构、工作原理和使用方法。

（2）学习红外吸收光谱谱图分析基本原理。

（3）掌握压片法的制样方法。

实验原理

红外光谱吸收法（简称红外光谱法，infrared absorption spectroscopy，IR）是鉴别化合物和确定物质分子结构的常用手段之一。利用红外光谱法还可以对单一组分或混合物中各组分进行定量分析，尤其是对于一些较难分离，并在紫外、可见光区找不到明显特征峰的样品可方便、迅速地完成定量分析。红外光谱定义为：分子吸收红外光引起的振动能级跃迁和转动能级跃迁而产生的吸收信号。

分子发生振动能级跃迁需要的能量对应光波的红外区域分类为：①近红外区（10000～4000cm^{-1}）；②中红外区（4000～400cm^{-1}），最为常用，大多数化合物的化学键振动能级的跃迁发生在这一区域；③远红外区（400～10cm^{-1}）。

红外区的光谱除了用波长 λ 表征外，更常用波数 σ 表征。波数是波长的倒数，表示单位厘米波长内所含波的数目，其关系式为：

$$\sigma(\text{cm}^{-1})=10^4/\lambda(\text{cm})$$

根据红外光谱与分子结构的关系，谱图中每一个特征吸收谱带都对应于某化合物的质点或基团振动的形式。因此，特征吸收谱带的数目、位置、形状及强度取决于分子中各基团（化学键）的振动形式和所处的化学环境。只要掌握了各种基团的振动频率（基团频率）及其位移规律，即可利用基团振动频率与分子结构的关系，来确定吸收谱带的归属，确定分子中所含的基团和键，并进而由其特征振动频率的位移、谱带强度和形状的改变，来推定分子结构。

扑热息痛，化学名为对乙酰氨基酚，是最常用的非抗炎解热镇痛药，解热作用与阿司匹林相似，镇痛作用较弱，无抗炎抗风湿作用，是乙酰苯胺类药物中最好的品种。由扑热息痛分子结构可知（图 1），分子中各原子基团的基频峰的频率在 $4000\sim650\text{cm}^{-1}$ 范围内。

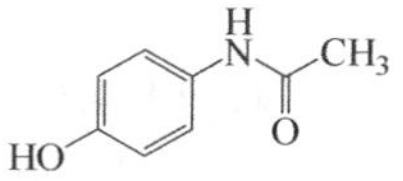

图 1　扑热息痛的分子结构

本实验用溴化钾晶体稀释扑热息痛试样，研磨均匀后，压制成晶片，以纯溴化钾晶片作参比，在给定的实验条件下测定试样的红外吸收光谱，然后对照扑热息痛的标准红外谱图，比较上述的各原子基团基频峰的频率及其吸收强度，若两张图谱一致，则可认为试样是扑热息痛。

仪器与试剂

1. 仪器

360 型傅里叶变换红外光谱仪、压片机、玛瑙研钵和红外干燥灯。

2. 试剂

溴化钾、扑热息痛试样。

实验步骤

1. 制样

首先制备纯的 KBr 晶片作为空白试样，具体操作如下：首先将 KBr 在 110℃下烘干 48h 以上，并保存在干燥器内；取烘干后的 KBr 样品 150mg 左右，置于洁净的玛瑙研钵中，研磨成均匀、细小的颗粒，整个过程在红外干燥灯下进行；然后利用药匙将 KBr 转移到压片模具上加压制成直径为 13mm、厚 1～2mm 透明的溴化钾晶片，小心从压模中取出晶片，放置在红外干燥灯下烘烤待用。

另取 150mg 左右烘干后的 KBr 置于洁净的玛瑙研钵中，加入 2～3mg 扑热息痛试样，同上操作制成晶片，并放置在红外干燥灯下烘烤待用。

注意：制得的晶片，必须无裂痕，局部无发白现象，否则应重新制作。晶片局部发白，表示压制的晶片厚薄不均，晶片模糊，表示晶体吸潮。

2. 测试

将 KBr 参比晶片和扑热息痛试样晶片分别置于主机的参比窗口和试样窗口上，按仪器操作步骤进行操作，测定扑热息痛的红外吸收光谱。

数据处理

实验所得红外谱图和扑热息痛标准谱图（图2）对照，将实验所得的红外光谱的吸收峰进行归属，确定扑热息痛分子中各基团的吸收频率，并在谱图上标明不同波数的吸收峰对应的分子结构和振动模式。

谱图解析时，先识别特征区第一强峰的起源，初步判断属于什么基团，而后找出该基团所有或主要相关峰，确定其归属。再解析第二强峰及其相关峰。必要时，再解析指纹区的第一、第二强峰及相关峰。

附：扑热息痛的标准谱图。

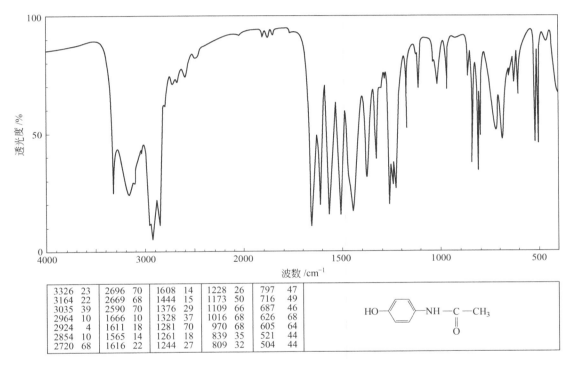

图 2　扑热息痛的红外谱图

注意事项

（1）样品应适当干燥，研磨时应在干燥灯下进行。

（2）在制样时应尽量避免引入杂质，研钵、药勺、模具等须洁净。

（3）设备停止使用时，样品室内放置盛满干燥剂的培养皿。

（4）光路中有激光，开机时严禁眼睛进入光路。

（5）将压片模具、KBr 晶体放在干燥器内备用。

思考题

（1）用压片法制样时，为什么要求将固体试样研磨到颗粒粒度约为 $2\mu m$？

（2）在测定固体的红外谱图时，如果没有把水分完全除去，对实验结果有什么影响？

（3）在红外光谱测定和分析物质结构时，对谱图进行解析应遵循哪些规则？

实验四十七　紫外光谱法测定混合物中非那西汀和咖啡因的含量

实验目的

(1) 掌握双组分混合物的吸收峰相互重叠时，测定各组分含量的分析方法。

(2) 学习紫外光谱仪的使用方法。

实验原理

如果二组分混合物中各组分的吸收带互相重叠，只要它们能符合朗伯-比尔定律，根据吸光度加合性原理，对两个组分即可在一个适当波长下进行二次吸光度测定，然后解两个联立方程式计算两个组分的浓度。

$$A_{\lambda 1}^{B1+B2}=A_{\lambda 1}^{B1}+A_{\lambda 1}^{B2}=\varepsilon_{\lambda 1}^{B1}C_{B1}b+\varepsilon_{\lambda 1}^{B2}C_{B2}b \tag{1}$$

$$A_{\lambda 2}^{B1+B2}=A_{\lambda 2}^{B1}+A_{\lambda 2}^{B2}=\varepsilon_{\lambda 2}^{B1}C_{B1}b+\varepsilon_{\lambda 2}^{B2}C_{B2}b \tag{2}$$

解式 (1) 和式 (2) 得：

$$C_{B1}=\frac{A_{\lambda 1}^{B1+B2}\times\varepsilon_{\lambda 2}^{B2}-A_{\lambda 2}^{B1+B2}\times\varepsilon_{\lambda 1}^{B2}}{\varepsilon_{\lambda 1}^{B1}\times\varepsilon_{\lambda 2}^{B2}-\varepsilon_{\lambda 2}^{B1}\times\varepsilon_{\lambda 1}^{B2}}$$

$$C_{B2}=\frac{A_{\lambda 1}^{B1+B2}-\varepsilon_{\lambda 1}^{B1}C_{B1}}{\varepsilon_{\lambda 1}^{B2}}$$

式中，A 为吸光度；ε 为摩尔吸光系数，$L\cdot mol^{-1}\cdot cm^{-1}$；$C$ 为浓度，$mol\cdot L^{-1}$；b 为光程长度，cm（或使用 1cm 比色度时，即 $b=1cm$，则 b 省略）；B1、B2 表示不同组分；λ 为波长，nm。

在非那西汀咖啡因的双组分混合物中，二组分的分别测定就属上面这种情况，在水溶液中，非那西汀和咖啡因的吸收光谱如图 1 所示，非那西汀在 244nm 处有一吸收峰；而咖啡因在 272nm 处有一吸收峰，经实验测得在水溶液中，$\varepsilon_{244}^{非}=11212$，$\varepsilon_{272}^{非}=2364$，$\varepsilon_{272}^{咖}=8744$，$\varepsilon_{244}^{咖}=2790$ 在 244nm 处和在 272nm 处分别测定非那西汀和咖啡因混合液的吸光度值 $A_{244}^{非}$ 和 $A_{272}^{咖}$，然后利用前边的关系式求算 $C_{非}$ 和 $C_{咖}$。

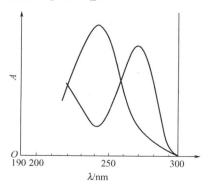

图 1　非那西汀和咖啡因的吸收光谱

仪器与试剂

1. 仪器

756MC 型紫外可见分光光度计、1cm 石英比色皿 1 套、50mL 容量瓶 3 个及 10mL 移液管 2 支。

2. 试剂

非那西汀标准溶液（准确称量非那西汀 0.0500g 于小烧杯中，加少许乙醇溶解，转移到 500mL 容量瓶中，用蒸馏水稀释至刻度，摇匀备用。其质量浓度为 $100\mu g/mL$）。

咖啡因标准溶液：准确称量 0.0570 g 咖啡因于小烧杯中，加蒸馏水溶解后，转移到 500mL 容量瓶中，定容备用。其质量浓度为 $150\mu g/mL$。

实验步骤

1. 标准溶液的配制

非那西汀标准溶液：准确称量非那西汀 0.0500g 于小烧杯中，加少许乙醇溶解，转移到 500mL 容量瓶中，用蒸馏水稀释至刻度，摇匀备用。其质量浓度为 $100\mu g/mL$。

咖啡因标准溶液：准确称量 0.0570g 咖啡因于小烧杯中，加蒸馏水溶解后，转移到 500mL 容量瓶中，定容备用。其质量浓度为 $150\mu g/mL$。

2. 吸收曲线的绘制

分别移取 5.00mL 非那西汀和咖啡因标准溶液于 2 个 50mL 容量瓶中，用蒸馏水稀释至刻度，摇匀，则非那西汀质量浓度为 $10\mu g/mL$，咖啡因质量浓度为 $15\mu g/mL$。

在 730 型紫外可见分光光度计上，以蒸馏水为空白，从 300nm 至 200nm，分别对非那西汀和咖啡因进行扫描，绘出两者的吸收曲线，选出两者的最大吸收波长。

若不采用自动扫描，则对非那西汀从 215nm 到 290nm，对咖啡因从 240nm 到 295nm，每隔 5nm 测定一个吸光度值，然后以吸光度值为纵坐标、波长为横坐标绘制两者的吸收曲线。

3. 样品测定

移取未知样品 10.00mL（$\rho_{非那西汀}$ 约为 $40\sim60\mu g/mL$，$\rho_{咖啡因}$ 约为 $60\sim90\mu g/mL$）于 50mL 容量瓶中，用蒸馏水稀释至刻度，摇匀，分别在 244nm 和 272nm 测定其吸光度值。

记录吸光度值，根据前边公式，计算咖啡因和非那西汀的浓度（$mol\cdot L^{-1}$）。

实验四十八 原子吸收分光光度法测定自来水中钙和镁的含量

实验目的

(1) 通过自来水中钙和镁的测定，掌握标准曲线法在实际样品分析中的应用。

(2) 熟悉原子吸收分光光度计的使用。

实验原理

在使用锐线光源条件下，基态原子蒸气对共振线的吸收，符合朗伯-比尔定律：

$$A=\lg(I_0/I)=KLN_0$$

在试样原子化时，火焰温度低于 3000K 时，对大多数元素来说，原子蒸气中基态原子的数目实际上接近原子数。在固定的实验条件下，待测元素的原子总数是与该元素在试样中的浓度 c 成正比。因此，上式可以表示为：

$$A = K'c$$

这就是进行原子吸收定量分析的依据。

对组分简单的试样，用标准曲线法进行定量分析较方便。

仪器与试剂

1. 仪器

6300 型原子吸收分光光度计，乙炔钢瓶，空气压缩机，钙和镁空心阴极灯，烧杯 3 只，100mL 容量瓶 17 只，2mL、5mL、10mL 吸量管各 1 支。

2. 试剂

镁贮备液：准确称取于 800℃灼烧至恒重的氧化镁（分析纯）1.6583g，加入 1mol/ L 盐酸至完全溶解，移入 1000mL 容量瓶中，稀释至刻度，摇匀，溶液中含镁 $1.000mg \cdot mL^{-1}$。

钙贮备液：准确称取于 110℃干燥的碳酸钙（分析纯）2.498g，加入 100mL 蒸馏水，滴加少量盐酸，使其全部溶解，移入 1000mL 容量瓶中，用蒸馏水稀释至刻度，此溶液含钙 $1.000 \text{ mg} \cdot mL^{-1}$。

镁标准溶液：$0.00500 \text{ mg} \cdot mL^{-1}$。

实验步骤

1. 钙、镁系列标准溶液的配制

用 10mL 吸量管分别吸取 2mL、4mL、6mL、8mL、10mL 0.1000mg/mL Ca 的标准溶液于 5 个 100mL 容量瓶中。再用 10mL 吸量管分别吸取 2mL、4mL、6mL、8mL、10mL Mg 的标准溶液于上述 5 个 100mL 容量瓶中，用蒸馏水稀释至刻线，摇匀。此系列标准溶液含 Ca 为 $2.00\mu g/mL$、$4.00\mu g/mL$、$6.00\mu g/mL$、$8.00\mu g/mL$、$10.00\mu g/mL$；含 Mg 为 $0.10\mu g/mL$、$0.20\mu g/mL$、$0.30\mu g/mL$、$0.40\mu g/mL$、$0.50\mu g/mL$。

2. 钙的测定

(1) 自来水样的制备：10mL 吸管吸取自来水样 100mL 容量瓶中，用蒸馏水稀至刻线，摇匀。

(2) 测定：参照实验七的测量条件，由稀至浓逐个测量系列标准溶液的吸光度，最后测量自来水样的吸光度。

3. 镁的测定

(1) 自来水样的制备：用 2mL 吸管吸取自来水样于 100mL 容量瓶中，用蒸馏水稀至刻线，摇匀。

(2) 测定：参照实验六的测量条件，测定系列标准溶液和自来水样的吸光度。

结果处理

在方格坐标纸上绘制 Ca 和 Mg 的标准曲线，由未知试样的吸光度，求出自来水中 Ca、Mg 的含量（$\mu g/L$）。

注意事项

试样的吸光度应在标准曲线的中部；否则，可改变取样的体积。

思考题

(1) 试述标准曲线法的特点及使用范围。

(2) 如果试样成分比较复杂，应该怎样进行测定？

实验四十九　四氯化碳的激光拉曼光谱测定及分析

实验目的

(1) 初步掌握激光拉曼散射光谱的基本原理。

(2) 初步了解激光拉曼光谱仪的各主要部件的结构和性能。

(3) 掌握测定样品时基本参数的设定与操作要领。

(4) 测定四氯化碳的拉曼光谱，并做振动峰位指认及归属。

实验原理

1. 拉曼散射效应

当激发光的光子与作为散射中心的分子相互作用时，大部分光子只是改变方向发生散射，而光的频率仍与激发光的频率相同，这种散射称为瑞利（Ray leigh）散射；在所有散射中约占总散射光强度的 $10^{-10} \sim 10^{-6}$ 的散射，不仅改变了激发光的传播方向，而且改变了激发光的频率，即散射光不等于激发光的频率，这部分散射称为拉曼（Raman）散射。产生拉曼散射的原因是光子与分子之间发生了能量交换，见图 1。

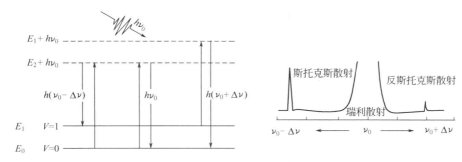

图 1　拉曼散射效应能级图

产生的拉曼散射包括两种可能的情况：斯托克斯（Stokes）散射和反斯托克斯（Anti-stokes）散射。

(1) 处于振动能级基态的分子（$\nu = 0$）被入射光 $h\nu_0$ 激发，被激发到一个较高的虚态能级（一般停留 10^{-12} s）（因为入射光的能量不足以引起电子能级的跃迁），然后回到 $\nu = 1$ 的振动能级，同时发射出一个较小能量的光子——拉曼散射，发射出来的这个光子的能量 $E = h(\nu_0 - \Delta\nu)$ 要比入射光能量低。

其频率则向低频位移，以 $\nu_R = \nu_0 - \Delta\nu$ 表示产生的谱线叫斯托克斯线，$\Delta\nu$（入射光频率和拉曼散射光频率之差 $\Delta\nu = \nu_0 - \nu_R$）称为拉曼位移（Raman shift），拉曼位移的数值相当于分子振动或转动的能级跃迁。

(2) 处于第一振动激发态的分子（即处于 $\nu = 1$ 的分子）被入射光 $h\nu_0$ 激发到较高的虚态能级（停留 10^{-12} s），然后回到了 $\nu = 0$ 的振动的基态，产生能量 $E = h(\nu_0 + \Delta\nu)$ 的拉曼散射。

它的频率向高频位移，$\nu_R = \nu_0 + \Delta\nu$，这时产生了反斯托克斯线，可以看出拉曼位移为负值的线叫斯托克斯线，拉曼位移为正值的线叫反斯托克斯线，正位移和负位移的线跃迁概率是相同的，但是反斯托克斯线起因于振动的激发态，斯托克斯线起因于振动的基态。由于处于基态的分子数目比处于激发态的分子多，所以斯托克斯线比反斯托克斯线的强度高。

斯托克斯与反斯托克斯散射光的频率与激发光频率之差 $\Delta\nu$ 统称为拉曼位移。拉曼光谱仪通常测定的大多是斯托克斯散射，也统称为拉曼散射。拉曼位移取决于分子振动能级的改变，不同的化学键或基团有不同的振动，ΔE 反映了指定能级的变化，因此，与之相对应的拉曼位移 $\Delta\nu$ 也是特征的。这是拉曼光谱可以作为分子结构定性分析的理论依据。

2. 激光拉曼仪器结构与原理

激光拉曼光谱仪的基本组成有激光光源、样品室、单色仪、检测记录系统四个部分，并配有电脑控制仪器操作和数据处理功能。下面将激光拉曼光谱仪各主要组成部分分别加以介绍。

（1）激光光源　拉曼光谱仪使用的激光光源中，最常用的是固体激光器，输出功率为 40mW。最常用的激发线的波长为 514nm 或 532nm，除此以外还有 325nm、633nm、785nm 等波长的激光器。

（2）样品室　样品室的功能有二：一是使激光聚焦在样品上，产生拉曼散射，故样品室装有聚焦透镜；二是收集由样品产生的拉曼散射光，并使其聚焦在单色仪的入射狭缝上。常用样品池有液体池、气体池和压片样品架等。

（3）单色仪　拉曼光谱仪一般采用全息光栅的双单色器，主要目的是要做到在强的瑞利散射存在下观测有较小位移的拉曼散射，在特殊需要（如测定低波数的拉曼光谱）时，还需用第三单色仪，以得到高质量的拉曼谱图。

（4）检测器　因为拉曼光谱检测是可见光，通常采用信噪比很高的 CCD 检测器，长时间冷却检测器，会使它的暗计数维持在较低的水平，这对减少拉曼光谱的噪声、提高信噪比是有利的。

仪器与试剂

1. 仪器

激光拉曼光谱仪、石英液体样品池。

2. 试剂

CCl_4 液体。

实验步骤

1. 学习激光拉曼光谱仪的各主要部件的结构和性能

结合拉曼光谱原理，了解激光拉曼光谱仪的激光光源、样品室、单色仪、检测记录系统四个组成部分，掌握其基本结构及主要性能。

2. 将拉曼光谱仪的附属激光器启动预热

学习整个光路的基本走向以及可调部分的功能及操作规范；学习在拉曼测试之前，如何对特定样品选择适合的激发波长。

3. 测定 CCl_4 分子的拉曼光谱图

了解拉曼光谱仪的正确操作过程，体验拉曼光谱的基本实验技术和认识拉曼光谱的主要特点及其与分子结构的联系。

（1）将盛有 CCl_4 液体的石英池置于样品台上。

（2）将拉曼光谱仪的入射激光束准确聚焦到 CCl_4 样品上。

（3）调节信号接收系统的各项参数，完整收集 $100 \sim 4000$ cm^{-1} 范围的 CCl_4 分子拉曼光谱；标注各个拉曼位移峰位，对照 CCl_4 标准拉曼谱图进行振动归属（$218cm^{-1}$、$313cm^{-1}$、$459cm^{-1}$、$760cm^{-1}$、$790cm^{-1}$）。

（4）由 CCl_4 特征的 $459cm^{-1}$ 峰的强度，评价仪器的状态。

注意事项

（1）在调试激光光路时，注意眼睛不要直视激光光束，绝对防止激光直接照射视网膜，以防烧伤致残！

（2）测试之前要确保系统对 CCD 检测器的控温正常。

（3）聚焦样品时，要密切注意聚焦镜头与样品的距离，避免样品或样品器皿对镜头的污染或损坏。

思考题

（1）激光拉曼光谱定性分析的依据是什么？

（2）在拉曼测试中，有哪些淬灭荧光的方法？比较其实际应用价值。

（3）如何改善拉曼谱图的质量（淬灭荧光、提高信噪比的措施等）。

（4）比较红外光谱与拉曼光谱的特点，说明拉曼光谱的适用范围。

实验五十　二氯荧光素量子产率的测定

实验目的

（1）了解荧光分析法及测量荧光物质的荧光量子产率的基本原理。

（2）掌握二氯荧光素量子产率的测量方法和相关影响因素。

实验原理

荧光分析法在有机电致发光、生物医药、临床诊断等领域得到广泛应用。高性能荧光材料的制备已成为这些领域的研究热点与前沿，而这些荧光材料的荧光量子产率的高低直接影响它们的性能优劣。荧光量子产率（Y_F）即荧光物质吸光后所发射的荧光的光子数与所吸收的激发光的光子数的比值。它的数值在通常情况下总是小于 1。Y_F 的数值越大则化合物产生荧光的能力越强，而无荧光的物质的荧光量子产率却等于或非常接近于零。

荧光量子产率一般采用参比法测定。即在相同激发条件下，分别测定待测荧光试样和已知量子产率的参比荧光标准物质两种稀溶液的积分荧光强度（即校正荧光光谱所包括的面积）以及对一相同激发波长的入射光（紫外-可见光）的吸光度，再将这些值分别代入特定公式进行计算，就可获得待测荧光试样的量子产率：

$$Y_u = Y_s \frac{F_u}{F_s} \times \frac{A_s}{A_u}$$

Y_u、Y_s 为待测物质和参比标准物质的荧光量子产率；F_u、F_s 为待测物质和参比物质的积分荧光强度；A_u、A_s 为待测物质和参比物质在该激发波长的入射光的吸光度（$A = \varepsilon bc$）。

运用此公式时一般要求吸光度 A_s、A_u 低于 0.05。参比标准样最好选择其激发波长值相近的荧光物质。有分析应用价值的荧光化合物的 Y_u 一般常在 0.1~1 之间。

仪器与试剂

1. 仪器

分子荧光光谱仪、紫外-可见分光光度计、荧光比色皿一个、紫外石英比色皿一对、10mL 具塞比色管、移液管。

2. 试剂

二氯荧光素（$5.0\mu g \cdot mL^{-1}$）待测试样溶液（含 $1.0mol \cdot L^{-1}$NaOH 水溶液）、罗丹明 B（$5.0\mu g \cdot mL^{-1}$）参比标准溶液（溶剂为无水乙醇）。

实验步骤

(1) 移取所需浓度的二氯荧光素与罗丹明 B 溶液，用相应溶剂稀释至 10.0mL（$A_{505nm} < 0.05$），在紫外-可见分光光度计上测定其吸收光谱曲线；分别测定它们在 505nm 处的吸光度。

(2) 移取上述相同的溶液于荧光比色皿中，在荧光仪上分别扫描其荧光激发光谱及发射光谱；分别测定它们以 505nm 为激发波长时的荧光发射光谱。

(3) 计算二氯荧光素和标准物质罗丹明 B 的荧光光谱的相对积分面积。

(4) 从相关资料查阅参比标准物质罗丹明 B 在乙醇溶剂中的量子产率。

(5) 将所获得的各相关数据代入荧光量子产率计算公式计算二氯荧光素溶液的量子产率数值。

思考题

(1) 如何测定某物质的荧光激发光谱与发射光谱曲线？

(2) 测量某荧光物质的荧光量子产率时，如何选择荧光参比标准物质，它的作用是什么？

(3) 吸光度的测定与测定荧光光谱的面积时的激发波长为什么要一致？

实验五十一　奎宁的荧光特性分析和含量测定

实验目的

(1) 学习荧光分析法的基本原理和实验操作技术。

(2) 掌握荧光分析法测定奎宁的方法。

实验原理

分子在吸收了辐射能后成为激发光子，当它由激发态再回到基态时发射出比入射光波长更长的荧光或磷光，这种发光方式称为光致发光。

奎宁在稀酸溶液中是强荧光物质，它有两个激发波长，即 250nm 和 350nm，荧光发射峰在 450nm。在低浓度时，荧光强度与荧光物质的浓度成正比，即：

$$I_F = Kc$$

因此，可以采用标准曲线法测定试样中荧光物质的含量。

仪器与试剂

1. 仪器

LS-55 荧光光谱仪，50mL、1000mL 容量瓶，10mL 吸量管。

2. 试剂

（1）100.0μg·mL^{-1} 奎宁贮备液：准确称取 120.7mg 硫酸奎宁二水合物，加 50mL 1mol·L^{-1} H$_2$SO$_4$ 溶液溶解，用去离子水定容至 1000mL。将此溶液稀释 10 倍，即得 10.0μg·mL^{-1} 奎宁标准溶液。

（2）0.05mol·L^{-1} H$_2$SO$_4$ 溶液。

实验步骤

1. 系列标准溶液的配制

取 6 只 50mL 容量瓶，分别加入 10.0μg·mL^{-1} 奎宁标准溶液 0、2.00mL、4.00mL、6.00mL、8.00mL、10.00mL，用 0.05mol·L^{-1} H$_2$SO$_4$ 溶液稀释至刻度，摇匀。

2. 绘制激发光谱和荧光光谱

以 λ_{em}＝450nm，在 200～400nm 范围扫描激发光谱；以 λ_{ex}＝250nm 和 350nm，在 400～600nm 范围扫描荧光光谱。

3. 绘制标准曲线

将激发光波长固定在 350nm（或 250nm），发射光波长固定在 450nm，测量系列标准溶液的荧光强度。

4. 未知试样的测定

取 4～5 片奎宁药片，在研钵中研细，准确称取约 0.1g，用 0.05mol·L^{-1} H$_2$SO$_4$ 溶液溶解，全部转移至 1000mL 容量瓶中，以 0.05mol·L^{-1} H$_2$SO$_4$ 溶液稀释至刻度，摇匀。在系列标准溶液同样条件下，测量试样溶液的荧光发射强度。

结果处理

（1）记录激发光谱与荧光光谱，找出最大激发波长与发射光波长。

（2）绘制荧光强度 I_F 对奎宁溶液浓度 c 的标准曲线，并由标准曲线计算未知试样的浓度，计算药片中的奎宁含量。

注意事项

奎宁溶液必须当天配制，避光保存。

思考题

（1）能用 0.05mol·L^{-1} 的盐酸来代替 0.05mol·L^{-1} H$_2$SO$_4$ 溶液稀释吗？为什么？

（2）为什么测量荧光必须与激发光的方向成直角？

实验五十二　原子发射光谱法测定水样中铁和铬的含量

实验目的

（1）掌握电感耦合等离子体原子发射光谱分析的基本原理和操作技术。

（2）了解电感耦合等离子体光源的工作原理。

（3）学习水样中铁和铬的含量的测定方法。

实验原理

电感耦合等离子体（ICP）是原子发射光谱的重要高效光源，ICP 光源具有环形通道、高温、惰性气体等特点。因此，ICP-OES 具有检出限低、精确度高、线性范围宽、高效稳定等优点，可实现全部的金属元素及部分非金属元素的同时测定。

在 ICP-OES 中，试液被雾化后形成气溶胶，由氩载气携带进入等离子体焰炬，在焰炬的高温（6000K）下，溶质的气溶胶经历多种物理化学过程而被迅速原子化，成为原子蒸气，并进而被激发，发射出元素特征光谱，波长范围在 120～900nm 之间，即位于近紫外、紫外和可见光区域。

发射光信号经过单色器分光、光电倍增管或其他固体检测器将信号转变为电流进行测定。此电流与分析物的浓度之间具有一定的线性关系，使用标准溶液制作工作曲线可以对某未知试样进行定量分析。

仪器及试剂

1. 仪器

原子发生光谱仪 ICP-OES、空气压缩机、氩气压缩钢瓶、马弗炉加热板、烧杯、坩埚、移液枪、容量瓶。

2. 试剂

铁、铬标准溶液，去离子水，硝酸（分析纯）。

实验步骤

1. ICP-OES 测定条件

工作气体：氩气；载气流量 0.2L・min⁻¹；冷却气流量 8L・min⁻¹；工作气体流量 0.7L・min⁻¹。雾化器压力为 1.5MPa。

分析波长：铁为 238.204nm；铬为 267.716nm。

2. 标准溶液的配制

铁与铬混合标准溶液：分别取 1mL 的 1000mg・L⁻¹ 铁与铬标准溶液定容到 2 只 100mL 容量瓶中，制备 10mg・L⁻¹ 铁与铬贮备液；准确吸取铁贮备液（10mg・L⁻¹）和铬（10mg・L⁻¹）各 0.10mL、0.50mL、2.00mL，置于 3 只 25mL 容量瓶中，用去离子水定容至刻度，摇匀备用。该溶液系列中铁（铬）的浓度分别为 0.04mg・L⁻¹、0.20mg・L⁻¹、0.8mg・L⁻¹。

空白溶液：去离子水中滴加几滴优级纯硝酸。

3. 水样制备

南湖水经过滤处理后即可。

4. ICP-OES 仪器测定步骤

（1）打开 ICP-OES 排风开关。

（2）打开稳压电源、冷却水、空气压缩机、氩气瓶、电脑，再打开主机电源。

（3）打开电脑桌面 WinLab32 for ICP，等待……直到 System Status 窗口小方块中出现 "∨"，等待……出现 WinLab32 Tip of the Day 窗口，点击 "close"。

（4）点击 "File" ⟶ "new" ⟶ "method……" ⟶ "plasma conditions" 选择 "aqueous" "OK" ⟶ 出现 Method Editor 窗口。

① 点击"Periodic Table"，双击所要测的元素，可关闭此窗口。

② 点击"Settings"——→"Delay time"改为"20"，"Replicates"改为"3"。

③ 点击"Calibration"，在"Calib Std 1"、"Calib Std 2"、"Calib Std 3"行的"A/S location"列输入任意自然数，回车。

④ 点击"Calib Units and Concentrations"，输入所配的各测量元素的国家标准溶液的浓度，选择浓度单位。（注意：浓度从小到大。）

（5）点击"File"——→"Save as"——→"Method..."——→"Name..."更改名字——→"OK"。

（6）点击"plasma"——→点击"On"——→等待"Plas"、"Aux"、"Neb"、"Pump"都变亮关闭窗口即可。

（7）单击"manual"——→"open"——→"Name..."进行命名——→"OK"，将进样管浸入空白溶液中，点击"Analyze Blank"，等待——→将进样管依次浸入标准溶液中，分别点击"Analyze Standard"，等待——→将进样管浸入待测液中，点击"Analyze Sample"，等待，测完后关闭窗口即可。

（8）将进样管浸入纯净水中清洗 5～6min：点击"plasma"——→点击"Off"——→点击"pump"；清洗后应放掉进样管里的水：点击"plasma"——→点击"Flush"排水 2～3min ——→点击"pump"停止。

（9）数据：点击"Reproc"——→"Browse..."——→"OK"——→将 5 个测量的数据全选——→"Reprocess"——→"OK"——→"Result"。

（10）关闭软件：点击"×"——→"OK"——→"NO"。

（11）关闭主机电源、冷却水、氩气瓶、空气压缩机、稳压电源，排除空气压缩机中的凝结水。

结果与讨论

1. 工作曲线

（1）记录各浓度铁（铬）标准溶液的浓度与对应的强度。

铁标准溶液浓度/mg·L^{-1}	铁平均强度	铬标准溶液浓度/mg·L^{-1}	铬平均强度

（2）绘制铁（铬）工作曲线。

（3）评价铁（铬）工作曲线的线性 R^2。

2. 试样分析

计算水样中 Fe 与 Cr 的含量。

3. 精密度

重复 10 次测定水样中 Fe 与 Cr 的含量，分别计算 RSD。

思考题

（1）氩气在本实验中有哪几个功能？

（2）画出电感耦合等离子体（ICP）炬管和炬焰的结构，并简要说明 ICP 是如何形成的。

实验五十三　原子吸收分光光度法测定人发中的微量元素

实验目的

（1）掌握原子吸收分光光度法的基本原理和操作技术。
（2）了解原子吸收分光光度计的基本结构及其使用方法。
（3）熟悉发样的预处理方法。

实验原理

原子吸收分光光度法是基于物质所产生的原子蒸气对待测元素的特征谱线的吸收作用进行定量分析的一种方法。若使用锐线光源，基于其发出的待测元素特征谱线通过样品的原子蒸气时，蒸气中待测元素的基态原子吸收该谱线，其吸光度与基态原子浓度成正比，而基态原子浓度又与样品溶液浓度成正比，故吸光度 A 与溶液浓度 c 成正比，复合朗伯-比尔定律，即：

$$A = \varepsilon L c$$

当 ε 以 cm 为单位，c 以 mol·L^{-1} 为单位表示是，ε 称为摩尔吸光系数，单位为 mol·L^{-1}·cm^{-1}。当基态原子蒸气的厚度 L 一定时，与 ε 合并，上式变为：

$$A = K' c$$

此式为原子吸收分光光度法的定量依据。定量方法可用标准曲线法或标准加入法。

该实验选用标准曲线法，它常用于未知试液中共存的基体成分较为简单的情况，如溶液中基体成分较为复杂，则应在标准溶液中加入相同类型和浓度的基本成分，以消除或减少基体效应带来的干扰。使用原子吸收分光光度法测定人发中微量元素的优点之一是不需要分离富集，在同一份试样溶液中，可实现锌、铜、铁、钙等元素的连续测定。

仪器与试剂

1. 仪器

原子吸收分光光度计，锌、铜、钙和铁空心阴极灯，乙炔钢瓶，空气压缩机，烘箱或红外灯，50mL、100mL 和 400mL 烧杯，500mL 和 1000mL 容量瓶，2mL、5mL 和 10mL 移液管，表面皿，电热板。

2. 试剂

盐酸、硝酸：优级纯；过氧化氢：分析纯。

镁标准贮备液：准确称取金属锌（99.99%）0.5000g，以 1:1 盐酸 20mL 加热至完全溶解，冷却后移入 500mL 容量瓶中，用去离子水稀释至刻度，摇匀，溶液中含锌 1.000mg·mL^{-1}。然后将此溶液稀释成 0.1000mg·mL^{-1} 锌的标准溶液。

钙标准贮备液：准确称取 2.4980g 光谱纯碳酸钙（预先在 110℃烘干后冷却）于烧杯中，加 1:1 盐酸 20mL 溶解，小心煮沸去除二氧化碳。冷却后移入 1000mL 容量瓶中，用去离子水稀释至刻度，摇匀，此溶液含钙 1.000 mg·mL^{-1}。

铁标准贮备液：准确称取铁丝（99.99％）0.5000g，以1∶1硝酸20mL加热充分溶解，然后冷却，移入500mL容量瓶中，用去离子水稀释至刻度，摇匀，此溶液含铁1.0000mg·mL^{-1}。然后将此溶液准确稀释成0.1000mg·mL^{-1}铁的标准溶液。

铜标准贮备液：准确称取金属铜（99.99％）0.5000g，以1∶1硝酸10mL加热至完全溶解，然后冷却，移入500mL容量瓶中，用去离子水稀释至刻度，摇匀，此溶液含铜1.0000mg·mL^{-1}。然后将此溶液准确稀释成0.1000mg·mL^{-1}铜的标准溶液。

实验步骤

1. 发样的采集与处理

取受检者枕部距头皮1～5cm的头发1.0g，放入400mL烧杯中，用1％的中性洗发剂浸泡1小时左右，在此期间用玻璃棒搅拌，然后用自来水冲洗6～8次，再用去离子水反复洗至无泡沫，滤干后置于烘箱中或红外灯下（约100℃）烘干备用。

准确称取处理过的发样0.25g于100mL烧杯中，加硝酸3～5mL，盖上表面皿，于电热板上硝化，待发样硝化后，加1mL过氧化氢，蒸至0.5mL，取下冷却，吹水约10mL，加入少量盐酸，在电热板上微沸，取下冷却，吹洗表面皿及杯壁，移入25mL（含有2％盐酸）的容量瓶中，去离子水稀释至刻度，摇匀，待测。

2. 配制标准系列溶液

分别以锌、铜、铁及钙标准贮备液，用2％盐酸配制成表1所示的标准系列溶液。

表1　标准系列溶液

元素	标准系列/μg·mL^{-1}					
标准样号	1	2	3	4	5	6
Zn	0.50	1.00	2.0	3.0	4.0	8.0
Cu	0.10	0.25	0.5	1.0	2.0	3.0
Fe	0.25	0.5	1.0	2.0	3.0	4.0
Ca	2.50	5.00	10.0	20.0	30.0	40.0

3. 仪器调试和操作条件

按仪器说明书调节仪器与操作条件（表2），预热20～30min。

表2　原子吸收光谱法测定人发中微量元素操作条件

元素	波长/nm	灯电流/mA	光谱通带/nm	燃烧器高度/mm	乙炔		空气	
					压力/kg·cm^{-2}	流量/min^{-1}	压力/kg·cm^{-2}	流量/min^{-1}
Zn	213.9	3	0.4	4	0.5	1	2	8
Cu	324.7	2	0.2	4	0.5	1	2	8
Fe	248.3	3	0.4	5	0.5	1.1	2	8
Ca	422.7	2	4	6	0.5	1.1	2	8

4. 样品的测定

（1）标准曲线的绘制　在操作条件下，分别测定标准系列溶液的吸光度，以吸光度对浓度绘制标准曲线或求出直线回归方程。

（2）样品测定　在测定标准溶液的条件下，测定空白溶液和发样溶液的吸光度，用标准曲线法定量，确定试样中锌、铜、铁、钙的含量。

数据处理

列表记录测量锌、铜、铁、钙标准系列和样品溶液的吸光度：

标准样号	1	2	3	4	5	6	发样
Zn 吸光度							
Cu 吸光度							
Fe 吸光度							
Ca 吸光度							

注意事项

(1) 由于不同部位的头发、不同长度、测定数据不同，因此，在采集发样时必须用不锈钢剪刀采集枕部 1~5cm 处新生发样做测试样品。

(2) 标准曲线法中的标准曲线有时会发生向上或向下弯曲的现象。要获得线性好的标准曲线，必须选择适当的实验条件，并严格执行。

思考题

(1) 原子吸收分光光度法的理论依据是什么？

(2) 灯电流、燃烧器高度、光谱通带等因素对测定结果有何影响？

实验五十四　燃烧热的测定

实验目的

(1) 了解氧弹式量热计各部件的作用，掌握其使用方法。

(2) 测定氧弹式量热计的水当量及萘的燃烧热。

(3) 明确燃烧热的定义，恒容燃烧热与恒压燃烧热的区别。

实验原理

在温度 T 的标准状态下，由 1mol β 相的化合物 B 与氧进行完全氧化反应的焓变，即为物质 B(β) 在温度 T 时的标准摩尔燃烧焓 $\Delta_c H_m^{\ominus}$（B，β，T）。

燃烧热可在恒容条件下测定，也可在恒压条件下测定。氧弹式量热计的氧弹是定容的，测得的是恒容燃烧热 Q_V。而通常表示化学反应热效应是用恒压燃烧热 Q_p。所以需将测得的 Q_V 换算成 Q_p。

由热力学第一定律可知：$Q_V = \Delta U$ 以及 $Q_p = \Delta H$。如果反应系统为理想气体或液体、固体，则：

$$Q_{p,m} = Q_{V,m} + \sum \nu_B(g)RT \tag{1}$$

氧弹式量热计测量的基本原理是能量守恒。将一定量待测物质在氧弹内完全燃烧，使处于基本绝热条件下的量热容器、氧弹及其间介质（本实验用水）温度升高。列出热量衡算式：

$$Q_{放} = Q_{吸}$$
$$m_{样品}Q_V + 4.2\Delta L_{丝} + n_{酸} Q_{酸} = K\Delta T \tag{2}$$

式中　$m_{样品}$——样品的质量，g；

Q_V——样品的恒容燃烧热，J/g；

$\Delta L_{丝}$——燃烧掉燃烧丝长度，cm；

$n_{酸}$——生成硝酸的物质的量，mol，用 $0.1mol \cdot L^{-1}$ NaOH 标准溶液滴定求得；

$Q_{酸}$——氮气被氧化成硝酸的反应热（$5.98 \times 10^4 J \cdot mol^{-1}$）；

K——量热计的水当量，即量热容器及其中的水、氧弹的热容，$J \cdot K^{-1}$；

ΔT——实际温差，K。

体系和环境间交换能量的途径，有传导、辐射、对流、蒸发和机械搅拌等。在测定的前期和末期，体系和环境间温差变化不大，交换能量较稳定。而反应期温度变化较大，体系和环境间温差随时改变，很难用试验数据直接求算，通常采用作图或经验公式等方法消除其影响。

这里我们采用下述的一种作图法；作"温度-时间曲线"，如图 1 所示。画出前期 AB 和末期 CD 两线段的切线，用虚线外延，然后作一垂线 HG，并和切线的延线相交于 G、H 两点，使得 BEG 包围的面积等于 CHE 包围的面积。G、H 两点的温差 ΔT 即为体系内部由于燃烧反应放出热量致使体系温度升高的数值。

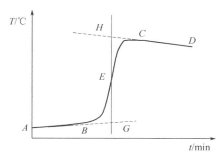

图 1 温度-时间曲线

由式（2）知，要测得样品的 Q_V，需知道量热计的水当量 K。可将一定量已知燃烧热的标准物质（常用苯甲酸）在相同条件实验，由温度-时间曲线求出 ΔT，即可由式（2）求出 K 值。

仪器与试剂

SHR-15B 燃烧热实验装置、苯甲酸、精密温度温差测量仪、碱式滴定管、压片机、容量瓶（1L）、电子天平、燃烧丝、容量瓶（2L）。

实验步骤

1. 氧弹式热量计水当量的测定

样品压片：在台秤上秤约 1.0g 的苯甲酸，在压片机上压片（不能压太紧，否则样品不燃烧或燃烧不完全）。压成片状后，在电子天平上准确称量。

2. 装氧弹

旋开氧弹，把氧弹的弹头放在弹头架上，将样品苯甲酸放入坩埚内，把坩埚放在燃烧架上。取一根燃烧丝测量其长度，然后将燃烧丝两端固定在两根电极上，中部贴紧样品。（注意：燃烧丝与坩埚壁千万不能接触）。在弹杯中注入 10mL 蒸馏水，把弹头放在弹杯上，用手拧紧（弹头不能拧得太紧，以免损坏氧弹，造成漏气）。

3. 氧弹充氧

使用高压钢瓶必须严格遵守操作规则。开始先充入少量氧气（减压阀表指示约0.5MPa），然后将氧弹中的氧气放掉，借以赶走氧弹中的空气。再向氧弹中充入约2MPa的氧气。

4. 调节水温

从外筒加水口，给量热计外筒内注满水，用手动搅拌器稍加搅拌。将传感器插入加水口，测其温度，记录其温度值。取适量自来水，测其温度，调节水温低于外筒水温1℃左右。用容量瓶精取3000mL已调好水温的自来水注入内筒，再将氧弹放入，水面刚好盖过氧弹。如氧弹有气泡逸出，说明氧弹漏气，寻找原因并排除。盖上盖子（注意：调整好氧弹提手的位置，使搅拌器不要与弹头相碰），此时点火指示灯亮（如指示灯不亮，说明接触不好，寻找原因并排除）。同时将传感器插入内筒水中。

5. 点火

开启搅拌开关，搅拌指示灯亮，搅拌一段时间后，待温度稳定，读取$T_{反应}$。按"采零"键后再按"锁定"键。然后将传感器取出放入内筒水中，待温度稳定后，按"采零"键后再按"锁定"键。打开电脑，点击桌面"燃烧热2.00"，根据实验要求选择"串行口"，设置不同的坐标系，并输入相关实验数据。切换到"水当量曲线图"窗口下，点击"开始绘图"（采样时间设置为5s），大约10min后，按下"点火"按钮，此时点火指示灯灭，停顿一会儿点火指示灯又亮，直到燃烧丝烧断，点火指示灯才灭。氧弹内样品一经燃烧，水温很快上升，点火成功（如水温没有上升，说明点火失败，应关闭电源，取出氧弹，放掉氧气，仔细查找原因并排除）。观察屏幕上曲线变化，如软件已完成实验所需数据的采集（读取到10组以上温度变化＝0.001℃的实验数据），点击"停止绘图"。

6. 校验

实验停止后，关闭电源，将传感器擦干放入外筒。打开装置盖，取出氧弹，放出氧弹内余气。旋下氧弹盖，小心取下燃烧后剩余燃烧丝并测量其长度，同时检查样品燃烧情况（如样品没有完全燃烧，实验失败，需重做）。用少量蒸馏水按分析要求洗涤氧弹内壁，将洗涤液收集在150mL的锥形瓶内，煮沸片刻，用酚酞作指示剂，以0.1mol·L^{-1}NaOH标准溶液滴定。倒掉内筒自来水，将氧弹及内筒擦拭干净，归位。

数据记录与处理

1. 数据记录

$p_{大气压}$( )kPa	$Q_{V(苯甲酸)}$＝26460J·g^{-1}		
室温( )℃	水温( )℃		
$m_{样}$( )g	$L_{丝}$( )cm	$L_{余}$( )cm	$\Delta L_{丝}$( )cm

2. 数据处理

在屏幕右方输入计算水当量所需的相关实验数值，对"雷诺曲线"进行"温差校正"，得到"温差校正值℃"，进行水当量计算。保存数据并打印。

3. 待测物燃烧热的测定

称取0.6~0.8g萘，按上述操作步骤测定萘的燃烧热。计算燃烧热时必须切换到"待测物曲线图"窗口下，把水当量数据复制到燃烧热窗口下，进行待测物燃烧热的相关计算。

思考题

(1) 本实验中，哪些是体系？哪些是环境？

（2）该实验引起误差的主要原因在哪里？

实验五十五　水的平衡蒸气压的测定

实验目的

（1）熟悉和掌握低真空实验装置。

（2）测定不同温度下水的平衡蒸气压，用单元系凝聚态蒸气压公式推算水在实验温度范围内的平均标准摩尔汽化热 $\Delta_{vap}H_m^{\ominus}$ 和平均标准摩尔汽化熵 $\Delta_{vap}S_m^{\ominus}$。

实验原理

单元系 B（l）的平衡蒸气压 p 与温度 T 的关系为：

$$R\ln\left(\frac{p}{p^{\ominus}}\right)=-\Delta_{vap}H_m^{\ominus}\times\frac{1}{T}+\Delta_{vap}S_m^{\ominus} \tag{1}$$

式中 $p^{\ominus}=100kPa$；$\Delta_{vap}H_m^{\ominus}$ 和 $\Delta_{vap}S_m^{\ominus}$ 为实验温度范围内的平均标准摩尔汽化热和平均标准摩尔汽化熵。

以一组实测平衡 p-T 数据拟合 $R\ln$（$p/p^{\ominus}$）/（J·mol^{-1}·K^{-1}）～T/（10^3·K）直线。直线的斜率和截距分别为 S 和 I，则有：

$$\Delta_{vap}H_m^{\ominus}=-S/(kJ·mol^{-1}) \tag{2}$$

$$\Delta_{vap}S_m^{\ominus}=I/(J·mol^{-1}·K^{-1}) \tag{3}$$

仪器与试剂

DP-AF-Ⅱ饱和蒸气压实验装置、真空泵、真空脂、蒸馏水。

实验步骤

（1）取下等位计，向加料口注入蒸馏水。使蒸馏水充满试液球体积的 2/3 和 U 形等位计的大部分，按图 1 接好等位计。此步工作由实验人员完成。

（2）开动真空泵（确保真空泵与大气相通），接通冷却水，打开仪器开关，打开平衡阀 2，待压力显示读数稳定后按采零。关闭平衡阀 2，旋转玻璃真空旋塞使真空泵与装置相连，打开平衡阀 1，再打开进气阀，降低体系压力，当 U 形等位计内水达到沸腾后，立刻关闭平衡阀 1，在关闭进气阀，旋转玻璃真空旋塞使真空泵与大气相通，关闭真空泵。观察 U 形等位计的液面是否变化，检查系统有无漏气现象。若有漏气，则应自泵至系统查漏，并用真空封泥堵漏。若无漏气，进行测定实验。

（3）设定温度为 30℃，使加热器工作，水浴温度开始升高，U 形等位计的右侧液面升高，缓缓打开平衡阀 2，漏入空气，使 U 形等位计中两臂的液面平齐，如果等位计的右侧液面低于左侧的液面，缓缓打开平衡阀 1，使 U 形等位计中两臂的液面平齐。如此反复操作，当水浴温度达到 30℃且保持不变时，精确调节 U 形等位计，使两臂的液面平齐。记录实验室大气压 $p_{(开始)}$，并读取仪器的压力显示值 $\Delta p_{(30℃)}$。

（4）重复（3）步骤，分别测定 $\Delta p_{(35℃)}$、$\Delta p_{(40℃)}$、$\Delta p_{(45℃)}$、$\Delta p_{(50℃)}$。

（5）实验结束后读取室内大气压 $p_{(结束)}$。缓慢打开平衡阀 2（注意：勿使 U 形等位计内的液体冲入试液球体），放入空气，至压力显示回到零位。关闭仪器开关，关闭冷凝水。

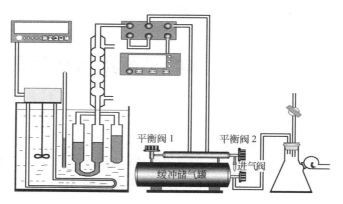

图 1   实验装置

数据记录与处理

（1）将原始与处理的数据列表

大气压 $T/℃$	$p_{开始}$（　　）kPa $\Delta p/kPa$	（　　）kPa p/kPa	$p_{结束}$（　　）kPa $R\ln(p/p^{\ominus})/(J \cdot mol^{-1} \cdot K^{-1})$	$p_{平均}$（　　）kPa $T/10^3 \cdot K$

（2）根据实验数据计算水的平衡蒸气压 p

$$p = p_{平均} - \Delta p \, (kPa)$$

（3）在 mm 坐标纸上绘制 $R\ln (p/p^{\ominus})/(J \cdot mol^{-1} \cdot K^{-1}) \sim 10^3 \cdot K/T$ 直线；求直线的斜率 S 和截距 I；由式（2）、式（3）推算 $\Delta_{vap}H_m^{\ominus}$ 和 $\Delta_{vap}S_m^{\ominus}$。

思考题

（1）关闭真空泵时应该怎样操作？若操作错误将产生什么后果？

（2）冷凝器起什么作用？

（3）在体系中安置缓冲储气罐和应用毛细管吸入空气的目的是什么？

实验五十六　凝固点降低法测定摩尔质量

实验目的

（1）通过本实验加深对稀溶液依数性质的理解。

（2）掌握溶液凝固点的测定技术。

（3）用凝固点降低法测定脲的摩尔质量。

实验原理

实验采用凝固点降低法测定物质的摩尔质量。凝固点降低是稀溶液依数性质的一种表现。当确定了溶剂的种类和数量后，溶剂凝固点降低只和溶液中所含溶质分子的数目有关。

对于理想溶液，根据相平衡条件，由范特霍夫凝固点降低公式 $\Delta T_f = \dfrac{R(T_f^*)^2}{\Delta_f H_m(A)} \times \dfrac{n_B}{n_A + n_B}$，当溶液为稀溶液时，有 $\Delta T_f = K_f b_B$。如果已知溶剂的 K_f 及 ΔT_f，则溶质的摩尔质量由下式求得：

$$M_B = K_f \frac{m_B}{\Delta T_f m_A}$$

仪器与试剂

凝固点测定仪、低温浴槽、精密电子温差仪、电子天平。

蒸馏水、尿素移液管（25mL）。

实验步骤

1. 仪器安装

依照实验装置图将凝固点测定仪装好。凝固点管、温度计探头及搅棒均需清洁干燥。

2. 调节低温浴槽

调节低温浴槽温度为 $-10 \sim -5$℃。

3. 溶剂凝固点的测定

用移液管准确量取 25mL 水，加入凝固点管中，不要将水溅到管壁上。

近似凝固点的测定。先将盛有水的凝固点管插入寒剂中，上下移动搅拌棒，缓慢而均匀的搅拌（约 1s 一次），使溶剂逐渐冷却，当有固体析出时，观察精密电子温差测量仪的读数，稳定时的温度即为近似凝固点。

取出凝固点管，用手温热使管中的固体完全融化。再将凝固点管直接插入寒剂中缓慢搅拌，使溶剂较快的冷却。当溶剂温度降至高于近似凝固点 0.5℃时迅速取出凝固点管，擦干后放入空气套管中，并缓慢搅拌（约 1s 一次），使溶剂的温度缓慢降低。当温度低于近似凝固点 0.2~0.3℃时急速搅拌（约 1s 两次），促使固体析出。当固体析出时，温度开始上升，立即改为缓慢搅拌，连续记录温度回升后温度计的示数，直至稳定。该稳定的温度即为溶剂的凝固点。重复测定三次，使绝对平均误差小于 ± 0.003℃。

4. 溶液凝固点的测定

取出凝固点管，使管中的水融化。自凝固点管上端加入精确称量的尿素。取过冷后温度回升所达到的最高温度为溶液的凝固点。与步骤 3 相似，先测近似凝固点，再精确测量。重复测定三次，绝对平均误差小于 ± 0.003℃。

数据处理

（1）由室温下水的密度，计算所取水的质量 m_A。

（2）将实验数据列入表中，得到水及尿素的凝固点。

物质名称	质量/g	凝固点（T_f/℃）		凝固点降低值 ΔT_f
		测量值（$T_{测}$）/℃	平均值（$T_{f平均}$）/℃	
水		1		
		2		
		3		
尿素		1		
		2		
		3		

（3）由测定的纯溶剂、溶液凝固点计算尿素的分子量，并计算与理论值的相对误差。

思考题

（1）在冷却过程中，凝固点管管内液体有哪些热交换存在？它们对凝固点的测定有何影响？

（2）为什么要先测近似凝固点？

（3）根据什么原则考虑加入溶质的量？太多或太少影响如何？

（4）当溶质在溶液中有解离、缔合、溶剂化和形成配合物时，测定结果有何意义？

注意事项

（1）搅拌速度的控制是做好本实验的关键，每次测定应按要求的速度搅拌，并且测溶剂与溶液凝固点时搅拌条件要完全一致。

（2）寒剂温度对实验结果也有很大影响，过高会导致冷却太慢，过低则测不出正确的凝固点。

实验五十七　氨基甲酸铵的分解综合实验

实验目的

（1）掌握制备氨基甲酸铵的方法。

（2）用等压法测定氨基甲酸铵的分解压力。

（3）计算此分解反应的热力学函数。

实验原理

利用 NH_3 和 CO_2 反应制备氨基甲酸铵。

氨基甲酸铵的分解平衡可用下式表示：

$$NH_4COONH_2(s) \rightleftharpoons 2NH_3(g) + CO_2(g)$$

此反应的标准平衡常数表示为：

$$K^{\ominus} = \left[\frac{p(NH_3)}{p^{\ominus}}\right]^2 \left[\frac{p(CO_2)}{p^{\ominus}}\right] \tag{1}$$

式中，$p(NH_3)$ 和 $p(CO_2)$ 表示 NH_3 和 CO_2 的平衡分压，$p^{\ominus}$ 为标准压力（$p^{\ominus}=100kPa$）。

设平衡总压为 p，则 $p(NH_3)=\frac{2}{3}p$，$p(CO_2)=\frac{1}{3}p$。代入式（1）得：

$$K^{\ominus} = \frac{4}{27}\left(\frac{p}{p^{\ominus}}\right)^3 \tag{2}$$

根据化学反应等压方程：

$$R\ln K^{\ominus} = -\Delta_r H_m^{\ominus} \cdot \frac{1}{T} + \Delta_r S_m^{\ominus} \tag{3}$$

若温度变化范围不大，测得不同温度下的 $K^{\ominus}$，以 $R\ln K^{\ominus}/(J \cdot mol^{-1} \cdot K^{-1})$ 对 (K/T) 作图，由斜率和截距可计算出实验温度范围内此反应的 $\Delta_r H_m^{\ominus}$ 和 $\Delta_r S_m^{\ominus}$。根据 $\Delta_r G_m^{\ominus} = -RT\ln K^{\ominus}$ 可计算出给定温度下此反应的 $\Delta_r G_m^{\ominus}$。

仪器与试剂

氨气、二氧化碳气体、液体石蜡、无水乙醇、真空脂。

超级恒温水浴、不锈钢储气罐、精密数字压力计、真空泵。

实验步骤

（1）查阅制备氨基甲酸铵的相关资料。

（2）结合实验室现有的条件，将制备氨基甲酸铵的装置连接好。

（3）按钢瓶使用规则打开氨气和二氧化碳气体钢瓶的阀门，制备氨基甲酸铵。

（4）将制备的氨基甲酸铵药品放入干燥器中保存。

（5）开动真空泵（确保真空泵与大气相通），打开压力计开关，打开平衡阀1，待压力显示读数稳定后按采零。关闭平衡阀1，按图1在等压计U形管中滴加适量的液体石蜡作液封，将等压计和真空系统连接，旋转玻璃真空旋塞使真空泵与装置相连，打开平衡阀2，再打开进气阀，降低体系压力，使体系呈90kPa负压后，立刻关闭平衡阀2，再关闭进气阀，旋转玻璃真空旋塞使真空泵与大气相通，关闭真空泵。观察U形等压计的液面是否变化，检查系统有无漏气现象。若有漏气，则应自泵至系统查漏，并用真空封泥堵漏。

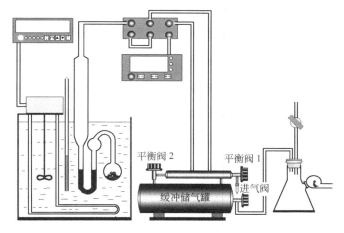

平衡阀2　　平衡阀1

进气阀

缓冲储气罐

图1　实验装置图

（6）若体系不漏气，打开平衡阀1，当压力计的读数接近零以后，取下等压计，将氨基甲酸铵装入等压计的小球中，将等压计和真空系统连接。

（7）开动真空泵（确保真空泵与大气相通），关闭平衡阀1，旋转玻璃真空旋塞使真空泵与装置相连，打开平衡阀2，再打开进气阀，降低体系压力，使体系呈94kPa负压后，立刻关闭平衡阀2，再关闭进气阀，旋转玻璃真空旋塞使真空泵与大气相通，关闭真空泵。设定温度为30℃，使加热器工作，水浴温度开始升高，U形等压计的左侧液面升高，缓缓打开平衡阀1，漏入空气，使U形等压计中两臂的液面平齐，如果U形等压计的左侧液面低于右侧液面，缓慢打开平衡阀2，使U形等压计中两臂的液面平齐。再关闭平衡阀2，如此反复操作，当水浴温度达到30℃且保持不变时，精确调节U形等压计，使两臂的液面平齐且保持5min不变。记录实验室大气压 $p_{(开始)}$，并读取仪器的压力显示值 Δp（30℃）。

（8）设定温度为35℃，使加热器工作，U形等压计的左侧液面升高，缓缓打开平衡阀1，漏入空气，使U形等位计中两臂的液面平齐，如果U形等压计的左侧液面低于右侧液面，缓慢打开平衡阀 2，使 U 形等压计中两臂的液面平齐，再关闭平衡阀 2，如此反复操作，当水浴温度达到 35℃且保持不变时，精确调节 U 形等压计，使两臂的液面平齐且保持5min 不变。读取仪器的压力显示值 Δp（35℃），依次按上述操作测定 40℃、45℃、50℃时的 Δp（40℃）、Δp（45℃）、Δp（50℃）。

（9）实验结束后读取室内大气压 p（结束）。缓慢打开平衡阀 1（注意：勿使 U 形等位计内的液体冲入试液球体），放入空气，至压力显示回到零位。关闭仪器。取出等压计，取下等压计的小球，用无水乙醇洗净盛样小球，放入烘箱干燥。

数据记录与处理

（1）数据记录示例

大气压：$p_{开始}=$（　　）kPa　　$p_{结束}=$（　　）kPa　　$p_{平均}=$（　　）kPa

温度 $t/℃$	T/K	压力显示 $\Delta p/kPa$	平衡总压 p/kPa	$R\ln K^{\ominus}/(J \cdot mol^{-1} \cdot K^{-1})$	$10^3 \cdot K/T$

（2）将测得数据填入上表并计算出表中其余各项的值（平衡总压 p 等于实验过程中室内的平均大气压减去压力计的读数）。

$$p/kPa = p_{平均} - \Delta p$$

（3）以 $R\ln K^{\ominus}/(J \cdot mol^{-1} \cdot K^{-1})$ 对 $10^3 \cdot K/T$ 作图，求出直线斜率和截距。按式（3）求得实验温度范围内氨基甲酸铵分解反应的 $\Delta_r H_m^{\ominus}$ 和 $\Delta_r S_m^{\ominus}$。

（4）计算 35.0℃时氨基甲酸铵分解反应的 $\Delta_r G_m^{\ominus}$。

思考题

（1）新制备的氨基甲酸铵药品为什么放入干燥器中封闭保存？

（2）快速放气进体系中，将产生什么后果？

实验五十八　二元液系相图

实验目的

（1）常压下，用沸点仪测绘完全互溶双液系混合物的 $T\text{-}x$ 相图。

（2）了解并掌握溶液沸点、折射率的测量技术及其数据的校正方法。

实验原理

液体的沸点是指液体的蒸气压与外压相等时的温度。外压恒定，纯液体的沸点有确定的值。而完全互溶的双液系，其沸点与外压和组成均有关。完全互溶双液系混合物的沸点-组成图可分为三类：液体的沸点介于两纯组分之间；溶液有最高恒沸点；溶液有最低恒沸点。环己烷-乙醇双液系相图属于第 3 类。

本实验用简单蒸馏法，在气、液相达平衡后，测定沸点，并同时用配备超级恒温水浴的阿贝折光仪测定相应的气、液相折射率。溶液的折射率与组成和温度有关，折射率是物质的物理常数，在一定温度下测定一系列已知组成的溶液的折射率，绘出该温度下此溶液的折射率-组成标准溶液工作曲线。在相同温度下，测得同一物系未知组成样品的折射率，用内插法，在工作曲线上即可确定其组成。若测量温度不同，必须对测得的折射率进行温度系数校正后，方可在工作曲线上确定其组成。

仪器与试剂

FDY 双液系沸点测定仪 1 套、50mL 量筒 2 个、阿贝折射仪 1 台、5mL 移液管 2 支、超级恒温水浴 1 台、取样管 1 支、洗耳球 1 个。

环己烷、无水乙醇（分析纯）。

实验步骤

（1）从取液相侧管加入环己烷约 30mL，打开冷凝水，将恒流源调至 1.500A。待温度基本恒定后，使小槽中气相冷凝液倾回蒸馏瓶内，重复 3 次（注意：加热时间不宜太长，以免物质挥发）记下环己烷的沸点及环境气压。

（2）通过取液相侧管逐次加入表 B 中的乙醇的量，加热至沸腾，待温度变化较缓时，同上法回流 3 次，温度基本不变时记下沸点，停止加热，用吸管从小槽中取出气相冷凝液，迅速用阿贝折光仪测其折射率及环境温度（测定折射率后，将棱镜用洗耳球吹干，以备下次测量用）。用吸管从侧管处吸出少许液相混合液同上法测其折射率。取下冷凝管，将剩余的溶液倒入回收瓶。

（3）吹干沸点仪，加入 30mL 无水乙醇，逐次加入表 B 中的环己烷的量，实验方法同步骤（2）逐次测量。

（4）关闭仪器和冷凝水。

数据记录与处理

（1）根据表 1 绘制环己烷-乙醇折射率-组成标准溶液工作曲线。

表 1　环己烷-乙醇双液系折射率与组成的关系（15℃）

组　成	0.0000	0.0540	0.0929	0.1726	0.2820	0.3667	0.4639	0.5678	0.6683	0.6735	0.8742	1.0000
折射率	1.3630	1.3687	1.3718	1.3788	1.3870	1.3930	1.4002	1.4060	1.4116	1.4126	1.4223	1.4282

表 2　数据记录示例

环己烷/mL	乙醇/mL	沸点	$t_环$/℃	折射率(气相)	折射率(液相)
30.0	—				
—	0.5				
—	1.0				
—	3.0				
—	5.0				
—	30.0				
1.5	—				
3.0	—				
3.0	—				
5.0	—				

（2）将实验记录的原始数据列表，如表2。利用标准溶液工作曲线确定气、液相组成。如测定折射率时无恒温装置，可近似地以温度每升高 1℃，折射率降低 4×10^{-4} 来计算，$n_{15℃} = n_{t实} + (t_{实} - 15) \times 4 \times 10^{-4}$ 把实验测得的折射率校正到标准溶液的工作温度后，再在标准溶液工作曲线上查得相应组成，一并填入表3中。

（3）以表3中沸点温度为纵坐标、溶液组成为横坐标绘制环己烷-乙醇双液系 T-x 相图，由图确定最低恒沸点温度及混合物组成。

表 3 环己烷-乙醇的沸点、折射率（15℃）与组成的关系

混合液组成/mL		沸点/℃	气相		液相	
环己烷	乙醇		折射率	环己烷组成	折射率	环己烷组成
30.0						
—	0.5					
—	1.0					
—	3.0					
—	5.0					
—	30.0					
1.5	—					
3.0	—					
3.0	—					
5.0	—					

思考题

（1）测定纯环己烷和乙醇的沸点，为什么沸点仪必须干燥？

（2）实验时若气相冷凝液挥发尽了，是否须重新配制溶液？

（3）每次加量是否按表精确计量？

（4）测得的沸点与标准大气压时的沸点是否一致？

实验五十九 二元合金相图

实验目的

（1）掌握热电偶的测温原理与使用方法。

（2）用热分析法测绘 Sn-Pb 二元合金相图。

实验原理

所谓热分析法是利用测温仪器定时对体系在加热或冷却过程中的温度变化精确测量，得到温度随时间变化规律的冷却曲线（或称步冷曲线），由此确定体系的相变温度并绘制相图的一种基本方法。

本实验用热分析法测绘 Sn-Pb 二元合金相图。将 Sn-Pb 二元合金一系列已知质量百分组成的体系加热熔融成均匀液相，在冷却过程中用热电偶每半分钟精确测量体系温度，绘制各体系的 $T/℃$-t/min 图，称为冷却曲线。图1(a)、(b) 是二元合金体系两种常见类型的冷却曲线。

体系发生相变，必然伴有热效应，冷却曲线斜率会发生变化出现转折点，转折点对应的

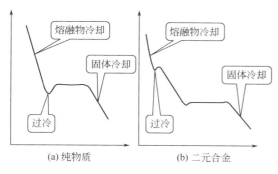

(a) 纯物质　　　　　(b) 二元合金

图 1　冷却曲线

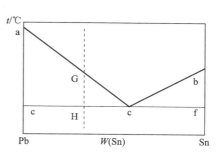

图 2　一种典型的二元简单低共熔物相图

温度为该体系的相变温度。根据各体系的组成和相变温度，即可绘制出体系的 T-$W\%$ 图，称为相图。图 2 是一种典型的二元简单低共熔物相图。

根据相图定义，用热分析法测绘相图必须保证以下几点。

（1）被测体系处于或非常近于相平衡状态。因此，体系冷却的速度要足够慢，一般控制冷却保温电炉的温度比所测体系的相变温度低 30～50℃，冷却速度在每分钟 6～8℃间，才能使上述条件近于实现。

（2）测定时被测体系的组成值与给定的组成值一致。误配，测定过程中体系各处不均匀，或体系发生氧化变质，均不能实现这一要求。

（3）测得的温度值能真正反映体系在所测时间的瞬时温度值。因此，测温仪的热容必须足够小，与被测体系的热传导必须足够良好，测温探头必须深入到被测体系的足够深处，测温的时间必须足够准确。

为测绘出准确的相图，上述三点缺一不可。

仪器与试剂

金属相图 KWL-09 智能型实验装置；电子计算机；SWKY-Ⅰ数字控温仪；打印机。
铅（分析纯）、锡（分析纯）。

实验步骤

（1）将待测样品管插入控温炉中（电炉左孔），传感器Ⅱ插入待测样品管中，打开数字控温仪电源开关，显示初始状态，如：其中，温度显示Ⅰ为 320.0℃（设定温度），温度显示Ⅱ为实时温度，"置数"指示灯亮。

（2）设置控制温度：置数灯亮。设置"温度显示Ⅰ"的百位、十位的数字，每按动一次，显示数码按 0～9 依次递增，直至调整到所需"设定温度"的数值。设置完毕，再按一下"工作/置数"按键，转换到工作状态，工作指示灯亮。温度显示Ⅰ从设置温度转换为控制温度当前值（表 1）。（注意：置数工作状态时，仪器不加热）。

表 1　参数及测量范围

组成	0% Sn	30% Sn	45% Sn	61.9% Sn	80% Sn	100% Sn
编号	1 号	2 号	3 号	4 号	5 号	6 号
控制温度/℃	440	360	350	270	310	330
测量范围/℃	400～200	330～150	320～150	240～150	280～150	300～200

（3）打开软件，"设置"→"通讯口""√"COM1.（当前窗口坐标不能满足绘图时，可以在"设置"→"设置坐标系"进行设置）。

（4）"数据通讯"→"开始通讯"，输入姓名、班级、学号、指导教师、待测样品1（锡）和样品2（铅）的百分含量、实验结束温度。

（5）待温度显示Ⅱ达到该样品测温范围上限时，按一下"工作/置数"按键停止工作，用坩埚钳小心将样品管移至保温炉中（电炉右孔），点"确定"开始测量。

（6）实验结束后，将样品管用坩埚钳取出放回原处。点"文件"→"保存"，在F盘下建立文件夹，命名，保存。点"数据通讯"→"清屏"。

（7）重复（1）～（6）测量其他两个样品。

（8）实验结束后，关闭数字控温仪电源开关，关闭软件系统，每两个人为一组合并6个冷却曲线至同一台电脑。

数据处理

打开一个冷却曲线，点"窗口"→√"数据处理"，点"文件"→"打开"，选冷却曲线0%→打开。点"设置"→"设置坐标系"，横坐标值设为100min→"确定"。双击鼠标右键在曲线上查找拐点平台、最低共熔点分别填入左下角表格中，点"数据处理"→"数据映射"。同法依次选30%、45%、61.9%、80%、100%的冷却曲线进行处理，调整各曲线位置，使其依次分开。点"数据处理"→"绘制相图"。输入最低共熔点百分比，"相图曲线类型"→"简单二组分相图"，样品1名称（Pb），样品2名称（Sn），点"确定"点"设置"→√"衬托线"√"显示标注"，打印。

思考题

（1）加热时样品的温度为何不可过高或过低？

（2）加热过程中如何判断样品已开始熔化？怎样才能做到使加热的样品温度不升得过高？

（3）纯物质、低共熔组成混合物与其他组成混合物得冷却曲线有何显著不同？为什么？

实验六十　蔗　糖　水　解

实验目的

（1）根据物质的光学性质研究蔗糖水解反应，测定其反应速率数常数、活化能及指数前因子。

（2）了解旋光仪的基本原理和使用方法。

实验原理

$$C_{12}H_{22}O_{11} + H_2O \longrightarrow C_6H_{12}O_6 + C_6H_{12}O_6$$

$$\text{（蔗糖）} \qquad \text{（葡萄糖）} \quad \text{（果糖）}$$

这是一个二级反应。在反应中水保持大量过剩，水的浓度可视为常数并与速率常数合并。故在实验过程中，该二级反应可近似按一级反应处理，称为准一级反应。其反应速率方程的积分式为

$$\ln(c_A/[c]) = -kt + \ln(c_{A0}/[c]) \tag{1}$$

式中，k 为反应速率常数；c_{A0} 为蔗糖的初始浓度；c_A 为反应时间 t 时蔗糖的瞬时浓度；t 为反应时间。

为加速反应进行，用 H^+ 作催化剂。

蔗糖及其水解产物都含有不对称的碳原子，具有旋光性。利用体系在水解过程中旋光性质的变化，在不同时间，测定其改变量即可确定其反应速率。测定必须在同一台仪器、同一光源、同一长度的旋光管中进行，浓度的改变正比于旋光系数的改变，且比例常数相同。将式（1）中的浓度用相应比旋光度差代替，可得：

$$\ln(a_t - a_8) = -kt + \ln(a_0 - a_8) \tag{2}$$

式中，a_0、a_t、a_8 分别表示反应开始、时间 t、蔗糖完全转化后体系的比旋光度。$\ln(a_0 - a_8)$ 是常数。作 $\ln(a_t - a_8)$-t 图，从所得直线的斜率即可算出反应速率常数。

反应速率常数 k 与温度 T 的关系服从阿伦尼乌斯方程

$$k = A e^{-[E_a/(RT)]} \tag{3}$$

式中　k——反应速率常数；

　　　R——气体常数，$8.314 J \cdot mol^{-1} \cdot K^{-1}$；

　　　A——指前因子，与 k 的单位相同；

　　　E_a——活化能，$J \cdot mol^{-1}$。

测得两个温度下的反应速率常数，根据下式计算反应活化能。

$$\ln \frac{k_2}{k_1} = -\frac{E_a}{R} \left(\frac{1}{T_2} - \frac{1}{T_1} \right) \tag{4}$$

求得 E_a 后即可按式（3）计算温度 T 时的指数前因子 A。

仪器与试剂

旋光仪 1 台、超级恒温水浴 1 台、电子天平（0.01g）1 台、100mL 容量瓶 1 个、25mL 移液管 2 支、100mL 烧杯 1 个、带盖锥形瓶 100mL 5 个、玻璃棒 1 支、洗瓶 1 个、洗耳球 1 个。

固体蔗糖、3mol·L⁻¹ 盐酸 50mL。

实验步骤

（1）在台秤上取 20g 蔗糖，在小烧杯中溶解后，转移到 100mL 容量瓶中，稀释至刻度。

（2）用移液管取 25mL 蔗糖溶液，置于 100mL 干燥带盖锥形瓶中。用另一支移液管取 3mol·L⁻¹ 盐酸溶液 25mL 置于另一个 100mL 干燥的带盖锥形瓶中。将两个锥形瓶于超级恒温水浴内。

（3）连接好超级恒温水浴与旋光仪样品管间循环恒温水系统。接通电源，启动超级恒温水浴，将温度调节为（25.0±0.2）℃。

（4）用两支移液管分别取 25mL 蔗糖溶液及 25mL 3mol·L⁻¹ 盐酸溶液放入同一个干燥的 100mL 带盖锥形瓶内，混合均匀。置于另一个 60℃ 恒温器内恒温 60min 后取出，冷却至室温，置于 25℃ 超级恒温水浴内恒温，准备测 a_8 用。

（5）熟悉旋光仪的使用方法。

（6）步骤（2）准备的两种溶液恒温达 20min，取出迅速将盐酸溶液倒入蔗糖溶液中混合均匀，同时记录时间（t_0）。用少量混合液迅速将旋光管涮洗 3 次，混合液装满旋光管后将盖拧紧，检查无泄漏后擦干净，若有气泡赶至扩大部分，放入旋光仪。每隔 3min 测量一

次 a_{t1}，30min 后每隔 5min 测量一次。反应共进行 60min。

（7）倒出上述反应液，用步骤（4）准备好的溶液将旋光管淌洗 3 次后，用此混合液装满旋光管，测定 a_{81}。调节超级恒温水浴温度为 $[(30.0\pm0.2)\text{℃}]$，恒温 20min，同法测定 a_{82}。

（8）同步骤（2）和（6）测量在 30.0℃ 条件下反应过程中的 a_{t2}。

（9）实验结束，将旋光管内外洗净，装满蒸馏水，外部擦干后放入旋光仪中。

数据记录与处理

（1）数据记录示例

$T(25\text{℃})=($ $)$K		$a_{81}=($ $)$		$T(30\text{℃})=($ $)$K		$a_{82}=($ $)$
t_1/min	a_{t1}	$\ln(a_{t1}-a_{81})$	t_2/min	a_{t2}	$\ln(a_{t2}-a_{82})$	

（2）绘制 25.00℃ 和 30.00℃ 条件下的 $\ln(a_t-a_8)$ 对 t 的图，从直线的斜率可求得反应数率常数 k。

（3）利用 25.0℃ 和 30.0℃ 条件下的反应数率常数 k 计算活化能 E_a 及指数前因子 A。

思考题

（1）如果蔗糖不纯，对实验有什么影响？

（2）为什么配制蔗糖溶液不必精确称量？

（3）本实验是否必须校正旋光仪的零点？

实验六十一　乙酸乙酯皂化反应综合实验

实验目的

（1）练习滴定操作及碱溶液浓度的标定方法。

（2）学会 DDS-307 型电导率仪的正确使用方法。

（3）掌握电导法测定皂化反应速率常数及反应活化能的方法。

实验原理

标定碱溶液所用的基准物质有多种，本实验中采用酸性基准物——邻苯二甲酸氢钾在酚酞指示剂存在下标定自己配制的 NaOH 标准溶液的浓度，再用标准溶液配制 $0.0100\text{mol}\cdot\text{L}^{-1}$ NaOH 和 $0.0200\text{mol}\cdot\text{L}^{-1}$ NaOH 各 1000mL。再配制 $0.0200\text{mol}\cdot\text{L}^{-1}$ $CH_3COOC_2H_5$ 溶液 1000mL。

乙酸乙酯皂化反应是二级反应，其反应式为：

$$CH_3COOC_2H_5 + NaOH \longrightarrow CH_3COONa + C_2H_5OH$$

两个反应物计量系数相等，若它们的初始浓度相等，则此二级反应速率方程积分式为：

$$kt = \frac{x}{c(c-x)} \tag{1}$$

式中，c 已知，只要测出 t 时的 x 值即可算出 k 值。若反应体系在稀溶液中进行，则认为 CH_3COONa 完全电离。本实验采用电导法通过测量稀溶液的电导求算 x 值的变化。参与导电的离子有 Na^+、OH^- 和 CH_3COO^-，而 Na^+ 在反应前后浓度不变，OH^- 不断减少，CH_3COO^- 不断增加，体系的电导率值 κ 逐渐降低。

显然体系电导率值 κ 的减少量与 x 成正比。

$t = t$ 时 $\qquad\qquad x = K(\kappa_0 - \kappa_t) \tag{2}$

$t = 8$ 时 $\qquad\qquad c = K(\kappa_0 - \kappa_8) \tag{3}$

式中，κ_0、κ_t、κ_8 分别为反应初始、反应 t 时、反应终了时反应体系的电导率，K 为比例常数。

将式（2）、式（3）代入式（1）整理后可得：

$$\kappa_t = \frac{1}{ck} \frac{\kappa_0 - \kappa_t}{t} + \kappa_\infty \tag{4}$$

用 κ_t 对 $(\kappa_0 - \kappa_t)/t$ 作图，应得一直线，由直线的斜率可求得皂化反应速率常数 k。

反应速率常数 k 与温度有关，测出两个温度的反应速率常数，根据式（5）可计算该反应的活化能。

$$\ln \frac{k_2}{k_1} = -\frac{E_a}{R}\left(\frac{1}{T_2} - \frac{1}{T_1}\right) \tag{5}$$

仪器与试剂

DDS-307 型电导率仪 1 台、电导池 1 个、铂黑电极 1 支、恒温槽 1 套、10mL 移液器 2 支、150mL 锥形瓶 3 个、碱式滴定管 2 支、1000mL 容量瓶 3 个、大试管 2 支、洗耳球 1 个。

$0.02mol \cdot L^{-1} NaOH$ 溶液、$0.01mol \cdot L^{-1} NaOH$ 溶液、$NaOH$ 固体（分析纯）一瓶、酚酞指示剂、邻苯二甲酸氢钾（分析纯）。

实验步骤

（1）配制 $0.02mol \cdot L^{-1} NaOH$、$0.01mol \cdot L^{-1} NaOH$、$0.02mol \cdot L^{-1} CH_3COOC_2H_5$ 各 1000mL。

（2）熟悉电导率仪的使用方法。

（3）调节恒温槽温度为（25.0 ± 0.1）℃。

（4）测定 κ_0。

用蒸馏水淋洗大试管及铂黑电极，再用 $0.01mol \cdot L^{-1} NaOH$ 淋洗 3 次，将此溶液装入大试管中，液面约高出铂黑片 1.5cm 为宜，置于 25℃恒温槽内 20min，测其电导率即为 κ_0。

（5）κ_t 的测定。

电导池内部用电吹风吹干，用 10mL 移液器分别取 $0.02mol \cdot L^{-1} NaOH$ 和 $0.02mol \cdot L^{-1} CH_3COOC_2H_5$ 并分别注入电导池 A、B 管中。A 管口用胶塞轻轻盖上，B 管口用钻有小孔的胶塞塞紧，将电导池置于 25℃恒温槽内恒温 20min，取下 A 管胶塞，用洗耳球通过 B 管胶塞小孔将 $CH_3COOC_2H_5$ 溶液迅速压入 A 管与 $NaOH$ 溶液混合并同时记录反应开始

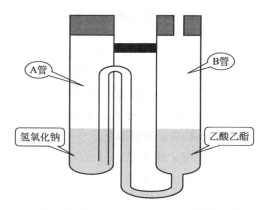

图 1 将 $CH_3COOC_2H_5$ 压入 A 管示意图

的时间,如图 1 所示。将 A 管内的混合液抽回 B 管,如此往复 3 次,最后把混合液全部抽回 B 管。将铂黑电极插入 B 管混合液中,每隔 5min 测量溶液电导率值 κ,1h 后停止测量。

(6) 调节恒温槽温度为 (30.0±0.2)℃,同步骤 (4) 方法测量 κ_0'。

(7) 同步骤 (5) 测量 30℃时溶液的 κ_t'。

(8) 实验结束,将电导池用蒸馏水洗净放于烘箱内烘干,大试管用蒸馏水洗净并加于蒸馏水将铂黑电极浸入蒸馏水中保存。

数据记录与处理

(1) 数据记录示例

槽温(25.00)℃	$\kappa_0 = ($ $)$		槽温(30.00)℃	$\kappa_0' = ($ $)$	
t/min	κ_t	$(\kappa_0 - \kappa_t)/t$	t/min	κ_t'	$(\kappa_0' - \kappa_t')/t'$

(2) 分别以 κ_t 对 $(\kappa_0 - \kappa_t)/t$、κ_t' 对 $(\kappa_0' - \kappa_t')/t'$ 作图,由直线的斜率计算反应速率常数 k 和 k'。

(3) 根据式 (5) 计算反应的活化能 E_a。

思考题

(1) 被测溶液的电导率由哪些离子贡献?反应进程中溶液的电导率为何发生变化?

(2) 为什么要使两溶液尽快混合完毕?

(3) 用作图法外推求 κ_0 与测定的 κ_0 是否一致?

(4) 配制的 NaOH 溶液为什么要标定?

实验六十二　BZ 振荡反应

实验目的

(1) 了解、熟悉化学振荡反应的机理。

(2) 初步理解自然界中普遍存在的非平衡非线性的问题。

(3) 通过测定电位-时间曲线求得化学振荡反应的表观活化能。

实验原理

所谓化学振荡，就是反应体系中某些物理量（如某组分的浓度）随时间作周期性地变化。BZ 体系是由溴酸盐、有机物在酸性介质中，在有（或无）金属离子催化剂作用下构成的体系。它是由前苏联科学家 Belousov 和 Zhabotinski 发现而得名。

大量的实验研究表明，化学振荡现象的发生必须满足 3 个条件：①必须是远离平衡的敞开体系；②反应历程中应含有自催化步骤；③体系必须具有双稳态性，即可在两个稳态间来回振荡。

R. J. Fiela、E. Koros 和 R. Noyes 三位学者通过实验对 BZ 振荡反应作出了解释，称为 FKN 机理。下面以 BrO_3-Ce^{4+}-$CH(COOH)_2$-H_2SO_4 体系为例加以说明。该体系的总反应为：

$$2H^+ + 2BrO_3^- + 3CH_2(COOH)_2 \longrightarrow 2BrCH(COOH)_2 + 3CO_2 + 4H_2O \tag{1}$$

体系中存在着下面的反应过程。

过程 A：

$$BrO_3^- + Br^- + 2H^+ \longrightarrow HBrO_2 + HBrO \tag{2}$$

$$HBrO_2 + Br^- + H^+ \longrightarrow 2HOBr \tag{3}$$

过程 B：

$$BrO_3^- + HBrO_2 + H^+ \longrightarrow 2BrO_2^{\cdot} + H_2O \tag{4}$$

$$BrO_2^{\cdot} + Ce^{3+} + H^+ \longrightarrow HBrO_2 + Ce^{4+} \tag{5}$$

$$2HBrO_2 \longrightarrow BrO_3^- + HBrO + H^+ \tag{6}$$

过程 C：

$$4Ce^{4+} + BrCH(COOH)_2 + HBrO + H_2O \longrightarrow 2Br^- + 4Ce^{3+} + 3CO_2 + 6H^+ \tag{7}$$

过程 A 是消耗 Br^-，产生能进一步反应的 $HBrO_2$，$HBrO$ 为中间产物。

过程 B 是一个自催化过程，在 Br^- 消耗到一定程度后，$HBrO_2$ 才按式（4）、式（5）进行反应，并使反应不断加速，与此同时，Ce^{3+} 被氧化为 Ce^{4+}。$HBrO_2$ 的累积还受到式（5）的制约。

过程 C 为丙二酸被溴化为 $BrCH(COOH)_2$，与 Ce^{4+} 反应生成 Br^- 使 Ce^{4+} 还原为 Ce^{3+}。

过程 C 对化学振荡非常重要，如果只有过程 A 和 B，就是一般的自催化反应，进行一次就完成了，正是过程 C 的存在，以丙二酸的消耗为代价，重新得到 Br^- 和 Ce^{3+}，反应得以再启动，形成周期性的振荡。振荡的控制离子是 Br^-。

在反应进行时，系统中 $[Br^-]$、$[HBrO_2]$、$[Ce^{3+}]$、$[Ce^{4+}]$ 都随时间作周期性地变化。实验中，可以用溴离子选择电极测定 $[Br^-]$，用铂丝电极测定 $[Ce^{4+}]$、$[Ce^{3+}]$ 随时间变化的曲线。溶液的颜色在黄色和无色之间振荡，若再加入适量的 $FeSO_4$ 邻菲罗啉溶液，溶液的颜色将在蓝色和红色之间振荡。

本实验通过测定离子选择性电极上的电势（E）随时间（t）变化的 $E\text{-}t$ 曲线（如图 1）来观察 B-Z 反应的振荡现象，同时测定不同温度对振荡反应的影响。根据 $E\text{-}t$ 曲线得到诱导时间（t_u）和振荡周期（t_z）。

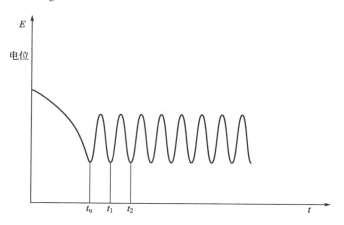

图 1　振荡反应的电位-时间曲线

根据阿伦尼乌斯（Arrhenius）方程，有：

$$\ln(1/t_u)（或 1/t_z）=-(E/RT)+\ln A$$

式中，E 为表观活化能；R 为摩尔气体常数，$8.314\ \text{J} \cdot \text{mol}^{-1} \cdot \text{K}^{-1}$；$T$ 为热力学温度；A 为经验常数。分别作 $\ln(1/t_u)-1/T$ 和 $\ln(1/t_z)-1/T$ 图，最后从图中的直线斜率分别求得表观活化能（E_u 和 E_z）。

仪器与试剂

BZ 振荡反应实验装置、计算机、饱和甘汞电极 1 支、铂电极 1 支、超级恒温槽、打印机。

硫酸铈铵（分析纯）、丙二酸（分析纯）、硫酸（分析纯）、溴酸钾（优级纯）。

实验步骤

（1）配制 $0.45\text{mol} \cdot \text{L}^{-1}$ 丙二酸、$0.25\text{mol} \cdot \text{L}^{-1}$ 溴酸钾、$3.00\text{mol} \cdot \text{L}^{-1}$ 硫酸，在 $0.2\text{mol} \cdot \text{L}^{-1}$ 硫酸介质中配制 $4 \times 10^{-3}\text{mol} \cdot \text{L}^{-1}$ 的硫酸铈铵。

（2）打开超级恒温水浴电源，"置数"状态下设置实验温度为 30℃，转换为"工作"状态。加热器"弱"加热，水搅拌"快"搅拌。

（3）用移液管取丙二酸、溴酸钾、硫酸各 15mL 至 50mL 烧杯中，取硫酸铈铵 15mL 至 50mL 加盖量筒中。

（4）用输入线将电脑与振荡装置连接。打开电源开关，将两输入端用短接线短接，按"清零"键，消除系统测量误差。选择量程 2V 挡。将搅拌转子放入反应器中，调节"调速"旋钮至适当位置。

（5）依次将丙二酸、溴酸钾、硫酸溶液加入反应器中，放入电极。甘汞电极接负极，铂电极接正极。为了防止参比电极中离子对实验的干扰以及溶液对参比电极的干扰，所用的饱和甘汞电极与溶液之间必须用 $1\text{mol} \cdot \text{L}^{-1} H_2SO_4$ 盐桥隔离。同时将硫酸铈铵溶液放入恒温水浴中，待温度达到 30℃时，恒温 15min。

（6）打开电脑软件，设置参数，点击"数据通讯"→"开始通讯"→输入体系温度参数（"30℃"）。

（7）恒温 15min 后，点击"确定"，同时用漏斗向反应器中加入硫酸铈铵溶液，实验开始，注意观察溶液颜色变化和电势振荡曲线。

（8）根据所设置的实验时间，得到完整的电势振荡曲线后，点击"数据通讯"→"停止通讯"→保存临时数据，点击文件，保存到对应文件夹。

（9）关闭振荡装置，断开电极，将反应器中混合液倒入废液烧杯中，用蒸馏水冲洗反应器 3 次，用滤纸擦干，用蒸馏水冲洗电极，用洗耳球吹干。

（10）重复上述方法实验，测量 35℃、40℃、45℃的电势振荡曲线。

（11）实验结束后，关闭振荡装置、恒温水浴电源，清洗反应器（擦干）、电极（吹干）、所用玻璃仪器（烘干）。

数据记录与处理

（1）按下表所示记录实验数据

序号	1	2	3	4	5
诱导时间 t_u/s					
振荡周期 t_Z/s					
体系温度 T/℃					

（2）打开 BZ 振荡反应曲线，点击"表观活化能"，双击左键放大绘图区 1，"文件"→"打开"→选择目标文件夹，选择要处理的曲线打开。

（3）"设置"→"设置坐标系"→将横坐标改为合适值。

（4）"数据处理"→"图形截取"→截取所需长度曲线，多余部分删除（尽量与其他曲线长度一致，美观）。

（5）"数据处理"→"计算活化能参数"→"是否继续操作"→"是"，单击右键 4 次（前两次是取诱导时间，后两次取振荡周期，振荡周期取几个完整的振荡周期求取平均值），"是否重新求活化能参数"，若取值无错误，点"否"→输入振荡周期个数→"确定"。

（6）双击左键，缩小绘图区，选择其他绘图区按上述方法依次插入曲线，求取活化能参数。

（7）曲线全部插入后，点击空白绘图区，"数据处理"→"删除绘图区"→是否删除，"是"，将空白绘图区全部删除。

（8）"数据处理"→"数据映射"，将表格中振荡周期的数据按曲线求值手动修改。

（9）"数据处理"→"计算表观活化能"，右侧显示求得曲线图。

（10）"文件"→"保存"，"文件"→"打印"。

注意事项

（1）实验中溴酸钾试剂纯度要求高，为优级纯；其余为分析纯。

（2）配制硫酸铈铵溶液时，一定要在 $0.2mol \cdot L^{-1}$ 硫酸介质中配制，防止发生水解呈浑浊。

（3）为保证实验数据的准确性，反应器应清洗干净，转子位置和速度都必须加以控制，同时应保证电极与反应液的接触，还要防止转子旋转过程中碰到或损坏电极。

（4）反应温度可明显地改变诱导期和振荡周期，应选择适当的实验温度范围并严格控制温度恒定。

（5）各组分的加入顺序对体系的振荡反应有明显的影响。最佳加入顺序为：先依次将丙二酸、溴酸钾、硫酸加入到反应器中恒温，15min之后再将同样恒温的硫酸铈铵加入到反应器中。

思考题

（1）影响诱导和振荡周期的主要因素有哪些？

（2）为什么在实验过程中应尽量使搅拌转子的位置和转速保持一致？

实验六十三　电动势法测定化学反应热力学函数

实验目的

（1）掌握可逆电池电动势的测定方法。

（2）掌握用电动势法测定化学反应热力学函数变化值的原理和方法。

实验原理

化学反应的热效应可以直接用量热计测量，也可以用电化学方法来测量。将化学反应设计成可逆电池，在一定条件下，电池的电动势可以准确测得，因此所得数据常较热化学方法所得的结果可靠。

在恒温、恒压、可逆条件下，电池反应的摩尔反应吉布斯函数变：

$$\Delta_r G_m = -zFE \tag{1}$$

根据吉布斯-亥姆霍兹方程：$\Delta_r G_m = \Delta_r H_m + T\left(\dfrac{\partial \Delta_r G_m}{\partial T}\right)_p \tag{2}$

将式（1）代入式（2）得：$\Delta_r H_m = -zFE + zFT\left(\dfrac{\partial E}{\partial T}\right)_p \tag{3}$

由于 $$\Delta_r G_m = \Delta_r H_m - T\Delta_r S_m \tag{4}$$

将式（3）代入式（4）得： $\Delta_r S_m = zF\left(\dfrac{\partial E}{\partial T}\right)_p \tag{5}$

式中，z 为电池反应转移的电子数；E 为电池的电动势，V；F 为法拉第常数，C·mol^{-1}；$\Delta_r H_m$ 为电池反应的摩尔焓变，kJ·mol^{-1}；$\Delta_r S_m$ 为电池反应的摩尔熵变，J·mol^{-1}·K^{-1}；$\left(\dfrac{\partial E}{\partial T}\right)_p$ 称为电池电动势的温度系数，V·K^{-1}。

在恒定压力下，测得不同温度时可逆电池的电动势，以电动势 E 对温度 T 作图，从曲线上可以求任一温度下的 $\left(\dfrac{\partial E}{\partial T}\right)_p$，用式（1）、式（3）、式（5）计算 $\Delta_r G_m$、$\Delta_r H_m$、$\Delta_r S_m$。

本实验测定下列化学反应热力学函数：

$$C_6H_4O_2 + 2HCl + 2Hg \Longrightarrow Hg_2Cl_2(s) + C_6H_4(OH)_2$$

用饱和甘汞电极和醌氢醌电极将上述化学反应设计成可逆电池：

$$Hg(l) \mid Hg_2Cl_2(s) \mid KCl(饱和) \parallel H^+, C_6H_4(OH)_2, C_6H_4O_2 \mid Pt$$

电极反应为：

$$2Hg + 2Cl^- - 2e^- \Longrightarrow Hg_2Cl_2(s)$$
$$C_6H_4O_2 + 2H^+ + 2e^- \Longrightarrow C_6H_4(OH)_2$$

　　测定可逆电池在不同温度的电动势值，便可计算电池反应的 $\Delta_r G_m$、$\Delta_r H_m$、$\Delta_r S_m$。

　　在两种不同溶液的界面上存在的电势差称为液体接界电势。在较精确的测量中，液体接界电势必须设法消除。将电池加盐桥，以消除液体接界电势，则此电池可以近似地当作可逆电池来处理。所谓盐桥，是指一种正负离子迁移数比较接近的盐类所构成的桥，用来连接原来产生显著液体接界电势的两种液体，使其彼此不直接接界。

　　可逆电池电动势的测定必须在电流无限接近于零的条件下进行。波根多夫对消法是人们常采用的测量电池电动势的方法，其原理是用一个方向相反但数值相同的电动势，对抗待测电池的电动势，使电路中并无电流通过。对消法的线路示意如图 1。

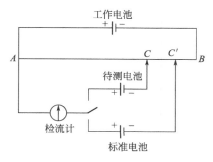

图 1　对消法的线路示意

　　标准电池的电动势为 E_N，待测电池的电动势为 E_X。电钥闭合时，改动滑动接触点的位置，使检流计中无电流通过，则 E_N 恰为 AC 的电势差完全抵消，E_X 恰为 AC 的电势差完全抵消。因电动势与电阻线的长度成正比，故待测电池的电动势为：

$$E_X = E_N \frac{\overline{AC}}{\overline{AC'}}$$

仪器与试剂

　　超级恒温槽 1 套、饱和 KCl 盐桥、EM-3C 数字式电子电位差计 1 台、铂电极 1 支、饱和甘汞电极 1 支、电动势装置（自制）1 套。

　　HAc 溶液（0.2mol·dm⁻³）、NaAc 溶液（0.2mol·dm⁻³）、KCl（分析纯）、醌氢醌（分析纯）。

实验步骤

　　(1) 打开恒温槽，调节温度至设定温度（比室温高 2～3 ℃。）

　　(2) 组合电池：用移液管量取 25mL 0.2mol·dm⁻³ 的 HAc 溶液和 25mL 0.2mol·dm⁻³ 的 NaAc 溶液于 100mL 量筒中，混合均匀。将混合液倒入正极试管中（加入量为正极试管的一半），加入适量醌氢醌使其饱和。将铂电极用少量混合液润洗并放入正极试管中，充分搅拌，使醌氢醌混合均匀。负极试管倒入饱和 KCl 溶液，加入适量 KCl 固体，插入饱和甘汞电极，即组成电池。

　　(3) 将组装好的电池放入恒温槽中，恒温 20min，用电位差计测定该电池的电动势，测量几次，各次测量之差应小于 0.0002V，测量 3 次以上取平均值。

　　(4) 改变实验温度，每次升高约 3 ℃，每次均需恒温 20min 再测定电动势，这样测定结果稳定。测定 5 个不同温度下的电动势。

数据记录与处理

（1）记录室温、气压、电池在不同温度时电动势 E 各次测定值。

（2）以电动势 $E(V)$ 对 $T(K)$ 作图。由图的曲线求取不同温度下电动势的温度系数 $\left(\dfrac{\partial E}{\partial T}\right)_P$ 数值。$\left(\dfrac{\partial E}{\partial T}\right)_P$ 值是通过作曲线的切线，由切线的斜率求得。

（3）将不同温度下的电动势 E 和电动势的温度系数 $\left(\dfrac{\partial E}{\partial T}\right)_P$ 的数值代入式（1）、式（3）和式（5），计算 25℃、35 ℃时反应的热力学函数 $\Delta_r G_m$、$\Delta_r H_m$、$\Delta_r S_m$ 值。

思考题

（1）可逆电池应满足哪些要求？测定可逆电池电动势为何要用盐桥？

（2）波根多夫对消法的基本原理是什么？可否用伏特表测定可逆电池电动势？

实验六十四　镍在硫酸溶液中的钝化行为

实验目的

（1）掌握用线性电位扫描法测定镍在硫酸溶液中的阳极极化曲线和钝化行为。

（2）了解金属钝化行为的原理和测量方法。

（3）测定 Cl^- 的浓度对 Ni 钝化的影响。

实验原理

1. 金属的钝化

金属钝化一般可分为两种。若把铁浸入浓硝酸（相对密度 $d > 1.25$）中，一开始铁溶解在酸中并放出 NO，这时铁处于活化状态。经过一段时间后，铁几乎停止了溶解，此时的铁也不能从硝酸银溶液中置换出银，这种现象被称为化学钝化。另一种钝化称为电化学钝化，即用阳极极化的方法使金属发生钝化。金属处于钝化状态时，其溶解速率较小，一般为 $10^{-8} \sim 10^{-6} A \cdot cm^{-2}$。

金属由活化状态转变为钝化状态的原因，至今还存在着两种不同的观点。有人认为金属钝化是由于金属表面形成了一层氧化物，因而阻止了金属进一步溶解；也有人认为金属钝化是由于金属表面吸附了氧而是使金属溶解速率降低。前者称为氧化物理论，后者称为表面吸附理论。

2. 影响金属钝化过程的几个因素

（1）溶液的组成　溶液中存在的 H^+、卤素离子以及某些具有氧化性的阴离子对金属钝化现象起着显著的影响。在中性溶液中，金属一般是比较容易钝化的，而在酸性或某些碱性溶液中要困难得多，这与阳极反应产物的溶解度有关。卤素离子特别是 Cl^- 的存在，则明显地阻止金属的钝化过程，且已经钝化了的金属也容易被它破坏（活化），这是因为 Cl^- 的存在破坏了金属表面钝化膜的完整性。溶液中如果存在具有氧化性的阴离子（如 CrO_4^{2-}），则可以促进金属的钝化。溶液中的溶解氧则可以减少金属表面钝化膜进一步受破坏的危险。

（2）金属的化学组成和结构　各种纯金属的钝化能力均不相同，以 Fe、Ni、Cr 三种金属为例，易钝化的顺序为 Cr＞Ni＞Fe。因此，在合金中添加一些易钝化的金属，则可提高合金的钝化能力和钝态的稳定性。

（3）外界因素　温度升高或加剧搅拌，都可以推迟或防止钝化过程的发生。这显然是与离子的扩散有关。在进行测量前，对研究电极的活化处理方式及其程度也将影响金属的钝化过程。

3. 研究金属钝化的方法

研究金属钝化通常有两种方法：恒电流法和恒电位（或称电势、电压）法。由于恒电位法能测得完整的阳极极化曲线，因此，在金属钝化的研究中比恒电流法更能反映电极的实际过程。用恒电位法测量金属钝化可有下列两种方法。

（1）静态法　将研究电极的电位恒定在某一数值，同时测量相应极化状况下达到稳定后的电流。如此逐点测量一系列恒定电位时所对应的稳定电流值，将测得的数据绘制成电流-电位图（I-E 图），从图中即可得到钝化电位。

（2）动态法　将研究电极的电位随时间线性连续地变化（图1），同时记录随电位改变而变化的瞬时电流，就可得一完整的极化曲线图。所采用的扫描速度（单位时间电位变化的速度）根据研究体系的性质而定。一般来说，电极表面建立稳态的速度越慢，则扫描速度也应越慢，这样才能使所测得的极化曲线与采用静态法的相近。

上述两种方法中，虽然静态法的测量结果较接近稳定值，但测量时间太长，所以在实际工作中常采用动态法来测量。本实验亦采用动态法。

（3）金属的阳极极化曲线的测定（动态法）　金属 M 作阳极时，则发生氧化反应：$M \longrightarrow M^{n+} + ne^-$。当电极无电流通过时，电极处于平衡状态，与之相对应的电极电势是平衡（可逆）电极电势。随着电流密度的增加，电极的不可逆程度增大，电极电势偏离平衡电极电势，这种现象称为电极的极化。通过电极的电流密度与电极电势两者变化的关系曲线称为极化曲线。典型金属的阳极极化曲线如图2所示。

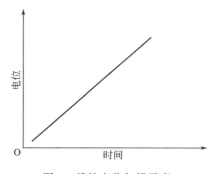 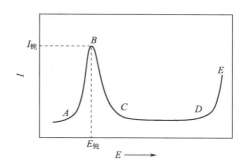

图 1　线性电位扫描示意　　　　　图 2　金属的阳极钝化曲线

在曲线的 AB 段，电流随电势的增加而增大，这是金属的正常溶解区域，Ni 处于活化状态，进行阳极溶解过程。当电势增至 B 点时，Ni 表面开始钝化，由于金属表面开始形成钝化膜（氧化膜或氧的吸附层），金属的溶解速率很快减小，B 点所对应的电势称为钝化电势（$E_{钝}$），与此相应的电流叫钝化电流（$I_{钝}$）。当电势到达 C 点时，Ni 处于稳定钝态，CD 段称为金属的钝化区。只要维持金属的电势在 CD 之间，金属就处于稳定的钝化状态，金属得到有效防护。D 点以后，随着电势升高电流又继续增加，表示阳极又发生新的溶解反应。

试剂与仪器

CHI852D 电化学工作站 1 台、研究电极（直径为 0.5cm 的 Ni 圆盘电极）、三电极电解池、铂电极、参比电极（硫酸亚汞电极）、金相砂纸（02 号和 06 号）。

H_2SO_4（分析纯）、丙酮（化学纯）。

实验步骤

本实验用线性电位扫描法分别测量 Ni 在 $0.1mol \cdot L^{-1} H_2SO_4$、$0.1mol \cdot L^{-1} H_2SO_4$ 与 $0.01mol \cdot L^{-1} KCl$ 混合液、$0.1mol \cdot L^{-1} H_2SO_4$ 与 $0.02mol \cdot L^{-1} KCl$ 混合液、$0.1mol \cdot L^{-1} H_2SO_4$ 与 $0.05mol \cdot L^{-1} KCl$ 混合液和 $0.1mol \cdot L^{-1} H_2SO_4$ 与 $0.1mol \cdot L^{-1} KCl$ 混合溶液中的阳极极化曲线。

（1）打开仪器和计算机的电源开关，预热 10min。

（2）将研究电极用金相砂纸打磨后，用丙酮洗涤除油，再用二次蒸馏水冲洗干净，擦干后将其放入已洗净并装有 $0.1mol \cdot L^{-1} H_2SO_4$ 溶液的电解池中。分别装好辅助电极和参比电极，并按图 3 接好测量线路（红色夹子接辅助 Pt 电极，绿色夹子接研究电极，白色夹子接参比电极）。

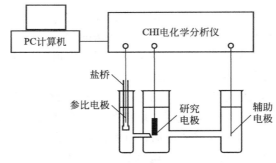

图 3　测量线路示意

（3）通过计算机使 CHI 仪器进入 Windows 工作界面；在工具栏里选中"Control"，此时屏幕上显示一系列命令菜单，再选中"Open Circuit Potential"，数秒钟后屏幕上即显示开路电位值（镍工作电极相对于参比电极的电位），记下该数值；在工具栏里选中"T"（实验技术），此时屏幕上显示一系列实验技术的菜单，再选中"Linear Sweep Voltammetry（线性电位扫描法）"；然后在工具栏里选中"参数设定"（在"T"的右边），此时屏幕上显示一系列需设定参数的对话框。

初始电位（Init E）：设定为比先前所测得的开路电位负 0.1V。

终止电位（Final E）：设为 1.6V。

扫描速率（Scan Rate）：$0.01V \cdot s^{-1}$。

采样间隔（Sample Interval）：就是框中显示值 0.001V。

初始电位下的极化时间（Quiet Time）：300s。

电流灵敏度（Sensitivity）：设为 0.01 安培（1E－2A）。

至此参数已设定完毕，点击"OK"键，然后点击工具栏中的"运行"键，此时仪器开始运行，屏幕上即时显示当时的工作状况和电流对电位的关系曲线。扫描结束后点击工具栏中的"Graphics"，再点击"Graph Options"，在对话框中分别填上电极面积和所用的参比电极及必要的注解，然后在"Graph Options"中点击"Present Data Plot"显示完整的实验结果，给实验结果取个文件名存盘。

（4）在原有的溶液中分别添加 KCl 使之成为 $0.1mol \cdot L^{-1} H_2SO_4 + 0.01mol \cdot L^{-1} KCl$，$0.1mol \cdot L^{-1} H_2SO_4 + 0.02mol \cdot L^{-1} KCl$，$0.1mol \cdot L^{-1} H_2SO_4 + 0.05mol \cdot L^{-1} KCl$ 和

$0.1mol \cdot L^{-1} H_2SO_4 + 0.1mol \cdot L^{-1} KCl$ 溶液，重复上述步骤进行测量。注意：当溶液中 KCl 浓度大于或等于 $0.02mol \cdot L^{-1}$ 时，当电流大于 10mA（即电流溢出 y 轴）时应及时停止实验，以免损伤工作电极，此时只需点击工具栏中的停止键"┆"即可。

每次测量前必须用金相砂纸打磨工作电极并清洗干净。

数据处理

（1）分别在极化曲线图上找出 $E_{钝}$ 和 $I_{钝}$ 及钝化区间，并将数据列成表。

（2）点击工具栏中的"Graphics"，再点击"Overlay Plot"，选中另 3 个文件使 4 条曲线叠加在一张图中。如果曲线溢出画面，请在"Graph Options"里选择合适的 x、y 轴量程再作图，然后打印曲线图。

（3）比较 4 条曲线，并讨论所得实验结果及曲线的意义。

思考题

（1）在测定前，为什么将 Ni 电极表面用金相砂纸磨亮，随后用丙酮、去离子水洗净？

（2）如果扫描速率改变，测得 $E_{钝}$、$I_{钝}$ 有无变化？为什么？

（3）当溶液 pH 发生改变时，镍电极的钝化行为有无变化？

实验六十五　微分脉冲伏安法测定对苯二酚和间苯二酚

实验目的

（1）了解微分脉冲伏安法的原理。

（2）掌握微分脉冲伏安法的实验技术，并应用其测定对苯二酚和间苯二酚。

（3）掌握 CHI852D 电化学工作站的使用方法。

实验原理

1. 对苯二酚和间苯二酚

对苯二酚和间苯二酚是重要的化工原料，它们在修饰的玻碳电极上能直接发生氧化反应。本实验用微分脉冲伏安法测定对苯二酚和间苯二酚。

2. 微分脉冲伏安法（DPV）原理

电化学测量是物理化学实验中的一个重要手段。微分脉冲伏安法是一种灵敏度较高的伏安分析技术，它是对施加在工作电极上线性变化的电位叠加一个等振幅（ΔE 为 5 ～ 100mV），持续时间为 40～80 ms 的矩形脉冲电压，测量脉冲加入前 20ms 和终止前 20ms 时电流之差 Δi。在直流极谱波的 $E_{1/2}$ 处 Δi 值最大，因此微分脉冲伏安图呈对称的峰状，峰电位相当于直流极谱波的半波电位。由于采用了两次电流取样的方法，因而能很好地扣除因直流电压引起的背景电流。微分脉冲伏安法峰电流 i_p 的大小与脉冲振幅的大小成正比，但振幅大分辨率低。峰电流不受残余电流的影响。

仪器与试剂

1. 仪器

CHI852D 电化学工作站、玻璃电解池、玻碳电极（GCE，工作电极）、铂电极（Pt，辅助电极）、Ag/AgCl 电极（参比电极）、单道固定量程移液器（Genex）、超声波清洗器、酸度计、抛光绒布若干片。

2. 试剂

$K_3Fe(CN)_6$、KCl、4-氨基吡啶（4-Aminopyridine，4-AP）、亚硝酸钠、对苯二酚、间苯二酚、浓盐酸、α-Al_2O_3（直径 $1\mu m$）抛光粉。所用试剂均为分析纯。

实验步骤

1. 配制溶液

用电子天平称量试剂并用超纯水配制好下列溶液：$0.005mol \cdot L^{-1}$ $K_3Fe(CN)_6$（$0.1mol \cdot L^{-1}$ KCl 作为支持电解质）溶液；$0.1mol \cdot L^{-1}$ HAc-NaAc 缓冲溶液（pH 为 5.55，$0.1mol \cdot L^{-1}$ KCl 作为支持电解质）；$0.005mol \cdot L^{-1}$ 4-AP 溶液；$0.1mol \cdot L^{-1}$ 亚硝酸钠溶液；$0.01mol \cdot L^{-1}$ 对苯二酚水溶液；$0.01mol \cdot L^{-1}$ 间苯二酚水溶液。

2. 电极处理

抛光玻碳电极（GCE）：取适量 α-Al_2O_3（直径 $1\mu m$）抛光粉铺在抛光绒布上，用少量超纯水调成糊状，研磨 GCE 之后用超纯水冲洗，再超声清洗 10s，吹干。将玻碳电极、Ag/AgCl 电极、铂电极插入 $0.005mol \cdot L^{-1}$ $K_3Fe(CN)_6$ 溶液中，连接好电路（将工作站的绿色夹头夹 GCE，红色夹头夹 Pt 电极，白色夹头夹参比电极）。开启电化学工作站及控制电脑，将 CHI-电化学系统的操作界面选定在循环伏安测定，设置参数，按下"Run"键在 $0.005mol \cdot L^{-1}$ $K_3Fe(CN)_6$ 溶液中进行循环伏安测试。

具体参数设置如下。Init E(V)：0.6；High E(V)：0.6；Low E(V)：-0.1；Scan Rate(V/s)：0.1；Sweep Segments：4。

测试后将数据命名为"Bare GCE in FeCN"存储于设置的文件夹中。

当检测到 $Fe(CN)_6^{3-}$ 在 GCE 上氧化还原峰电势差值<110 mV，表面活性即达到要求。

电极的修饰：电极表面活性达到要求后，将 GCE 用超纯水冲洗，吹干。放入 $0.005mol \cdot L^{-1}$ 4-AP 溶液和 $0.1mol \cdot L^{-1}$ 亚硝酸钠溶液中进行共价化学修饰。

将修饰好的电极用超纯水冲洗，再超声清洗 10s，吹干。放入 $0.005mol \cdot L^{-1}$ $K_3Fe(CN)_6$ 溶液中进行循环伏安测试，检验电极是否修饰完成。

3. 用修饰好的电极（4-AP/GCE）检测对苯二酚

反应池中加入 4mL pH 为 5.55 的 HAc-NaAc 缓冲溶液，将玻碳电极、Ag/AgCl 电极、铂电极插入 HAc-NaAc 缓冲溶液中，将工作站的绿色夹头夹 GCE，红色夹头夹 Pt 电极，白色夹头夹参比电极后进行微分脉冲伏安检测。

具体检测过程如下：

反应池中依次加入 $0.01mol \cdot L^{-1}$ 对苯二酚溶液 0、$1\mu L$、$2\mu L$、$3\mu L$、$4\mu L$、$5\mu L$、$6\mu L$、$7\mu L$、$8\mu L$、$9\mu L$ 和 $10\mu L$，每次加入一定量的对苯二酚溶液，搅拌均匀后，进行一次微分脉冲伏安检测。DPV 检测条件：扫描范围 $-0.2\sim+0.9$ V，脉冲振幅 100 mV，脉冲宽度 70 ms，脉冲周期 0.5s。

开启电化学系统进行 DPV 测试，输入以下参数。

Initial $E(V)$：-0.2。

Final $E(V)$：0.9。

Incr $E(V)$：0.007。

Amplitude(V)：0.1。

Pulse Width (sec)：0.07。

Pulse Periodi (sec)：0.5。

Quiet Time (sec)：2。

Sensitivity (A/V)：0.001。

检测对苯二酚后将三电极取出，Pt 电极和参比电极超纯水冲洗吹干，4-AP/GCE 超纯水冲洗后，超声 10 s，吹干，放入 4mL pH 为 5.55 的 HAc-NaAc 缓冲溶液的称量瓶中进行循环伏安检测，做空白对照实验，检查在 4-AP/GCE 表面有无对苯二酚分子残留。

将做过空白测试后的三电极取出，Pt 电极和参比电极超纯水冲洗吹干，4-AP/GCE 超纯水冲洗，超声 5s，吹干，放入 $0.005mol \cdot L^{-1}$ $K_3Fe(CN)_6$ 溶液中进行循环伏安测试，检测电极修饰层是否完好。

4. 用修饰好的电极（4-AP/GCE）检测间苯二酚测试步骤同 3。

用修饰好的电极（4-AP/GCE）同时检测对苯二酚和间苯二酚测试步骤同 3。

实验结束，取出三电极，Pt 电极和参比电极超纯水冲洗吹干，4-AP/GCE 超纯水冲洗，超声清洗 5s，吹干，分别放回指定的保存位置。用超纯水清洗所用实验玻璃仪器，吹干后保存。

数据记录与处理

1. 数据记录

按溶液浓度由低到高作微分脉冲伏安图，并从伏安图上读取峰高电流值。记录每次微分脉冲伏安法检测对苯二酚氧化峰电流 i_{pa}；计算每次加入一定量 $0.01mol \cdot L^{-1}$ 对苯二酚溶液后，反应池中对苯二酚总的实际浓度（$c_{对苯二酚}$），并统计于表 1 中。

表 1 数据记录示例

$V_{对苯二酚}/\mu L$	$c_{对苯二酚}/mol \cdot L^{-1}$	$i_{pa}/\mu A$
1		
2		
3		
4		
5		
6		
7		
8		
9		

2. 绘制 $c_{对苯二酚}$ 对 i_{pa} 校准曲线

根据表 1 利用 Origin 软件绘制 $c_{对苯二酚}$ 对 i_{pa} 的校准曲线，记录校准曲线方程。

3. 绘制 $c_{间苯二酚}$ 对 i_{pa} 校准曲线方法同 2（表 2）。

表 2 数据记录示例

$V_{间苯二酚}/\mu L$	$c_{间苯二酚}/mol \cdot L^{-1}$	$i_{pa}/\mu A$
1		
2		
3		
4		
5		
6		
7		
8		
9		

4. 同时检测对苯二酚和间苯二酚分别绘制 $c_{对苯二酚}$-i_{pa},$c_{间苯二酚}$-i_{pa} 校准曲线方法同 2（表 3）。

表 3　数据记录示例

$V_{对苯二酚}$/μL	$V_{间苯二酚}$/μL	$c_{对苯二酚}$ /mol·L^{-1}	i_{pa}/μA 对苯二酚	$c_{间苯二酚}$ /mol·L^{-1}	i_{pa}/μA 间苯二酚
1	1				
2	2				
3	3				
4	4				
5	5				
6	6				
7	7				
8	8				
9	9				

注意事项

（1）将电极与工作站连接时，注意不要将电极夹弄混，也不可以使它们短路。

（2）待加入的对苯二酚溶液与反应池溶液混合均匀后再进行微分脉冲伏安检测。

（3）实验后，单道固定量程移液器（Genex）要调回到最大量程。

思考题

（1）微分脉冲伏安法为何能达到较高的灵敏度？

（2）微分脉冲伏安图为什么呈峰形？

实验六十六　表面张力的测定

实验目的

（1）掌握最大压差法测定表面张力的原理和方法。

（2）测定正丁醇溶液的表面张力。

（3）学会用图解法或曲线拟合法计算不同浓度溶液的表面吸附量。

（4）了解表面张力的概念、影响因素及溶液的表面吸附作用。

实验原理

液体表面张力的大小与液体的本性及温度有关。一般温度升高，表面张力下降。当在液体中加入某溶质时，液体的表面张力会发生变化。若溶质使液体表面张力升高，则溶质在溶液表面层的浓度小于溶液内部的浓度，反之则相反。这种现象称为溶液表面的吸附。

在一定的温度、压力下，溶质的表面吸附量与溶液的浓度、表面张力之间的关系可以用吉布斯（Gibbs）吸附等温式表示：

$$\Gamma = -\frac{c}{RT} \times \frac{\mathrm{d}\gamma}{\mathrm{d}c} \tag{1}$$

式中　Γ——表面过剩吸附量；

c ——溶液浓度；

γ ——溶液的表面张力；

R ——摩尔气体常数，8.314J·mol^{-1}·K^{-1}；

T ——绝对温度，K。

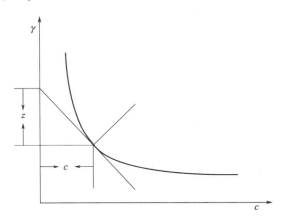

图 1　表面张力和浓度关系

若 dγ/d$c<0$，则 $\Gamma>0$，即随着溶液浓度增加，溶液表面张力降低，称为正吸附；若 dγ/d$c>0$，则 $\Gamma<0$，随着溶液浓度增加，溶液表面张力增加，称为负吸附。

实验测得不同浓度溶液的表面张力，绘出 γ 对 c 的曲线，用作图法可在对应不同浓度 c 的曲线点上作曲线的切线，其斜率为对应浓度 c 的 dγ/dc，如图 1，显然 $Z=-c\times(\mathrm{d}\gamma/\mathrm{d}c)$ 则有

$$\Gamma=\frac{Z}{RT} \tag{2}$$

测定液体表面张力的方法有许多种，本实验采用最大压差法，其原理如下。

从刚浸入液面的毛细管口鼓出气泡时，需要在毛细管内施加附加压力，以克服气泡的弯曲界面压力差，此附加压力与表面张力成正比，与气泡的曲率半径成反比，其关系式为：

$$\Delta p=\frac{2\gamma}{r} \tag{3}$$

式中，Δp 为附加压力，等于气泡的弯曲界面压力差；γ 为液体的表面张力；r 为气泡的曲率半径。

如果毛细管半径很小，则在毛细管口形成气泡的液面基本上呈球形，当气泡形成前，液面是较平的，可视为曲率半径较大的球面，随着气泡的形成，液面的曲率半径逐渐变小，直到液面成为半球形。此时曲率半径 r 等于毛细管半径 r_1，达到最小值。根据式（3）可知，此时附加压力达到最大值。气泡进一步变大，曲率半径 r 增大，附加压力变小，直至气泡逸出。

按照式（3），当 $r=r_1$ 时，最大附加压力为：$\Delta p=\dfrac{2\gamma}{r_1}$ $\qquad\qquad$ (4)

则表面张力为： $$\gamma=\frac{1}{2}r_1\Delta p_\mathrm{m} \tag{5}$$

由于实际测量时毛细管刚与液面相切，故鼓泡时所需克服液体静压力忽略不计。

如果压差计的介质密度为 ρ，与 Δp_m 相对应的最大压差为 Δh_m，则：

$$\gamma = \frac{1}{2}\rho g r_1 \Delta h_m \tag{6}$$

将 $\frac{1}{2}\rho g r_1$ 合并为常数 K，则有：$\qquad \gamma = K\Delta h_m \tag{7}$

对同一支毛细管而言，K 为常数，称为仪器常数。用已知表面张力的液体测得数据推算 K，即可求得其他液体的表面张力，作图，可分别得到 Γ。

仪器与试剂

表面张力仪 1 套、超级恒温水浴 1 台、500mL 烧杯 2 支、洗耳球 1 支。

正丁醇溶液 0.1mol·L⁻¹、正丁醇溶液 0.3mol·L⁻¹、正丁醇溶液 0.5mol·L⁻¹、正丁醇溶液 0.6mol·L⁻¹、正丁醇溶液 0.7mol·L⁻¹、蒸馏水 100mL。

实验步骤

1. 测仪器常数

调节超级恒温水浴温度为（25.0±0.1）℃ ［室温较高时调为（30.0±0.1）℃］。

用洗液浸泡、洗涤测量用的毛细管及样品管，然后用蒸馏水洗干净。

在样品管中放入适量的蒸馏水。将毛细管插入样品管，并使毛细管端恰好与液面相切，接通超级恒温水浴，恒温 20min，缓缓打开分液漏斗的旋塞，使气泡从毛细管端尽可能慢地鼓出（约 5s 出一个气泡）。同时注意读取压差计的最大压差 Δh_m 值，读取 3 次，取平均值。

2. 测量表面张力

分别用 0.1mol·L⁻¹、0.3mol·L⁻¹、0.5mol·L⁻¹、0.6mol·L⁻¹、0.7mol·L⁻¹ 正丁醇溶液从稀到浓依次同上法测量。每次更换溶液时，只需用少量待测液淌洗一次即可。

3. 后续处理

实验完毕，用蒸馏水洗净样品管，并将毛细管浸入洗液中保存。

数据记录与处理

（1）已知 25℃时，$\gamma_{H_2O}=71.97\times10^{-3}$（N·m⁻¹），30℃时，$\gamma_{H_2O}=71.18\times10^{-3}$（N·m⁻¹），与 $\Delta h_{m,H_2O}$ 一起计算仪器常数 K。

（2）数据记录示例

实验温度 $T=($ $)$℃		仪器常数 $K=($ $)$				
项目	H₂O	正丁醇溶液/mol·L⁻¹				
		0.1	0.3	0.5	0.6	0.7
Δh_m/mm						
γ/N·m⁻¹						

（3）绘制正丁醇溶液的 $\gamma\text{-}c$ 关系图。

（4）用镜像法在曲线的曲率较大的范围内取 5 个点，分别过此 5 点作曲线的切线，根据公式 $\Gamma=Z/(RT)$ 计算 Γ。

思考题

（1）本实验的关键是什么？

（2）毛细管插进溶液过深，对实验有何影响？

（3）温度对本实验有何影响？

实验六十七　程序升温脱附法——催化剂表面性质的研究

实验目的

(1) 掌握程序升温脱附 (TPD) 技术的基本原理。

(2) 熟悉和掌握 FINESORB-3010 程序升温化学吸附仪的工作原理和使用方法。

(3) 了解 NH_3-TPD 和 CO_2-TPD 测定固体催化剂表面酸、碱性的原理及方法。

(4) 用 FINESORB-3010 程序升温化学吸附仪测定固体催化剂的 TPD 谱图。

实验原理

通常情况下，多数催化反应中起反应的部位并不是催化剂的所有表面，而只是总表面的一小部分，即催化剂的活性中心，因此人们利用各种技术来得到催化剂活性中心的信息，程序升温脱附技术就是其中的一种。程序升温脱附技术 (TPD) 是研究表面活性中心与吸附分子相互作用的重要技术。TPD 技术，也叫热脱附技术，是近年发展起来的一种研究催化剂表面性质及表面反应特性的有效手段。表面科学研究的一个重要内容，是要了解吸附物与表面之间成键的本质。吸附在固体表面上的分子脱附的难易，主要取决于这种键的强度，TPD 技术还可从能量角度研究吸附剂表面和吸附质之间的相互作用。

当气体或液体与固体催化剂接触时，气体或液体可以在催化剂表面发生吸附。被吸附的分子在表面上有两种运动：一种是振动，另一种是移动。当体系温度升高时，这两种运动的能量增加到足以摆脱固体表面分子的束缚时，被吸附的分子即可离开固体表面逸入空间，表现为脱附。程序升温脱附技术就是基于此原理来研究催化剂的表面性质的。程序升温脱附技术可以在接近催化剂的使用条件下进行实验，通过该技术，不仅可以得到一些脱附过程的信息，还可以得到在催化剂表面上发生的催化反应的信息，在一些情况下可以同时研究化学吸附和表面反应。

程序升温脱附 (TPD)：将预先吸附了某种气体分子的催化剂在程序升温下，通过稳定流速的气体 (通常为惰性气体)，使吸附在催化剂表面上的分子在一定温度下脱附出来，随着温度升高而脱附速率增大，经过一个脱附速率最大值后逐步脱附完毕，气流中脱附出来的吸附气体的浓度可以用各种适当的检测器 (如热导池) 检测出其浓度随温度变化的关系，即为 TPD 技术。

用 NH_3-TPD 和 CO_2-TPD 方法测定固体催化剂表面酸、碱强度和酸、碱中心数量。其基本原理是，将吸附了 NH_3 或 CO_2 的样品置于惰性气流中，然后按规定的升温速度加热样品。在一定温度下，热能将会克服活化能，使吸附物与吸附中心之间的键断裂，与酸中心结合的 NH_3 或与碱中心结合的 CO_2 就会脱附出来。若有不同强度的活性中心存在，吸附质通常会在不同的温度下脱附，在流出的气流中，将脱附气体的浓度作为样品温度的函数来监测，从而得到由一个或几个峰组成的脱附谱，将这种浓度-温度图称为 TPD 图。用某种吸附质在催化剂上进行脱附时，相应的峰温表示该催化剂所具有的对这种吸附质吸附的强度，脱附峰对应的温度越高，表示酸 (或碱) 的强度越大；该峰温下的脱附峰面积可以表示该强度的吸附量。因此，用碱性气体作为吸附质在催化剂上进行吸附时，相应的脱附的碱性气体的峰温表示该催化剂所具有的酸的强度，该峰温下的脱附峰面积也可以表示该强度的酸量。同样，用酸性气体作为吸附质在催化剂上进行吸附时，相应的脱附的酸性气体的峰温表示该催化剂所具有的碱的强度，该峰温下的脱附峰面积也可以表示该强度的碱量。假定吸附气体在表面以两种不同的结合态存在，它们的吸附热不同，应该预期在 TPD 曲线上将出现两个明显的峰。

将一吸附体系恒速升温时，脱附活化能最低的分子先脱附，接着逐步脱附活化能高的分子，具有单一脱附活化能且脱附速率对吸附粒子的浓度为一级时，脱附峰将对应于式（1）给出的温度 T_p。

$$\frac{E_d}{RT_p^2} = \frac{A}{\beta} e^{-E_d/RT_p} \tag{1}$$

式中，E_d 为活化能；A 为指前因子；β 为升温速率；T_p 为峰温。

若假定指前因子是 10^{13} s，则可估算出活化能。

也可不估计指前因子，而用公式（2）将峰温 T_p 和加热速率 β 联系起来。

$$2\ln T_p - \ln \beta = \frac{E_d}{RT_p} + \ln \frac{E_d}{AR} \tag{2}$$

改变加热速率，获得各种峰温 T_p 后，以 $2\ln T_p - \ln \beta$ 对 $\frac{1}{T_p}$ 作图，从所得直线斜率可求得 E_d 值。

仪器与试剂

FINESORB-3010 程序升温化学吸附仪。

载气、混合气、样品。

实验步骤

(1) 打开电脑和仪器，让仪器预热 10～30min。

(2) 检测进气口、排气口、管路、减压阀及钢瓶的连接是否正常。通入的气体与接口保证正确，软件设置是否保持一致。

(3) 打开钢瓶总阀，调整减压阀门，使气体出口压力调整在小于 0.1MPa。

(4) 用皂泡检漏。

(5) 称取 50～100mg 的样品，先将石英棉放入 U 形反应器的一端中，然后将称取的样品放入有石英棉的 U 形反应器中，再在样品上放入石英棉。

(6) 最后将 U 形反应器穿过高温炉盖子，用螺母和 O 形圈固定在卡套上拧紧。

(7) 合上炉子，扣好。

(8) 打开软件，双击"FINESORB-3010 快捷键，进入 FINESORB-3010 程序升温化学吸附仪"界面。

(9) 点击设置（S）→气体定义→设置载气入口，反应气入口，输入计算得到的 MFC 系数→确定。（注意：载气和反应气连接在哪个入口就设置为哪个入口；气体 MFC 系数见附录；MFC 系数的计算公式 = x%反应气 + y%载气，x%表示混合气中反应气的含量，y%表示混合气中载气的含量）。

(10) 进入"设置"界面。

(11)（以 TPD 为例）"载入参数设置文件（*TPD.SSR）"窗口，选择"TPD.SSR"。

(12) 在"载入 TPD 参数设置文件（*.SSR）"窗口中点击打开，确认，返回"设置"界面。根据具体的实验条件，修改各实验参数，点击保存。被修改的参数此时会以黄色背景呈现，保存后自动恢复蓝色背景。（注意：做 TPD 时载气流量控制和反应气流量控制都是 15sccm）。

（13）完成实验参数修改后，点击"温度编程"，进入程序控温参数设置界面。（注意：根据实验的具体要求进行设置，可以把蒸汽发生器和凝露控制器的温度设置为 0℃）

（14）根据要求完成具体参数设置后，点击"保存"，再点击"写入"，此时蓝色的进度条向前推进，等到进度条静止不动时，点击退出，返回到"设置"界面。

（15）使此界面中 TPD 参数中的时间和步骤（13）中的温度编程中的时间一致，点击保存，点击确定，进入"动态检测"界面。

（16）点击"新建"，命名文件名（如分子筛-TPD）。

（17）点击"打开"，返回动态检测界面。

（18）点击 TPD 预处理，实验进入"预处理"阶段。（注意：当进入到降温阶段时，观察高温炉仪表，等仪表中实际温度降到 400℃ 以下时可以把炉子打开一条缝，300℃ 以下时可以敞开炉子，以免损坏炉膛、电阻丝和仪器的烤漆）（排气管放到窗外，排气管插入有水烧杯，是否有气泡冒出）。

（19）软件由计算机控制自动从 TPD 预处理、吸附、吹扫、脱附、吹扫保护一步步运行，直到结束。（注意：注意在进入脱附升温之前 10min 关上高温炉）。

（20）实验结束以后，关闭软件，（注意：当进入到降温阶段时，观察高温炉仪表，等仪表中实际温度降到 400℃ 以下时可以把炉子打开一条缝，300℃ 以下时可以敞开炉子，以免损坏炉膛、电阻丝和仪器的烤漆），仪表高温炉子温度 300℃ 以下可关闭仪器，关闭气体总阀，关闭电脑。第二天早上取下 U 形反应器，洗耳球吹走石英棉和样品。洗净 U 形反应器，烘干。

（21）用光盘拷贝数据。

数据记录与处理

用 FINESORB-3010 程序升温化学吸附仪测定固体催化剂的 TPD 谱图，确定峰温和脱附峰面积，并打印。

操作：双击软件的快捷方式 →打开已存数据文件名→TPD 谱图。

思考题

（1）为了使结果准确且重复性好，应注意哪些条件？

（2）脱附时为什么要程序升温？

实验六十八　电泳（溶胶的制备及电泳）

实验目的

（1）学会制备 $Fe(OH)_3$ 溶胶和纯化溶胶的方法。

（2）通过实验观察并熟悉溶胶的电泳现象。

（3）掌握电泳法测定胶粒电泳速度和溶胶 ζ 电势的方法。

实验原理

胶体溶液是一个多相分散体系，分散相胶粒和分散介质带有数量相等而符号相反的

电荷，因此在相界面上建立了双电层结构。当胶体相对静止时，整个溶液呈电中性。但在外电场作用下，胶体中的胶粒和分散介质反向相对移动，就会产生电势差，此电势差称为ζ电势。ζ电势是表征胶粒特性的重要物理量之一，在研究胶体性质及实际应用中有着重要的作用。ζ电势和胶体的稳定性有密切关系，|ζ|值越大，表明胶粒荷电越多，胶粒之间的斥力越大，胶体越稳定。反之，则不稳定。当ζ电势等于零时，胶体的稳定性最差，此时可观察到聚沉的现象。因此无论制备或破坏胶体，均需要了解所研究胶体的ζ电势。

在外加电场作用下，带电的胶体粒子在分散介质中发生相对运动，若分散介质不动，胶粒向正极或负极移动，这种现象称为电泳。

测定 $Fe(OH)_3$ 的ζ电位时，在 U 形管中先放入棕红色的 $Fe(OH)_3$ 溶胶，然后小心地在溶胶面上注入无色的辅助溶液，使溶胶和溶液之间有明显的界面。在 U 形管的两端各放一支电极，通电一定时间后，可观察到溶胶和溶液的界面，一端上升，另一端下降。胶体的ζ电位可通过电泳公式计算得到。

当带电的胶粒在外电场作用下迁移时，若胶粒的电荷为 q，两电极间的电位梯度为 ω，则胶粒受到的静电力为：

$$F_1 = q\omega \tag{1}$$

球形胶粒在介质中运动受到的阻力按斯托克斯（Stokes）定律为：

$$F_2 = K\pi\eta r v \tag{2}$$

式中，K 为与胶粒形状有关的常数；η 为介质的黏度，$kg \cdot m^{-1} \cdot s^{-1}$；$r$ 为胶粒的半径；v 为胶粒运动速度，$m \cdot s^{-1}$。

若胶粒运动速度 v 达到恒定，则有：

$$q\omega = K\pi\eta r v \tag{3}$$

$$v = \frac{q\omega}{K\pi r\eta} \tag{4}$$

胶粒的带电性质通常用ζ电位而不用电量 q 表示，根据静电学原理，有：

$$\zeta = \frac{q}{\varepsilon_r r} \tag{5}$$

代入式（3）中得：

$$\zeta = \frac{K\pi v\eta}{\omega\varepsilon_r} \tag{6}$$

式（6）适用于不同形状的胶粒，ε_r 为介质的相对介电常数。

对于球形胶粒，$K = 5.4 \times 10^{10}$ $V^2 \cdot s^2 \cdot kg^{-1} \cdot m^{-1}$；棒形胶粒，$K = 3.6 \times 10^{10}$ $V^2 \cdot s^2 \cdot kg^{-1} \cdot m^{-1}$。由式（6）可知，对于一定溶胶而言，若固定 E 和 L（$\omega = E/L$，E 为两极间的电位差，L 为两极间的距离）并测得胶粒的电泳速度（$v = d/t$，d 为胶粒移动的距离，t 为通电时间），就可以求算出ζ电位。

仪器与试剂

高压数显稳压电源 1 台、铂电极 2 支、电导率仪 1 台、U 形电泳仪 1 套。

棉胶液、KCl（化学纯）、无水 $FeCl_3$（化学纯）。

实验步骤

（1）$Fe(OH)_3$ 溶胶的制备：将 0.5g 无水 $FeCl_3$ 溶于 20mL 蒸馏水中，在搅拌的情况下将上述溶液滴入 200mL 沸水中（控制在 4～5min 内滴完），然后再煮沸 1～2min，即制得 $Fe(OH)_3$ 溶胶。

（2）珂罗酊袋的制备：将约 20mL 棉胶液倒入干净的 250mL 锥形瓶内，小心转动锥形瓶使瓶内壁均匀展开一层液膜，倾倒出多余的棉胶液，将锥形瓶倒置，待溶剂挥发完（此时胶膜已不粘手），用蒸馏水注入胶膜与瓶壁之间，使胶膜与瓶壁分离，将其从瓶中取出。在胶袋中注入蒸馏水检查是否有漏洞，如无漏洞，将其浸入蒸馏水中待用。

（3）溶胶的纯化：将冷却至约 50℃ 的 $Fe(OH)_3$ 溶胶转移到珂罗酊袋，用约 50℃ 的蒸馏水渗析，约 10min 换水一次，渗析 5～10 次。

（4）将渗析好的 $Fe(OH)_3$ 溶胶冷却至室温，测其电导率，用 $0.1mol \cdot L^{-1}$ KCl 溶液和蒸馏水配制与溶胶电导率相同的辅助液。

（5）用蒸馏水将 U 形电泳仪洗干净，然后取出活塞，烘干。在活塞上涂上一层薄薄的凡士林，凡士林最好离活塞孔远一些，以免弄脏溶液。

（6）关闭 U 形电泳仪下端的活塞，用滴管顺着侧管管壁加入 $Fe(OH)_3$ 溶胶（注意：若发现有气泡逸出，可慢慢旋开活塞放出气泡，但切勿使溶胶流过活塞，气泡放出后立即关闭活塞）。再从 U 形管的上口加入适量的辅助液。

（7）缓慢打开活塞（动作过大会搅混溶面，而导致实验重做），使溶胶慢慢上升至适当高度，关闭活塞并记录液面的高度。轻轻将两支铂电极插入 U 形管的辅助液中。

（8）将高压数显稳压电源的粗、细调节旋钮逆时针旋到底。

（9）按"＋"、"－"极性将输出线与负载相接，输出线枪式叠插座头插入铂电极枪式叠插座尾。

（10）将电源线连接到后面板电源插座。

（11）按图 1 接好线路，开启电源，将电压调节在 50V，同时开始计时。一段时间后，先将高压数显稳压电源的粗调节旋钮逆时针旋到底，再将细调节旋钮逆时针旋到底，然后关闭电源，记录溶胶界面移动的距离和所用时间，用线测出两电极间的距离 L（注意：不是水平距离，而是 U 形管的距离，此数值重复测量 5～6 次，取其平均值）。

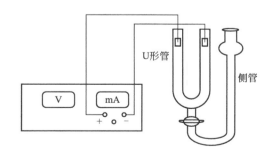

图 1 实验装置

数据记录与处理

（1）计算电泳速度：

$$v = d/t \qquad (7)$$

（2）计算电位梯度：

$$\omega = E/L \qquad (8)$$

（3）计算胶体的 ζ 电位：将计算出的 v、ω 数值代入式（6），即可计算得到胶粒的 ζ 电位。

注意事项

（1）制备胶体时，一定要缓慢向沸水中逐滴加入 $FeCl_3$ 溶液，并不断搅拌。否则，得到的胶体颗粒太大，稳定性差。

（2）高压危险，在使用过程中，必须接好负载后再打开电源。

（3）在调节粗调旋钮时，一定要等电压、电流稳定后再调节下一挡。

（4）输出线插入接线柱应牢固、可靠，不得有松动，以免高压打火。

（5）在调节过程中，若电压、电流不变化，是由于保护电路工作，形成死机，此时应关闭电源再重新按操作步骤操作。此状态一般不会出现。

（6）不得将两输出线短接。

（7）若负载需接大地，可将负载接地线与仪器面板黑接线柱（⊥）相连。

思考题

（1）电泳速度的快慢与哪些因素有关？

（2）辅助溶液的作用是什么？选择和配制辅助溶液有什么要求？

（3）胶粒带电的原因是什么？如何判断胶粒所带电荷的符号？

实验六十九　电渗法测定 ζ 电势

实验目的

（1）掌握电渗法测定 ζ 电势的原理与技术。

（2）加深理解电渗是胶体中液相和固相在外电场作用下相对移动而产生的电性现象。

实验原理

溶胶是一个多相体系，其分散相胶粒的大小在 $1nm \sim 1\mu m$ 之间。由于溶胶本身电离，或胶体从分散介质中有选择地吸附一定量的离子，使胶粒带有一定量的电荷，胶粒周围的介质分布着反离子。反离子所带电荷与胶粒表面电荷符号相反、数量相等，整个溶胶体系保持电中性。但在外电场作用下，胶体中的胶粒和分散介质反向相对移动，就会产生电位差，此电位差称为 ζ 电势。ζ 电势是表征胶粒特性的重要物理量之一，在研究胶体性质及实际应用中有着重要的作用。ζ 电势和胶体的稳定性有直接关系。ζ 电位绝对值越大，表明胶粒荷电越多，胶粒之间的斥力越大，胶体越稳定。反之则表明胶体越不稳定。当 ζ 电势等于零时，胶体的稳定性最差，此时可观察到胶体的聚沉现象。

在外加电场作用下，若分散介质对静态的分散相胶粒发生相对移动，称为电渗；若分散相胶粒对分散相介质发生相对移动，则称为电泳。实质上两者都是荷电粒子在电场作用下的定向运动，区别在于，电渗研究液体介质的运动，而电泳则研究固体粒子的运动。

在外加电场作用下，液体通过多孔固体隔膜，可贯穿隔膜的许多毛细管。根据液体在外加电场下通过毛细管的例子，可以推导出电渗公式。

如图 1 所示，设电渗发生在一半径为 r 的毛细管中，固体与液体接触界面处的吸附层厚度为 δ，若表面电荷密度为 ρ，电位梯度为 ω，则界面上单位面积所受静电力为：

$$f_1 = \rho\omega \tag{1}$$

而液体在毛细管中作层流运动时，单位面积所受阻力为：

$$f_2 = \mathrm{d}v/\mathrm{d}x = \eta v/\delta \tag{2}$$

式中，v 为电渗速率；η 为液体的黏度。若液体流动速率 v 达到恒定，则有：

$$v = (\omega\rho\delta)/\eta \tag{3}$$

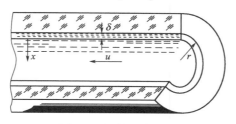

图 1　毛细管电渗模型

设界面处的电荷分布情况可看作类似于一个平板电容器上的电荷分布情况，由平板电容器的电容公式

$$C = \rho/\zeta = \varepsilon/(4\pi\delta) \tag{4}$$

得到

$$\zeta = (4\pi\rho\delta)/\varepsilon \tag{5}$$

式中，ε 为液体介质的介电常数，$\varepsilon = \varepsilon_r\varepsilon_0$，$\varepsilon_0 = 8.854\times10^{-12}$ C・V^{-1}・m^{-1}。

合并式（3）和式（5）得：

$$\zeta = 4pv\eta/(\varepsilon\omega) \tag{6}$$

而

$$\omega = IR/L = I/A\kappa \tag{7}$$

由于分子间的内聚力和内摩擦力的存在，离子运动时带着毛细管中的液体一起走，因而有：

$$v = V/At \tag{8}$$

式（7）、式（8）中 I 为通过两电极间的电流；R 为两电极间的电阻；κ 为液体介质的电导率；L 为两电极间距离；A 为毛细管截面积。

将式（7）、式（8）代入式（6）中得 $\zeta = (4\pi\eta\kappa V)/(It\varepsilon)$ \tag{9}

若已知液体介质的黏度 η，介电常数 ε，电导率 κ，只要测定在电场作用下通过液体介质的电流强度 I，测定时间 t(s) 内液体由于受电场作用流过毛细管的液体体积 V，则可以从式（9）计算出 ζ 电势。

仪器与试剂

高压数显稳压电源 1 台、铂电极 2 支、电渗仪 1 套、电导率仪 1 台、恒温水浴 1 套。
SiO_2 粉末（80～100 目）、NaCl（化学纯）。

实验步骤

1. 电渗仪的安装

电渗仪如图 2 所示。刻度毛细管上的刻度单位为 mL。刻度毛细管两端通过连通管分别与铂电极相连；A 管的两端装有多孔薄瓷板，A 管内装二氧化硅；在刻度毛细管的一端接有 G 管，通过它可以将一个测量流速用的气泡压入刻度毛细管。

洗净电渗仪管，揭去磨口瓶塞，将 80～100 目的 SiO_2 粉末注入 A 管中。从电极管口注入 0.001mol・L^{-1} 的氯化钠溶液浸泡 4h 以上，然后倒掉溶液，盖上磨口瓶塞，再重新倒入 0.001mol・L^{-1} 的氯化钠溶液（在倒入溶液过程中要不断排出气泡），直至能浸没电极为止，插好两支铂电极，将吹气细管一端从 G 管插入至毛细管端口处，另一端插入洗耳球，然后吹入一小气泡至刻度毛细管中。

注：先让气泡在毛细管中正反向来回运行 2～3 次再计时。

2. 测电渗时液体的流量 U 和电流强度 I

将电渗实验仪上的电流调节旋钮逆时针旋到底；按"＋"、"－"极性将输出线与两支铂电极相接（红为正，蓝为负），输出线枪式叠插座头插入铂电极枪式叠插座尾；将电源线连接到后面板电源插座。打开电源开关，显示板即有显示，正向指示灯亮。根据气泡的移动速度，顺时针调节电流调节旋钮，直至满足要求。测量毛细管中气泡从一端刻度至另一端刻度行程所需时间，反复测量正、反向电渗流量 U 值各 5 次，同时记下电流强度 I 值。

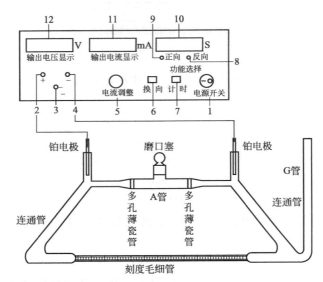

图 2   电渗仪连接示意

实验过程中，如需改变输出"＋"、"－"极性，按下换向按钮，反向指示灯亮，输出红为"－"、蓝为"＋"（由于电路保护所需，面板显示有时会有乱码显现，为单片机保护电路的显示现象）。

实验过程中，如需计时，按下计时按钮，开始计时，时间为 00.0～99.9s，再次按下计时按钮，停止计时。

注意：计时时，换向按钮无效。

改变输出电流，按上述方法测量相应的 U 值和 I 值。

实验结束时，将电流调节旋钮逆时针旋到底。

注意：旋钮的调节速度不应过快。

切断电源，再断开铂电极。

用电导率仪测定 $0.001 \mathrm{mol \cdot L^{-1}}$ 的氯化钠溶液的电导率 κ。

数据记录与处理

（1）记录每次所测定的 $V(\mathrm{m^3})$、$t(\mathrm{s})$ 值和电流强度 I，利用式（9）计算不同 I 值下的 ζ 值，并求 ζ 平均值。

（2）利用式（9）求 ζ 时，η、ε 皆用水的相应值代替，水的 ε 按式 $\varepsilon = 80 - 0.4(T/\mathrm{K} - 293.15)$ 计算，T 为实验时的热力学温度。其他数值可见附录。

注意事项

（1）高压危险，在使用过程中，必须接好负载后再打开电源。

（2）在调节过程中，若电压、电流不变化，是由于保护电路工作，形成死机，此时应关闭电源再重新按操作步骤操作。此状态一般不会出现。

（3）不得将两输出线短接。

（4）若负载需接大地，可将负载接地线与仪器面板黑接线柱（⊥）相连。

思考题

（1）固体粉末样品粒度太大，电渗测定结果重现性差，其原因何在？

（2）电渗测量时，连续通电使溶液发热，将产生什么后果？

实验七十　配合物的磁化率测定

实验目的

（1）掌握古埃（Gouy）法测定物质磁化率的基本原理和实验方法。

（2）通过对一些配合物的磁化率测定，推算其未成对电子数。

实验原理

1. 物质的磁化率

物质的磁化率表征物质的磁化能力。在外磁场的作用下，物质会被磁化产生附加磁感应强度，则物质内部的磁感应强度为：

$$B = B_0 + B' = \mu_0 H + B' \tag{1}$$

式中，B_0 为外磁场的磁感应强度；B' 为物质磁化产生的附加磁感应强度；H 为外磁场强度；μ_0 为真空磁导率，$\mu_0 = 4\pi \times 10^{-7}\,\text{N} \cdot \text{A}^{-2}$。

物质的磁化可用磁化强度 M' 来描述，M' 也是一个矢量，它与磁场强度成正比：

$$M' = \chi H \tag{2}$$

χ 为样品体积磁化率，是物质的一种宏观磁性质。B' 与 M' 的关系为：

$$B' = \mu_0 M' \tag{3}$$

将式（3）代入式（1）得：

$$B = (1 + \chi)\mu_0 H \tag{4}$$

化学上常用单位质量磁化率 χ_m 或摩尔磁化率 χ_M 来表示物质的磁性质，它们的定义为：

$$\chi_m = \frac{\chi}{\rho} \tag{5}$$

$$\chi_M = \chi_m M = \frac{M\chi}{\rho} \tag{6}$$

式中，ρ 为物质的密度；M 为物质的摩尔质量。

由于 χ 是无量纲的量，故 χ_m 的单位是 $\text{m}^3 \cdot \text{g}^{-1}$，$\chi_M$ 的单位是 $\text{m}^3 \cdot \text{mol}^{-1}$。

$\chi_M < 0$ 的物质称为逆磁性物质。原子或分子中电子自旋已配对的物质一般是逆磁性物质。逆磁性的产生在于内部电子的轨道运动，会在外磁场作用下产生拉摩运动，从而感应出一个诱导磁矩。磁矩的方向与外磁场相反。

$\chi_M > 0$ 的物质称为顺磁性物质。顺磁性一般是具有自旋未配对电子的物质。因为电子自旋未配对的原子或分子具有分子磁矩（亦称永久磁矩）μ_m，由于热运动，μ_m 指向各个方向的机会相同，所以该磁矩的统计值等于 0。在外磁场作用下，一方面分子磁矩会按着磁场方向排列，其磁化方向与外磁场方向相同，其磁化强度与外磁场强度成正比；另一方面物质内部电子的轨道运动也会产生拉摩运动，感应出诱导磁矩，其磁化方向与外磁场方向相反。所以顺磁性物质的摩尔磁化率 χ_M 是摩尔顺磁化率 $\chi_{M,顺}$ 和摩尔逆磁化率 $\chi_{M,逆}$ 两部分之和：

$$\chi_M = \chi_{M,顺} + \chi_{M,逆} \tag{7}$$

由于 $\chi_M \gg |\chi_{M,逆}|$，故顺磁性物质 $\chi_M > 0$，且 $\chi_{M,逆}$ 是由诱导磁矩产生的，它与温度的依赖很小，因此具有永久磁矩的物质可近似地把 χ_M 当作 $\chi_{M,顺}$，即：

$$\chi_M \approx \chi_{M,顺} \tag{8}$$

除逆磁性物质和顺磁性物质外，还有少数物质的磁化率特别大，且磁化程度与外磁场之间并非正比关系，称为铁磁性物质。

2. 顺磁磁化率 $\chi_{M,顺}$ 和分子磁矩 μ_m 的关系

假设分子间无相互作用，物质的 $\chi_{M,顺}$ 和 μ_m 一般服从居里定律。

$$\chi_{M,顺} = \frac{N_A \mu_m^2 \mu_0}{3kT} \tag{9}$$

式中，N_A 为阿伏伽德罗常数；k 为玻尔兹曼常数；T 为热力学温度。

由于 χ_M 约等于 $\chi_{M,顺}$，因此有：

$$\chi_M \approx \frac{N_A \mu_m^2 \mu_0}{3kT} \tag{10}$$

由式（10）可得：

$$\mu_m = \sqrt{\frac{3kT}{N_A \mu_0} \chi_M} = 797.7\sqrt{\chi_M T}\,\mu_B \tag{11}$$

式中，χ_M 为摩尔磁化率；μ_m 为分子磁矩；μ_B 为玻尔磁子，其物理意义是单个自由电子自旋所产生的磁矩，$\mu_B = 9.273 \times 10^{-24} \, \text{J} \cdot \text{T}^{-1}$。

式（11）将物质的宏观磁性质 χ_M 和其微观性质 μ_m 联系起来。因此只要实验测得 χ_M，代入式（11）就可算出分子磁矩 μ_m。

3. 物质的分子磁矩 μ_m 和它所包含的未成对电子数 n 的关系

物质的顺磁主要来自于电子自旋相关的磁矩（由于化学键使其轨道"冻结"）。电子有两个自旋状态，如果原子、分子或离子中有两个自旋状态的电子数不相等，则该物质在外磁场中就呈现顺磁性。这是由于每一个轨道上成对电子自旋所产生的磁矩是相互抵消的，只有尚未成对电子的物质才具有分子磁矩，它在外磁场中表现为顺磁性。

物质的分子磁矩 μ_m 和它所包含的未成对电子数 n 的关系可用式（12）表示：

$$\mu_m = \sqrt{n(n+2)}\,\mu_B \tag{12}$$

由式（12）、式（11）得：

$$n = \sqrt{1 + 797.7^2 (\chi_M T)} - 1 \tag{13}$$

由实验测得 χ_M，代入式（13）求出未成对的电子数 n。理论值与实验值一定有误差，这是由于轨道磁矩完全被"冻结"的缘故。

4. 根据未成对电子数判断配合物的配键类型

由式（13）算出的未成对的电子数 n，对于研究原子或离子的电子结构，判断配合物的

配键类型是很有意义的。配合物的价键理论认为：配合物可分为电价配合物和共价配合物。电价配合物是指中央离子与配位体之间靠静电库仑力结合起来，这种化学键称为电价配键。这时中央离子的电子结构不受配位体影响，基本上保持自由离子的电子结构。共价配合物则是以中央离子的空的价电子轨道接受配位体的孤对电子以形成共价电子重排，以腾出更多空的价电子轨道，并进行"杂化"，来容纳配位体的电子对。

例如，Fe^{2+} 在自由离子状态下的电子结构如图 1 所示。

图 1　Fe^{2+} 在自由离子状态下的电子结构

当它与 6 个水配位体形成配离子 $[Fe(H_2O)_6]^{2+}$ 时，中央离子 Fe^{2+} 仍能保持着上述自由离子状态下的电子结构，故此配合物是电价配合物。当 Fe^{2+} 与 6 个 CN^- 配位体形成配离子 $[Fe(CN)_6]^{4-}$ 时，中央离子 Fe^{2+} 的电子重排，6 个 d 电子集中三个 d 轨道上，空出的 2 个 d 轨道和空的 s 和 p 轨道，进行杂化变成 d^2sp^3 杂化轨道（图2），以此来容纳 6 个 CN^- 中的 C 原子上的 6 对孤对电子，形成 6 个共价配键，电子自旋全部配对，是反磁性物质。

图 2　$[Fe(CN)_6]^{4-}$ 中 Fe^{2+} 的 d^2sp^3 杂化轨道

5. 古埃（Gouy）法测定物质磁化率 χ_M

古埃磁天平法测定物质磁化率 χ_M 的工作原理，如图 3 所示。

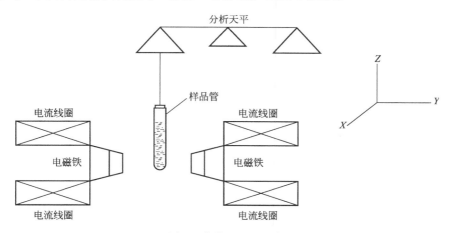

图 3　古埃磁天平示意

将圆柱形样品管（内装粉末状或液体样品）悬挂在分析天平的底盘上，使样品管底部处于电磁铁两极中心（即处于均匀磁场区域），此处磁场强度 H 最大。样品的顶端离磁场中心较远，磁场强度很弱，而整个样品处于一个非均匀磁场中。但由于沿样品的轴心方向，即图示 Z 方向，存在一个磁场强度梯度 $\partial H/\partial Z$，故样品沿 Z 方向受到磁力的作用，它的大小为：

$$f_z = \int_H^{H_0} (\chi - \chi_{空}) \mu_0 SH \frac{\partial H}{\partial Z} dz \tag{14}$$

式中，H 为磁场中心强度；H_0 为样品顶端磁场强度；χ 为样品的体积磁化率；$\chi_{空}$ 为空气的体积磁化率；S 为样品的截面积（位于 x、y 平面）；μ_0 为真空磁导率；$\partial H/\partial Z$ 为磁场强度梯度。

通常 H_0 即为当地的地磁场强度，约为 $40\text{A} \cdot \text{m}^{-1}$，一般可以忽略不计，则作用于样品的力为：

$$f_z = \frac{1}{2}(\chi - \chi_{空})\mu_0 S H^2 \tag{15}$$

由天平分别称装有被测样品的样品管和不装样品的空样品管在有外加磁场和无外加磁场时的质量变化，则有：

$$\Delta m = m_{磁场} - m_{无磁场} \tag{16}$$

显然，某一不均匀磁场作用于样品的力可由式（17）计算：

$$f_z = (\Delta m_{样品+空管} - \Delta m_{空管})g \tag{17}$$

于是有：

$$\frac{1}{2}(\chi - \chi_{空})\mu_0 S H^2 = (\Delta m_{样品+空管} - \Delta m_{空管})g \tag{18}$$

整理后得：

$$\chi = \frac{2(\Delta m_{样品+空管} - \Delta m_{空管})g}{\mu_0 H^2 S} + \chi_{空} \tag{19}$$

物质的摩尔磁化率为 $\quad \chi_M = \dfrac{M\chi}{\rho} \quad$ 而 $\quad \rho = \dfrac{m}{hS}$故

$$\chi_M = \frac{2(\Delta m_{样品+空管} - \Delta m_{空管})ghM}{\mu_0 m H^2} + \frac{M}{\rho}\chi_{空} \tag{20}$$

式中，$\Delta m_{样品+空管}$ 为装有样品的样品管加磁场时的质量减去装有样品的样品管不加磁场的质量；$\Delta m_{空管}$ 为不装样品的空样品管加磁场时的质量减去其不加磁场的质量；g 为重力加速度（$g = 9.8 \times 10^{-3}\text{N/g}$）；$M$ 为样品的摩尔质量，单位为 g/mol；h 为样品的实际高度，单位为 m；m 为样品在无外加磁场时的实际质量，单位为 g；H 为磁场中心强度，单位为 A/m。

式（20）中真空磁导率 $\mu_0 = 4\pi \times 10^{-7}\text{N} \cdot \text{A}^{-2}$；空气的体积磁化率 $\chi_{空} = 3.64 \times 10^{-7}$（SI 单位），但因样品管体积很小，故常予以忽略。该式右边的各项都可通过实验测得，因此样品的摩尔磁化率可由式（21）求得。

式（20）中磁场两极中心处的磁场强度 H，可用特斯拉计测量，或用已知磁化率的标准物质进行间接测量。常用的标准物质有莫尔氏盐 $(NH_4)_2SO_4 \cdot FeSO_4 \cdot 6H_2O$、$CuSO_4 \cdot 5H_2O$ 等。

用已知磁化率的标准样品，测定出 $\Delta m_{样品+空管}$、$\Delta m_{空管}$、m 和 h，通过式（20）可求出磁场中心强度 H（实验时保持电磁铁励磁电流不变）

本实验用莫尔氏盐为标准样品，其质量磁化率与热力学温度的关系式为：

$$\chi_m = \frac{9500}{T+1} \times 4\pi \times 10^{-12}(\text{m}^3 \cdot \text{g}^{-1}) \tag{21}$$

仪器与试剂

古埃磁天平 1 台、直尺 1 个、电子天平（0.1mg）1 台、装样工具（包括研钵、角匙、小漏斗、玻璃棒）、硬质玻璃样品管 3 支。

莫尔氏盐（$NH_4)_2SO_4 \cdot FeSO_4 \cdot 6H_2O$（分析纯）、$FeSO_4 \cdot 7H_2O$（分析纯）、$K_4Fe(CN)_6 \cdot 3H_2O$（分析纯）。

实验步骤

（1）用测试杆检查两磁头间隙为 20mm，将特斯拉计探头固定件固定在两磁铁中间。将"励磁电流调节旋钮"左旋到底。接通电源。将特斯拉计的探头放入磁铁的中心架上，套上保护套，按"采零"键使特斯拉计的数字显示为"000.0"。

（2）除去保护套，把探头平面垂直置于磁场两极中心，打开电源，先按两下励磁电流"粗调按键"，再调节"励磁电流细调"旋钮，使电流增大至特斯拉计上显示约"300"mT，调节探头上下、左右位置，观察数字显示值，把探头位置调节至显示值为最大的位置，此乃探头最佳位置。然后垂直向上拉探头，找到使 $H_0=0$ 的位置，此位置的高度就是样品管内应装样品的高度。关闭电源前调节"励磁电流"使特斯拉计数字显示为零。

（3）打开电子天平开关（短按"确认"键），打开磁天平开关，预热 5min 后，按"采零"键，使特斯拉计读数为零。

（4）样品管 $\Delta m_{空管}$ 的测定：小心将一支清洁、干燥的空样品管悬挂在古埃磁天平的挂钩上，使样品管底部正好与磁极中心线平齐，样品管不可与磁极接触，并与探头有合适的距离。准确称取空样品管质量（$H=0$），得 $m_1(H_0)$；调节"励磁电流"，使特斯拉计数显为"300"mT(H_1) 迅速称量，得 $m_1(H_1)$，逐渐增大电流，使特斯拉计数显为"350"mT (H_2)，称量得 $m_1(H_2)$，然后略微增大电流，接着退至"350"mT(H_2)，称量得 $m_2(H_2)$，将电流降至数显为"300"mT(H_1) 时，再称量得 $m_2(H_1)$，再缓慢降至数显为"000.0"mT(H_0)，又称取空管质量得 $m_2(H_0)$。这样调节电流由小到大，再由大到小的测定方法是为了抵消实验时磁场剩磁现象的影响。

$$\Delta m_{空管}(H_1) = \frac{1}{2}[\Delta m_1(H_1) + \Delta m_2(H_1)]$$

$$\Delta m_{空管}(H_2) = \frac{1}{2}[\Delta m_1(H_2) + \Delta m_2(H_2)]$$

式中，$\Delta m_1(H_1) = m_1(H_1) - m_1(H_0)$；$\Delta m_2(H_1) = m_2(H_1) - m_2(H_0)$；

$\Delta m_1(H_2) = m_1(H_2) - m_1(H_0)$；$\Delta m_2(H_2) = m_2(H_2) - m_2(H_0)$。

（5）用莫尔氏盐（硫酸亚铁铵）标定磁场强度：取下空样品管，将事先研细并干燥过的莫尔氏盐通过小漏斗装入样品管，在装填时须不断将样品管底部在软垫上轻轻碰击，使粉末样品均匀填实，直至所要求的高度（用直尺准确测量样品高度精确至 mm）。按实验步骤（3）将装有莫尔氏盐的样品管置于古埃磁天平称量，重复称空管时的路程，得 $m_{1空管+样品}(H_0)$，$m_{1空管+样品}(H_1)$，$m_{1空管+样品}(H_2)$，$m_{2空管+样品}(H_2)$，$m_{2空管+样品}(H_1)$，$m_{2空管+样品}(H_0)$。求出 $\Delta m_{空管+样品}(H_1)$ 和 $\Delta m_{空管+样品}(H_2)$。

（6）同一样品管中，用同样方法分别测定 $FeSO_4 \cdot 7H_2O$ 和 $K_4Fe(CN)_6 \cdot 3H_2O$ 的 $\Delta m_{空管+样品}(H_1)$ 和 $\Delta m_{空管+样品}(H_2)$。

（7）测定完毕，将样品管中的样品倒入回收瓶中。样品管洗净，干燥备用。调节"励磁电流"使特斯拉计数字显示为零后，关闭磁天平开关，关闭电子天平开关（长按"确认"键）。

数据记录与处理

1. 数据记录

$T_{开始}=($ $)$K $T_{结束}=($ $)$K $T_{平均}=[(T_{开始}+T_{结束})/2]=($ $)$K

$(NH_4)_2SO_4 \cdot FeSO_4 \cdot 6H_2O$：

样品柱高度 $h_1=($ $)$m

表 1

特斯拉计数显/mT	空管 1 质量/g	空管 1 加样后质量/g
0	$m_1(H_0)=($ $)$	$m_{1空管+样品}(H_0)=($ $)$
300	$m_1(H_1)=($ $)$	$m_{1空管+样品}(H_1)=($ $)$
350	$m_1(H_2)=($ $)$	$m_{1空管+样品}(H_2)=($ $)$
350	$m_2(H_2)=($ $)$	$m_{2空管+样品}(H_2)=($ $)$
300	$m_2(H_1)=($ $)$	$m_{2空管+样品}(H_1)=($ $)$
0	$m_2(H_0)=($ $)$	$m_{2空管+样品}(H_0)=($ $)$

$FeSO_4 \cdot 7H_2O$：

样品柱高度 $h_2=($ $)$m

表 2

特斯拉计数显/mT	空管 2 质量/g	空管 2 加样后质量/g
0	$m_1(H_0)=($ $)$	$m_{1空管+样品}(H_0)=($ $)$
300	$m_1(H_1)=($ $)$	$m_{1空管+样品}(H_1)=($ $)$
350	$m_1(H_2)=($ $)$	$m_{1空管+样品}(H_2)=($ $)$
350	$m_2(H_2)=($ $)$	$m_{2空管+样品}(H_2)=($ $)$
300	$m_2(H_1)=($ $)$	$m_{2空管+样品}(H_1)=($ $)$
0	$m_2(H_0)=($ $)$	$m_{2空管+样品}(H_0)=($ $)$

$K_4Fe(CN)_6 \cdot 3H_2O$：

样品柱高度 $h_3=($ $)$m

表 3

特斯拉计数显/mT	空管 3 质量/g	空管 3 加样后质量/g
0	$m_1(H_0)=($ $)$	$m_{1空管+样品}(H_0)=($ $)$
300	$m_1(H_1)=($ $)$	$m_{1空管+样品}(H_1)=($ $)$
350	$m_1(H_2)=($ $)$	$m_{1空管+样品}(H_2)=($ $)$
350	$m_2(H_2)=($ $)$	$m_{2空管+样品}(H_2)=($ $)$
300	$m_2(H_1)=($ $)$	$m_{2空管+样品}(H_1)=($ $)$
0	$m_2(H_0)=($ $)$	$m_{2空管+样品}(H_0)=($ $)$

2. 数据处理

由 $(NH_4)_2SO_4 \cdot FeSO_4 \cdot 6H_2O$ 的数据计算磁场强度 H

由表 1 的数据求得下表：

特斯拉计数显/mT	平均质量/g		质量差/g		
	$m_{空管}$	$m_{样品+空管}$	$\Delta m_{空管}$	$\Delta m_{样品+空管}$	m
0					
300					
350					

$$\chi_m = \frac{9500}{T+1} \times 4\pi \times 10^{-12} \ (m^3 \cdot g^{-1}), \quad T_{平均} = (\quad) \ K$$

$$\chi_m = (\quad) m^3 \cdot g^{-1} \qquad h = (\quad) m \qquad g = 9.8 \times 10^{-3} N \cdot g^{-1}$$

$$H_{300} = \sqrt{\frac{2(\Delta m_{样品+空管} - \Delta m_{空管})gh}{\mu_0 m \chi_m}} = (\quad) A \cdot m^{-1}$$

$$H_{350} = \sqrt{\frac{2(\Delta m_{样品+空管} - \Delta m_{空管})gh}{\mu_0 m \chi_m}} = (\quad) A \cdot m^{-1}$$

由 $FeSO_4 \cdot 7H_2O$ 的数据计算摩尔磁化率 χ_M 和未成对电子数 n

由表 2 的数据求得下表：

特斯拉计数显/mT	平均质量/g		质量差/g		
	$m_{空管}$	$m_{样品+空管}$	$\Delta m_{空管}$	$\Delta m_{样品+空管}$	m
0					
300					
350					

$$h = (\quad) m \qquad M = 278.01 g \cdot mol^{-1} \qquad g = 9.8 \times 10^{-3} N \cdot g^{-1}$$

当 H_{300} 时

$$\chi_{M1} = \frac{2(\Delta m_{样品+空管} - \Delta m_{空管})ghM}{\mu_0 m H^2} = (\quad) m^3 \cdot mol^{-1}$$

当 H_{350} 时

$$\chi_{M2} = \frac{2(\Delta m_{样品+空管} - \Delta m_{空管})ghM}{\mu_0 m H^2} = (\quad) m^3 \cdot mol^{-1}$$

所以 $\quad \chi_M = \frac{\chi_{M1} + \chi_{M2}}{2} = (\quad) m^3 \cdot mol^{-1}$

由公式

$$n = \sqrt{1 + 797.7^2(\chi_M T)} - 1 = (\quad)$$

由 $K_4Fe(CN)_6 \cdot 3H_2O$ 的数据计算摩尔磁化率 χ_M

由表 3 的数据求得下表：

特斯拉计数显/mT	平均质量/g		质量差/g		
	$m_{空管}$	$m_{样品+空管}$	$\Delta m_{空管}$	$\Delta m_{样品+空管}$	m
0					
300					
350					

$$h = (\quad) m \qquad M = 422.39 g \cdot mol^{-1} \qquad g = 9.8 \times 10^{-3} N \cdot g^{-1}$$

当 H_{300} 时

$$\chi_{M1} = \frac{2(\Delta m_{样品+空管} - \Delta m_{空管})ghM}{\mu_0 m H^2} = (\quad) m^3 \cdot mol^{-1}$$

当 H_{350} 时

$$\chi_{M2}=\frac{2(\Delta m_{样品+空管}-\Delta m_{空管})ghM}{\mu_0 mH^2}=(\qquad)m^3\cdot mol^{-1}$$

所以

$$\chi_M=\frac{\chi_{M1}+\chi_{M2}}{2}=(\qquad)m^3\cdot mol^{-1}$$

思考题

(1) 在相同励磁电流下，前后两次测量的结果有无差别？两次测量取平均值的目的是什么？在不同励磁电流下测得的样品摩尔磁化率 χ_M 是否相同？

(2) 用古埃磁天平测定磁化率的精密度与哪些因素有关？

注意事项

(1) 所测样品应事先研细，放在装有浓硫酸的干燥器中干燥。

(2) 空样品管需干燥洁净。装样时应使样品均匀填实。

(3) 称量时样品管应正好处于两磁极之间，其底部与磁极中心线齐平。样品管悬线勿与任何物件相接触。

(4) 操作中电流调节要缓慢。并注意电流稳定后方可称量。

(5) 样品倒回试剂瓶时，切忌倒错药瓶。

实验七十一　溶液法测定极性分子的偶极矩

实验目的

(1) 利用溶液法测定正丁醇的偶极矩。

(2) 了解偶极矩与分子电性质的关系。

(3) 掌握溶液法测定偶极矩的实验技术。

实验原理

1. 偶极矩与极化度的计算

(1) 两个大小相等，方向相反的电荷体系的偶极矩定义为（μ 为偶极矩，q 为正、负电荷中心所带的电荷量，d 是正、负电荷中心间的距离）：

$$\overline{\mu}=q\,\overline{d}$$

(2) 极化程度可用摩尔定向极化度 $P_{定向}$ 来衡量，公式如下（其中，k 为玻尔兹曼常数，N_A 为阿伏伽德罗常数）：

$$P_{定向}=\frac{4}{3}\pi N_A\times\mu_0^2/(3kT)=\frac{4}{9}\pi N_A\times\mu_0^2/(kT)$$

(3) 极性分子的摩尔极化度 P 定义为摩尔定向极化度、摩尔电子诱导极化度和摩尔原子诱导极化度的总和，公式如下：

$$P=P_{定向}+P_{诱导}=P_{定向}+P_{电子}+P_{原子}$$

2. 分子偶极矩的测定方法

(1) 针对无限稀释时，溶质的摩尔极化度 P，利用其计算公式（ε 为介电常数，ρ 为密度，α、β 为常数，M 为摩尔质量）：

$$P = P_2^\infty = 3\alpha\varepsilon_1/(\varepsilon_1+2)^2 \times M_1/\rho_1 + (\varepsilon_1-1)/(\varepsilon_1+2) \times (M_2-\beta M_1)/\rho_1$$

（2）习惯上用溶质的摩尔折射度 R_2 表示高频区测得的摩尔极化度，此时根据 $P_{定向}=0$，$P_{原子}=0$ 的前提条件，推导出无限稀释时溶质的摩尔折射度的计算公式（n 为溶剂摩尔折射率，γ 为常数）：

$$P_{电子} = R_2^\infty = n_2-1/(n_1^2+2) \times (M_2-\beta M_1)/\rho_1 + 6n_1^2 M_1 \gamma/[(n_1^2+2)^2 \times \rho_1]$$

（3）经过整理可得近似公式为：

$$\varepsilon_溶 = \varepsilon_1(1+\alpha x_2)$$
$$\rho_溶 = \rho_1(1+\beta x_2)$$
$$n_溶 = n_1(1-\gamma x_2)$$

（4）如何获得永久偶极矩

摩尔原子诱导极化度通常只有摩尔电子极化度的 $5\% \sim 15\%$，而且 $P_{定向}$ 又比 $P_{原子}$ 大得多，故常常忽略 $P_{原子}$，所以：

$$P_{定向} = P_2^\infty - R_2^\infty = \frac{4}{9}\pi N_A \times \mu_0^2/(kT)$$

$$\mu_0 = 0.0128 \times [(P_2^\infty - R_2^\infty) \times T]^{1/2}$$

（5）如何测定介电常数　用空气与已知介电常数 $\varepsilon_溶$ 的标准物质分别测得电容 $C'_空$，$C'_标$ 可得：

$$C'_空 = C_空 + C_d = C_0 + C_d \quad C'_标 = C_标 + C_d$$

通过上面两式求得 $C_0 = (C'_标 - C'_空)/(\varepsilon_标 - 1) C_d = C'_空 - C_0 = C'_空 - (C'_标 - C'_空)/(\varepsilon_标 - 1)$

$$\varepsilon_溶 = C_溶/C_0 = (C'_溶 - C_d)/C_0$$

仪器与试剂

1. 仪器

实验用阿贝折射仪 1 台，比重管 1 只，电容测量仪 1 台，电容池 1 台，电子天平 1 台，电吹风 1 只，25mL 容量瓶 4 支，25mL、5mL、1mL 移液管各 1 支，滴管 5 只，5mL 针筒 1 支，针头 1 支，洗耳球 1 个。

2. 试剂

正丁醇（分析纯）、环己烷（分析纯）、蒸馏水、丙酮。

实验步骤

1. 溶液的配制

配制 4 种正丁醇的摩尔分数分别是 0.05、0.10、0.15、0.20 的正丁醇-环己烷溶液。操作时应注意防止溶质和溶剂的挥发以及吸收极性较大的水汽，为此溶液配好后应迅速盖好瓶盖，并置于干燥箱中。

2. 折射率的测定

在恒温 $[(25\pm0.1)℃]$ 条件下使用阿贝折射仪测定环己烷和各配制溶液的折射率。测定时应注意各测试样品需加样 3 次，每次读取一个数据，取平均值。

3. 介电常数的测定

接好介电常数测量仪的配套电源线，打开开关，预热 5min；用配套测的测试线将数字电常数测量仪与电容池连接起来；显示稳定后，按下"采零"键，清除仪表系统零位漂移，屏幕显示"00.00"。

电容 C_0 和 C_d 的测定：本实验采用环己烷为标准物质，其介电常数的温度公式为：$\varepsilon_{标}=2.203-0.0016$ $(t-20)$。式中，t 为实验室温度，℃。用电吹风将电容池加样孔吹干，旋紧盖子，将电容池与介电常数测量仪接通。读取介电常数测量仪上的数据。重复 3 次，取平均值。用移液管取 1mL 纯环己烷加入电容池的加样孔中，盖紧盖子，同上方法测量。倒去液体，吹干，重新装样，用以上方法再测量两次，取 3 次测量平均值。

溶液电容的测量测定方法与环己烷的测量方法相同。每个溶液均应重复测定 3 次，3 次数据差值应小于 0.05pF，所测电容读数与平均值，减去 C_d，即为溶液的电容 $C_溶$。由于溶液易挥发而造成浓度改变，故加样时动作要迅速，加样后迅速盖紧盖子。

4. 溶液密度的测定

取干净的比重管称重 m_0。然后用针筒注入已恒温的蒸馏水，定容，称重，记为 m_1。用丙酮清洗并吹干。同上，测量各溶液，记为 m_2。则环己烷和各溶液的密度为：

$$\rho_溶=(m_2-m_0)/(m_1-m_0)\times\rho_水, \quad \rho_水^{25℃}=0.99707\text{g}\cdot\text{mL}^{-1}$$

5. 清洗、整理仪器

上述实验步骤完成后，确认实验数据的合理性。确认完毕，将剩余溶液回收，容量瓶、密度管、针筒洗净、吹干。整理实验台，仪器恢复实验前的摆放。

注意事项

(1) 保持测试仪器的清洁。

(2) 精确的配置样品摩尔分数。

思考题

(1) 分析本实验误差的主要来源，如何改进？

(2) 本实验中，为什么要将被测的极性物质溶于非极性的溶剂中配成稀溶液？

(3) 根据实验结果，判断正丁醇的对称性（所属点群）。

实验七十二　X射线粉末衍射法测定八钼酸盐的晶体结构

实验目的

(1) 熟悉 X 射线粉末衍射法确定八钼酸盐晶体结构的基本原理与方法。

(2) 掌握 X 射线粉末衍射图谱的分析与处理方法。

实验原理

X 射线衍射是研究晶体结构的主要手段之一，它有单晶法和多晶粉末 X 射线衍射法两种。可用于区别晶态与非晶态、混合物与化合物。可通过给出晶胞参数，如原子间距离、环平面间距离、双面夹角等确定药物晶型与结构。

粉末法研究的对象不是单晶体，而是许多取向随机的小晶体的总和。此法准确度高，分辨能力强。每一种晶体的粉末图谱几乎同人的指纹一样，其衍射线的分布位置和强度有着特征性规律，因而成为物相鉴定的基础。它在药物多晶的定性与定量方面都起着决定性作用。

当 X 射线（电磁波）射入晶体后，在晶体内产生周期性变化的电磁场，迫使晶体内原子中的电子和原子核跟着发生周期振动。原子核的这种振动比电子要弱得多，所以可忽略不计。振动的电子就成为一个新的发射电磁波波源，以球面波方式向各个方向散发出频率相同的电磁波，入射 X 射线虽按一定方向射入晶体，但和晶体内电子发生作用后，就由电子向各个方向发射射线。

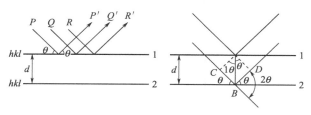

图 1　X 射线散射

当波长为 λ 的 X 射线射到这族平面点阵时，每一个平面阵都对 X 射线产生散射，如图 1。先考虑平面点阵 1 对 X 射线的衍射作用：X 射线射到同一点阵平面的点阵点上，如果入射的 X 射线与点阵平面的交角为 θ，而衍射线在相当于平面镜反射方向上的交角也是 θ，则射到相邻两个点阵点上的入射线和衍射线所经过的光程相等，即 $PP'=QQ'=RR'$。根据光的干涉原理，它互相加强，并且入射线、衍射线和点阵平面的法线在同一平面上。

再考虑整个平面点阵族对 X 射线的作用：相邻两个平面点阵间的间距为 d，射到面 1 和面 2 上的 X 射线的光程差为 $CB+BD$，而 $CB=BD=d\sin\theta$，即相邻两个点阵平面上光程差为 $2d\sin\theta$。根据衍射条件，光程差必须是波长 λ 的整数倍才能产生衍射，这样就得到 X 射线衍射（或 Bragg 衍射）基本公式 $2d\sin\theta=n\lambda$，θ 为衍射角或 Bragg 角，随 n 不同而异，n 是 1，2，3…等整数。以粉末为样品，以测得的 X 射线的衍射强度（I）与最强衍射峰的强度（I_0）的比值（I/I_0）为纵坐标、以 2θ 为横坐标所表示的图谱为粉末 X 射线衍射图。通常从衍射峰位置（2θ）、晶面间距（d）及衍射峰强度比（I/I_0）可得到样品的晶型变化、结晶度、晶体状态及有无混晶等信息。X 射线粉末计数管衍射仪如图 2。

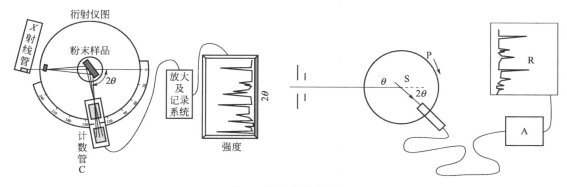

图 2　计数管衍射仪

S—样品架；C—计数管；R—记录仪；P—测角圆台；A—放大器

X 射线衍射仪法是将样品装在测角圆台 P 中心架上，圆台的圆周边装有 X 射线计数管 C，以接受来自样品的衍射线，并将衍射转变成电信号后，再经放大器放大，输入记录器记录。

用衍射仪法测定样品衍射数据时，需注意样品粉末的细度（约为微米），研磨过筛时特别要注意观察试样是否有变化。

现在我们以尼莫地平（nimodipine，NMD）为例，两种多晶型分别为 NMD I 与 NMD

Ⅱ，其粉末 X 射线衍射测定如下。工作条件：Cu-Ka 靶，$\lambda=0.154nm$ 石墨单色器衍射束单色比，高压 50kV，管流 1000A，放大倍数 6，扫描速度 2°/min，NMD Ⅰ、NMD Ⅱ 的衍射结果、相对强度见图 3、表 1。

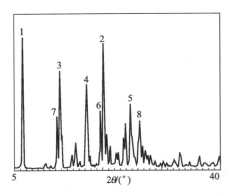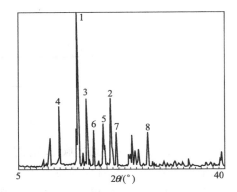

图 3　尼莫地平 X 射线衍射图谱

可见，X 射线衍射线分布位置和强度有着特征性的规律，选择 2 种晶型测试结果中明显的 8 个强峰进行比较，如表 1。

表 1　尼莫地平多晶型的 X 射线衍射峰数据

多晶型		衍射峰位置与强度							
		1	2	3	4	5	6	7	8
NMD Ⅰ	$2\theta/(°)$	6.525	20.248	12.841	17.342	24.755	19.660	12.305	26.316
	$(I/I_0)/\%$	100.0	84.10	67.10	57.40	44.70	38.10	36.40	32.20
NMD Ⅱ	2θ	15.206	20.463	16.668	11.923	19.389	17.734	21.638	26.870
	$(I/I_0)/\%$	100.0	13.80	13.80	12.10	8.60	7.30	7.10	6.90

仪器与试剂

1. 仪器

全自动多晶 X 射线衍射仪 XD-2、北京普析通用仪器有限公司。

2. 试剂

自制八钼酸盐〔合成：将 5.00g $Na_2MoO_4 \cdot 2H_2O$ (20.7mmol) 溶于 12mL 水中，用 5.17mL 6.0mol/L HCl(31.0mmol) 溶液酸化，剧烈搅拌 1～2min，加入含 3.34g 四丁基溴化铵 (10.4mmol) 的 10mL 水溶液，立即形成白色粉末，搅拌 10min 后，抽滤，收集沉淀，依次用 20mL 水、20mL 乙醇、20mL 丙酮和 20mL 乙醚洗涤，得到粗产品 4.78g，溶于 35mL 乙腈中，在 -10℃ 下储存 24h，得到无色块状晶体，干燥 12h，产量为 3.58g (1.66mmol)，以 Mo 计产率为 64%〕。

实验步骤

(1) 开机，打开粉末衍射仪的主机电源，接通冷却循环水，使 X 射线发生器的温度维持在 22℃ 以下，将 X 射线发生器的电压电流调整到测试的正常值，完成测试仪器预热。

(2) 研磨制备好的测试样品，取出质量为 1g 的样品在玛瑙研钵中研磨 15min。

(3) 将已经研磨好的测试样品过进 100 目筛，筛好后的样品放入洁净的载样台中，并压片。

（4）打开电脑中的 XRD 测试软件，设置测试相关参数，开始测试。

（5）将测试最后所得的数据保存成对应的文件格式，并在对应的文件夹中保存。

注意事项

（1）样品研磨程度粒径 100 目。

（2）测试样品扫描速率不能超过 2°/min。

（3）数据保存为 TXT 格式文件，之后利用 Origin 软件后处理。

思考题

JCPDS 卡片中数据与实验数据的差别。

第三部分

拓展提高实验

实验一　固体比表面积测定及孔性质分析

实验目的

(1) 掌握氮气吸附法测定固体比表面积和孔隙分布的基本原理。

(2) 了解比表面积和孔隙度分析仪的基本构造，掌握其使用方法。

(3) 学习分析吸附-脱附曲线和 BJH 曲线，判断孔性质和尺寸。

实验原理

1. 比表面积测定原理

比表面积是指 1g 固体物质的总表面积，即物质晶格内部的内表面积和晶格外部的外表面积之和，其数值与分散粒子大小有关。处于固体表面的分子，由于周围原子对它的作用力不对称，即原子所受的力不饱和，因而有剩余力场，可以吸附气体或液体分子。

BET 是目前被公认为测量固体比表面的标准方法，其原理是物质表面（颗粒外部和内部通孔的表面）在低温下发生物理吸附。本实验用 BET 法测定比表面积是用 N_2 作为吸附质，以氦气作为载气，两种气体按照一定比例混合，达到指定的相对压力，然后流过固体物质。当样品管放入液氮保温时，样品即对混合气体中的氮气发生物理吸附，而载气则不被吸附。这时，出现吸收峰。当液氮被取走时，样品管重新处于室温，吸附的氮气就脱附出来，此时出现脱附峰。最后在混合气中注入已知体积的纯氮得到一个校正峰。根据校正峰和脱附峰的峰面积，即可算出在该相对压力下样品的吸附量。改变氮气和载气的混合比，可以测出几个氮气相对压力下的吸附量，从而可根据 BET 公式计算比表面积。

BET 多分子层吸附模型：假定固体表面是均匀的，所有毛细管具有相同的直径；吸附质分子间无相互作用力，可以有多分子层吸附，且气体在吸附剂的微孔和毛细管里会进行冷凝。物理吸附是按多层方式进行，不等第一层吸满就可有第二层吸附，第二层上又可能产生第三层吸附，吸附平衡时，各层达到各层的吸附平衡，测量平衡吸附压力和吸附气体量。所以吸附法测得的表面积实质上是吸附质分子所能达到的材料的外表面和内部通孔总表面之和。BET 吸附等温方程：

$$\frac{p/p_0}{V(1-p/p_0)}=\frac{C-1}{V_mC}\times p/p_0+\frac{1}{V_mC}$$

式中 V——气体吸附量；

　　V_m——单分子层饱和吸附量；

　　p——吸附质压力；

　　p_0——吸附质饱和蒸气压；

　　C——常数。

求出单分子层吸附量，从而计算出试样的比表面积。

令 $$Y = \frac{p/p_0}{V(1-p/p_0)} 、 X = p/p_0 、 A = \frac{C-1}{V_m C} , B = \frac{1}{V_m C}$$

将 $Y = \frac{p/p_0}{V(1-p/p_0)}$ 对 $X = p/p_0$ 作图为一直线，且 1/（截距＋斜率）＝V_m。若样品质量为 m，用氮气作为吸附质时比表面积为 $S_m = 4.35 V_m/m$。理论和实践表明，当 p/p_0 取点在 0.35～0.05 范围内时，BET 方程与实际吸附过程相吻合。这是因为比压小于 0.05 时，压力太小建立不起多分子层吸附的平衡，甚至连单分子层物理吸附也还未完全形成。在比压大于 0.35 时，由于毛细管凝聚变得明显，因而破坏了吸附平衡。

2. 孔径分布测定原理

气体吸附法孔径分布测定利用的是毛细冷凝现象和体积等效交换原理，即将被测孔中充满的液氮量等效为孔的体积。毛细冷凝指的是在一定温度下，对于水平液面尚未达到饱和的蒸气，而对毛细管内的凹液面可能已经达到饱和或过饱和状态，蒸气将凝结成液体的现象。在毛细管内，液体弯月面上的平衡蒸气压 p 小于同温度下的饱和蒸气压 p_0，即在低于 p_0 的压力下，毛细孔内就可以产生凝聚液，而且吸附质压力 p/p_0 与发生凝聚的孔的直径一一对应，孔径越小，产生凝聚液所需的压力也越小。由毛细冷凝理论可知，在不同的 p/p_0 下，能够发生毛细冷凝的孔径范围是不一样的，随着值的增大，能够发生毛细冷凝的孔半径也随之增大。对应于一定的 p/p_0 值，存在一临界孔半径 R_k，半径小于 R_k 的所有孔皆发生毛细冷凝，液氮在其中填充。开始发生毛细凝聚液的孔径 R_k 与吸附质分压的关系：

$$R_k = -0.414/\lg(p/p_0)$$

R_k 完全取决于相对压力 p/p_0。该公式也可理解为对于已发生冷凝的孔，当压力低于一定的 p/p_0 时，半径大于 R_k 的孔中凝聚液汽化并脱附出来。理论和实践表明当 $p/p_0 > 0.4$ 时，毛细管现象才会发生，通过测定样品在不同 p/p_0 下凝聚氮气量，可绘制出其等温脱附曲线。通过不同的理论方法可得到孔容积和孔径分布曲线。最常用的计算方法是 BJH 理论。由于其利用的是毛细冷凝原理，所以只适合于含大量中孔（$r = 2 \sim 50\text{nm}$）、微孔（$r < 2\text{nm}$）的多孔材料。

仪器与试剂

1. 仪器

ASAP 2020 比表面积及孔隙分析仪、电子天平。

2. 试剂

高纯氦气（99.99%）、高纯氮气（99.99%）、液氮、固体多孔材料。

实验步骤

1. 开机及准备

（1）依次打开吸附仪主机，真空泵，电脑，双击"ASAP 2020"图标进入软件操作界面。

（2）点击"Unit1"→"Degas"→"Show Degas Schematic"，显示脱气站示意图。然后再点击"Unit1"→"Degas"→"Enable Manual Control"，进入脱气站手动模式，双击D5、D6，打开阀门，将脱气站抽真空。

（3）点击"Unit1"→"Show Instrument Schematic"，显示分析站示意图。然后再点击"Unit1"→"Enable Manual Control"，进入分析站手动模式，双击1、2、4、5、7，打开阀门，将分析站抽真空。

（4）根据实验需要，打开气体钢瓶将压力调至0.1MPa。

2. 样品准备

（1）称量空样品管的质量（去除泡沫底座质量后，将U形管套在上面称重）。

（2）用称量纸称量样品质量（样品量根据样品材料比表面积的预期值不同而定。比表面越大，样品量越少。最好不超过样品管的1/2）。

（3）将所称量样品装入已称重的空样品管中（粉末样品用纸槽送到样品管中，以免样品粘在管壁上）。

（4）将样品管安装到脱气站口，在样品管底部套上加热包，再用金属夹将加热包固定好。等待脱气处理。安装样品管时必须将样品管对准端口，拧紧螺丝，确保密封完全。

3. 软件操作程序设定

（1）点击"File"→"Open"→"Sample Information"→"OK"（新建一个文件）→"Yes"→"Replace All"，根据实验需要选择相应的文件，双击列表中的文件名进行替换。

（2）在"Sample Information"中依次输入详细的样品名、操作者、样品提交者。

（3）在"Sample Tube"中所用的样品管编号，选择"Use isotherm jacket"和"Seal frit"。

（4）在"Degas Condition"中输入脱气条件。预处理脱气时间最少为2h，吸湿性的样品及其他特殊样品应至少脱气4h，最好能脱气过夜。

（5）在"Analysis Condition"中依次设定分析条件。

（6）在"Adsorptive Properties"中根据实验需要修改相应的气体参数。

（7）在"Report Options"中选择所要查看的报告项目。点击"Save"→"Close"。

4. 样品脱气及分析

（1）点击"Unit1"→"Start Degas"→"Browse"，双击所建的文件，点击"Start"，开始脱气。

（2）脱气结束后，在对话框中点击"OK"。冷却至室温后将样品管从脱气站取下来迅速称重，减去空样品管的质量后得到脱气后样品的质量。

（3）将样品管装到分析站，放上盛有液氮的杜瓦瓶，等待分析。

（4）点击"File"→"Open"→"Sample Information"，双击所建的文件，在"Sample Information"中输入第2步得到的样品质量。点击"Save"→"Close"。

（5）点击"Unit1"→"Sample Analysis"，双击所建的文件，点击"Edit"，检查所输入的分析条件等信息，无误后点击"Start"，开始分析。

5. 数据导出和分析

（1）点击"Reports"→"Start Reports"，双击选择所建立的新文件，即可查看实验报告。

（2）点击"Save as"，根据需要可以将文件另存为 Excel 表格（.xls）格式或者文本（.txt）格式。

（3）观察吸附、脱附曲线形状，分析其曲线类型。

（4）分析曲线与 BET 数据之间的关系，计算固体的比表面积；分析 BJH 吸附、脱附数据，判断孔的性质。

注意事项

（1）倒液氮要注意安全，一定戴上防护手套。

（2）脱气站有高温，要注意防止烫伤。

（3）仪器开启状态，脱气杜瓦瓶必须保证有足够的液氮。

思考题

（1）利用 ASAP 2020 全自动比表面积及微孔分析仪利用低温氮吸附法测定多孔材料的比表面积及孔隙的影响因素有哪些？

（2）为什么吸附过程要在液氮中进行？

（3）氮气是本实验的主要气体，其他气体如 CO_2 与氮气相比较优点和缺点又如何？

实验二　化学修饰电极和交流阻抗谱表征

实验目的

（1）掌握电化学工作站的基本操作技术。

（2）掌握电化学氧化和交流阻抗谱表征的操作技术。

实验原理

电化学氧化是指在有适当电解液的电解池里，通过电化学氧化的方式将有机小分子共价键合到电极表面。

电化学交流阻抗谱方法是一种以小振幅的正弦波电位为扰动信号的电测量方法。由于以小振幅的电信号对体系进行扰动，一方面可避免对体系产生大的影响，另一方面也使得扰动与体系的响应之间近似呈线性关系，这就使得测量结果的数学处理变得单。同时它又是一种频率域的测量方法，通过在很宽的频率范围内测量阻抗来研究电极系统，因而得到比其他常规的电化学方法更多的动力学信息及电极界面结构的信息。

如果对系统施加一个正弦波电信号作为扰动信号，则相应地系统产生一个与扰动信号相同频率的响应信号。

通常，正弦信号 $U(\omega)$ 被定义为：

$$U(\omega)=U_0(\omega)\sin(\omega t) \qquad (1)$$

式中，U_0 为电压；ω 为角频率（$\omega=2\pi f$，f 为频率）；t 为时间。

如果对体系施加如式（1）的正弦信号，则体系产生如式（2）的响应信号：

$$I(\omega)=I_0\sin(\omega t+\theta) \qquad (2)$$

式中，$I(\omega)$ 为响应信号；I_0 为电压；θ 为相位角。式(1) 与式(2) 中的频率相同。而体系的复阻抗 $Z^*(\omega)$ 则服从欧姆定律：

$$Z^*(\omega) = \frac{U(\omega)}{I(\omega)} = |Z| e^{i\theta}$$

$$= |Z|\cos\theta + i|Z|\sin\theta = Z' + iZ''$$

$$Z' = |Z|\cos\theta$$

即
$$Z'' = |Z|\sin\theta$$

式中，$i = \sqrt{-1}$，$|Z|$ 为模，Z' 为实部，Z'' 为虚部。

由不同的频率的响应信号与扰动信号之间的比值，可以得到不同频率下阻抗的模值与相位角，并且通过式（4）和式（5）可以进一步得到实部与虚部。通常人们通过研究实部和虚部构成复阻抗平面图及频率与模的关系图和频率与相角的关系图（两者合称为 Bode 图）来获得研究体系内部的有用信息。

仪器与试剂

1. 仪器

CHI852C 电化学分析仪、PARSTAT 2273 先进电化学测试系统、玻碳电极、Ag/AgCl（饱和 KCl）参比电极、铂丝对电极、恒温磁力搅拌器、玻璃杯、电化学池、移液器等。

2. 试剂

5mmol·L^{-1} K$_4$Fe(CN)$_6$ 溶液、5mmol·L^{-1} K$_3$Fe(CN)$_6$ 溶液、0.1mol·L^{-1} KCl 溶液、1mmol·L^{-1} 对氨基苯甲酸（4-Aminobenzoic acid，4-ABA）溶液。所有化学试剂均为优级纯。

实验步骤

利用循环伏安法对电极在不同组装阶段进行表征。实验采用三电极系统，分别以玻碳电极为工作电极、Ag/AgCl（饱和 KCl）为参比电极、铂丝电极为对电极，电极在预处理后，在 0.5～1.2V 电位范围内，以 10mV·s^{-1} 的扫速在含有 1mmol·L^{-1} 4-ABA 的 0.1mol·L^{-1} KCl 水溶液中进行电化学扫描，循环伏安扫描 5 圈，取出用超纯水洗，超声波清洗 15s 以除去物理吸附的物质，氮气吹干，即得共价化学修饰玻碳电极（4-ABA/GCE）。

用 PARSTAT 2273 先进电化学测试系统对电极修饰前后进行电化学交流阻抗（EIS）测试。测试条件如下：5mmol·L^{-1} K$_4$Fe(CN)$_6$-K$_3$Fe(CN)$_6$（0.1mol·L^{-1} KCl 溶液作为支持电解质），以玻碳电极为工作电极、Ag/AgCl（饱和 KCl）为参比电极、铂丝电极为对电极，初始电位 0.25V，频率 10^{-1}～10^5 Hz。

注意事项

（1）三电极的接法，特别注意参比电极是易碎品。

（2）注意观察电化学氧化修饰和阻抗测试过程。

思考题

（1）电化学氧化的循环伏安图能说明什么问题？

（2）玻碳电极被 4-ABA 修饰前后阻抗行为发生了怎样的变化？为什么会这样？为什么电化学交流阻抗测试时初始电位设置在 0.25V？

实验三　原子力显微镜测定样品表面粗糙度

实验目的

（1）学习和了解原子力显微镜的原理和结构。

（2）学习掌握原子力显微镜的操作和调试过程，并以之来观察样品的表面形貌。

（3）学习用计算机软件处理原始数据图像。

实验原理

1. 原子力显微镜

原子力显微镜（atomic force microscopy，AFM）是由 IBM 公司的 Binnig 与斯坦福大学的 Quate 于 1982 年发明的，其目的是为了使非导体也可以采用扫描探针显微镜（SPM）进行观测。

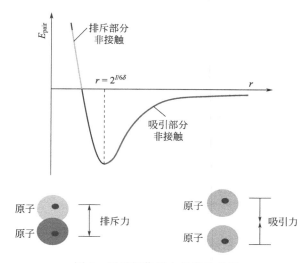

图 1　原子间作用力与半径关系

　　AFM 与扫描隧道显微镜（STM）最大的差别在于并非利用电子隧道效应，而是利用原子之间的范德华力（Van Der Waals Force）作用来呈现样品的表面特性。假设两个原子中，一个是在悬臂（cantilever）的探针尖端，另一个是在样本的表面，它们之间的作用力会随距离的改变而变化，其作用力与距离的关系如图 1 所示，当原子与原子很接近时，彼此电子云斥力的作用大于原子核与电子云之间的吸引力作用，所以整个合力表现为斥力的作用，反之若两原子分开有一定距离时，其电子云斥力的作用小于彼此原子核与电子云之间的吸引力作用，故整个合力表现为引力的作用。若以能量的角度来看，这种原子与原子之间的距离与彼此之间能量的大小也可从 Lennard-Jones 的公式中到另一种印证：

$$E_{pair}(r) = 4\varepsilon \left[\left(\frac{\sigma}{r} \right)^{12} - \left(\frac{\sigma}{r} \right)^{6} \right]$$

式中，σ 为原子直径；r 为原子之间的距离。

从公式中知道，当 r 降低到某一程度时其能量为 $+E$，也代表了在空间中两个原子是相当接近且能量为正值，若假设 r 增加到某一程度时，其能量就会为 $-E$，同时也说明了空间中两个原子之间距离相当远且能量为负值。不管从空间上去看两个原子之间的距离与其所导致的吸引力和斥力或是从当中能量的关系来看，AFM 就是利用原子之间那奇妙的关系来把原子样子给呈现出来，让微观的世界不再神秘。

在 AFM 系统中，是利用微小探针与待测物之间交互作用力，来呈现待测物的表面之物理特性。所以在 AFM 中也利用斥力与吸引力的方式发展出两种操作模式。

① 利用原子斥力的变化而产生表面轮廓为接触式原子力显微镜（contact AFM），探针与试片的距离约数埃。

② 利用原子吸引力的变化而产生表面轮廓为非接触式原子力显微镜（non-contact AFM），探针与试片的距离约数十到数百埃。

2. AFM 硬件架构

在 AFM 的系统中，可分成 3 个部分：力检测部分、位置检测部分、反馈系统（图 2）。

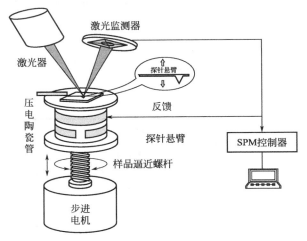

图 2　原子力显微镜系统结构

（1）力检测部分　在 AFM 系统中，所要检测的力是原子与原子之间的范德华力。所以在本系统中是使用微小悬臂（cantilever）来检测原子之间力的变化量。这微小悬臂有一定的规格，例如长度、宽度、弹性系数以及针尖的形状，而这些规格的选择是依照样品的特性以及操作模式的不同而选择不同类型的探针。

以下是一种典型的 AFM 悬臂和针尖，如图 3。

（2）位置检测部分　在 AFM 系统中，当针尖与样品之间有了交互作用之后，会使得悬臂 cantilever 摆动，所以当激光照射在 cantilever 的末端时，其反射光的位置也会因为 cantilever 摆动而有所改变，这就造成偏移量的产生。在整个系统中是依靠激光光斑位置检测器将偏移量记录下并转换成电的信号，以供 SPM 控制器作信号处理（图 4）。

（3）反馈系统　在 AFM 系统中，将信号经由激光检测器取入之后，在反馈系统中会将此信号当作反馈信号，作为内部的调整信号，并驱使通常由压电陶瓷管制作的扫描器做适当的移动，以保持样品与针尖间合适的作用力。AFM 便是结合以上 3 个部分来将样品的表面特性呈现出来的：在 AFM 系统中，使用微小悬臂（cantilever）来感测针尖与样品之间的交互作用，这作用力会使 cantilever 摆动，再利用激光将光照射在 cantilever 的末端，当摆动形成时，会使反射光的位置改变而造成偏移量，此时激光检测器会记录此偏移量，也会把此

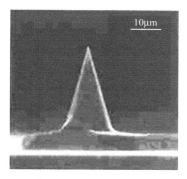

图 3 原子力显微镜探针扫描电镜图

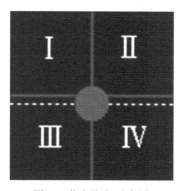

图 4 激光聚焦示意图

时的信号给反馈系统，以利于系统做适当的调整，最后再将样品的表面特性以影像的方式给呈现出来。

AFM 的基本原理是：将一个对微弱力极敏感的微悬臂一端固定，另一端有一微小的针尖，针尖与样品表面轻轻接触，由于针尖尖端原子与样品表面原子间存在极微弱的排斥力，通过在扫描时控制这种力的恒定，带有针尖的微悬臂将对应于针尖与样品表面原子间作用力的等位面而在垂直于样品的表面方向起伏运动。利用光学检测法或隧道电流检测法，可测得微悬臂对应于扫描各点的位置变化，从而可以获得样品表面形貌的信息。下面，我们以激光检测 AFM（Laser-AFM）——扫描探针显微镜家族中最常用的一种为例，来详细说明其工作原理。

如图 5 所示，二极管激光器（laser diode）发出的激光束经过光学系统聚焦在微悬臂（cantilever）背面，并从微悬臂背面反射到由光电二极管构成的光斑位置检测器（detector）。在样品扫描时，由于样品表面的原子与微悬臂探针尖端的原子间的相互作用力，微悬臂将随样品表面形貌而弯曲起伏，反射光束也将随之偏移，因而，通过光电二极管检测光斑位置的变化，就能获得被测样品表面形貌的信息。在系统检测成像全过程中，探针和被测样品间的距离始终保持在纳米（10^{-9} m）量级，距离太大不能获得样品表面的信息，距离太小会损伤探针和被测样品，反馈回路（Feedback）的作用就是在工作过程中，由探针得到探针-样品相互作用的强度，来改变加在样品扫描器垂直方向的电压，从而使样品伸缩，调节探针和被测样品间的距离，反过来控制探针-样品相互作用的强度，实现反馈控制。因此，反馈控制是本系统的核心工作机制。本系统采用数字反馈控制回路，用户在控制软件的参数

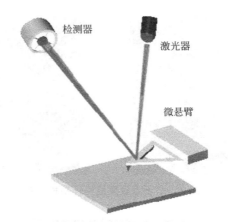

检测器

激光器

微悬臂

图 5　激光检测原子力显微镜探针工作示意图

工具栏，通过参考电流、积分增益和比例增益几个参数的设置来对该反馈回路的特性进行控制。

3. AFM 的工作模式

原子力显微镜可同时记录除形貌外的其他多种信号，如横向力、振幅、相位、电流等，它可以在工作在大气，真空，溶液等环境中。原子力显微镜的工作模式是以针尖与样品之间的作用力的形式来分类的。主要有以下 3 种操作模式：接触模式（contact mode）、非接触模式（non-contact mode）和敲击模式（tapping mode）。

（1）接触模式　从概念上来理解，接触模式是 AFM 最直接的成像模式。AFM 在整个扫描成像过程之中，探针针尖始终与样品表面保持亲密的接触，而相互作用力是排斥力。扫描时，悬臂施加在针尖上的力有可能破坏试样的表面结构，因此力的大小范围在 $10^{-10} \sim 10^{-6}\,\mathrm{N}$。

（2）非接触模式　非接触模式探测试样表面时悬臂在距离试样表面上方 $5 \sim 10\mathrm{nm}$ 的距离处振荡。这时，样品与针尖之间的相互作用由范德华力控制，通常为 $10^{-12}\,\mathrm{N}$，样品不会被破坏，而且针尖也不会被污染，特别适合于研究柔嫩物体的表面。

（3）敲击模式　敲击模式介于接触模式和非接触模式之间，是一个杂化的概念。悬臂在试样表面上方以其共振频率振荡，针尖仅仅是周期性地短暂地接触/敲击样品表面。这就意味着针尖接触样品时所产生的侧向力被明显地减小了。因此当检测柔嫩的样品时，AFM 的敲击模式是最好的选择之一。一旦 AFM 开始对样品进行成像扫描，装置随即将有关数据输入系统，如表面粗糙度、平均高度、峰谷峰顶之间的最大距离等，用于物体表面分析。同时，AFM 还可以完成力的测量工作，测量悬臂的弯曲程度来确定针尖与样品之间的作用力大小。

仪器与试剂

Agilent 5100 AFM 显微镜，原子力探针、FTO 和 $HAuCl_4$ 等。

实验步骤

（1）通过电化学沉积 Au 纳米粒子在 FTO 电极表面，通过 AFM 测试沉积前后 FTO 电极表面的粗糙度变化情况。将一定量的 $HAuCl_4$ 溶解在 $0.1\mathrm{mol} \cdot \mathrm{L}^{-1}$ H_2SO_4 溶液中，以 FTO 电极作为工作电极进行沉积，恒电位电化学沉积 Au 的电位设置在 $0\mathrm{V}$，沉积时间为

120s，此部分实验由老师预先准备好。

（2）准备和安装样品、针尖。

（3）修饰材料表面的原子力图像扫描。

（4）图像处理。

实验结果

样品的形貌图：二维图像、立体图像。

分析扫描范围、表面粗糙度、颗粒直径对实验的影响。

思考题

AFM 是根据什么原理求测薄膜材料的表面粗糙度的？

实验四　核磁共振波谱法测定扑热息痛的结构

实验目的

（1）了解核磁共振的基本原理、傅里叶变换脉冲核磁共振谱仪的基本结构。

（2）了解核磁共振波谱样品的制备、测定方法与步骤、简单图谱的识别与分析。

（3）了解核磁共振波谱仪使用的注意事项。

实验原理

NMR 的基本原理如下所述。

磁矩不为零的原子核存在核自旋。由此产生的核磁矩 μ 的大小与磁场方向的角动量 P 有关：

$$\mu = \gamma P$$

式中，γ 为磁旋比，每种核有其固定值。而且，有：

$$P = m\frac{h}{2\pi} \quad \mu = m\frac{\gamma h}{2\pi}$$

式中，h 为 Planck 常数（6.624×10^{-27} erg·s）；m 为磁量子数，其大小由量子数 L 决定，m 共有 $2L+1$ 个取值，或者说，角动量 P 有 $2L+1$ 个状态。

必须注意：在无外磁场时，核能级是简并的，各状态的能量相同。

对氢核来说，$L=1/2$，其 m 值只能有 $2 \times 1/2 + 1 = 2$ 个取向：$+1/2$ 和 $-1/2$。也表示 H 核在磁场中，自旋轴只有两种取向：

① 与外磁场方向相同，$m=+1/2$，磁能级较低；

② 与外磁场方向相反，$m=-1/2$，磁能级较高。

在强场中，核自旋的能级将发生分裂。该分裂能级极小：如在 1.41T 磁场中，磁能级差约为 25×10^{-3}J，当吸收外来电磁辐射（4～900MHz）时，将发生核能级的跃迁——产生所谓核磁共振（NMR）现象。即：

射频辐射→原子核（强磁场下，能级分裂）→吸收→能级跃迁→NMR

NMR 通过研究原子核对射频辐射的吸收，以对各种有机和无机物的成分、结构进行定性分析，有时亦可进行定量分析。如在测定有机化合物的结构时，利用质子共振（^{1}H NMR）信号出现的位置、强度及其分裂情况以确定氢原子的位置、环境以及官能团和

C 骨架上的 H 原子相对数目等。

与 UV-vis 和红外光谱法类似，NMR 也属于吸收光谱，只是研究的对象是处于强磁场中的原子核对射频辐射的吸收。

当样品宽频辐射信号照射后，样品的总磁化矢量偏离平衡态。在断开射频辐射后，磁化矢量会逐步返回平衡态（弛豫），同时产生感应电动势，即自由感应衰减（FID）。其特征为随时间而递减的点高度信号，在经过傅里叶变换后，得到强度随频率的变化曲线，即为我们所熟知的核磁共振谱图。

仪器与试剂

（1）Bruker Avance Ⅲ 400MHz 核磁共振谱仪。

（2）5mm 石英核磁样品管。

（3）扑热息痛（分析纯）。

（4）氘代二甲亚砜（DMSO）。

实验步骤

（1）样品溶液配制：配制浓度约 2～3mg/mL 的扑热息痛重水溶液，并装入核磁样品管。

（2）进样：将样品管外表擦干净，将样品管插入转子，在量规中测量并确定样品溶液与转子的相对位置。

（3）输入弹出样品命令：ej，将样品放入后，再输入进样命令：ij。

（4）建立实验（edc）

NAME：实验名称（可以用数字和字母）。

EXPNO：实验号（只能用数字。一般一个样品进行不同的实验时，在同一实验名称下用不同的实验号，如做^{1}H 时取 1，做^{13}C 时取 2……）。

PROCNO：处理号（只能用数字。对同一样品或同系列样品进行同样的实验时，或对同一实验需采取不同的处理方法时，EXPNO 可以取同一个数字，而 PROCNO 取不同的数字来区别，如对反应进程进行检测）。

DIR：数据存储路径（最好存在自己名字的目录下，以便于查找）。

Solvent：选择溶剂（选择实验所用的溶剂）。

Experiment Dirs：实验路径（有两项可选：... \ par \ user，已有实验条件；... \ par，建立新实验）。

Experiment：实验类别（根据上一个选项。上一，选择个选项选... \ par \ user，本选项只能选 Use current params；上一选项选... \ par，本项需选择实验类型，如做^{1}H，选择PROTON；做去偶^{13}C，选择 C13CPD；……）。

TITLE：实验说明（输入的内容会在谱图上显示，可对谱图进行标注）。

（5）编辑实验参数（ased）　一般不需要改动。特殊情况下可改动的有以下几点。

AQ：采样时间（可采集一次^{1}H 谱查看合适的值）。

D1：延迟（等待）时间（与样品的弛豫时间有关）。

DS：虚采次数（有些实验不需要）。

NS：扫描次数，即样品信号采集次数（根据样品的情况，观察核种类，谱图要求设定）。

（6）Getprosol：调入脉宽和功率。

（7）右键点击 Lock 进行锁场，在 Lock 对话框中选择溶剂为 D_2O，锁场成功后，锁线发生变化，开始升高。

（8）Topshim：匀场，匀场指调节磁场中探头附近的磁场分布均匀性的操作过程。如永磁体极头贴小铁片或磁性材料；调节电磁体、超导磁体补偿线圈电流大小与方向。磁场强度相等是指在特定的容积限度内磁场的同一性，即穿过单位面积的磁力线数目相等。而在核磁测试中匀场的作用就是保证场强在一个较大的空间尺寸范围内相等，即在磁场的各个点上（水平方向、垂直方向），磁场强度不应有一点点儿变化。核磁共振实验中，匀场的好坏直接关系到仪器的实验结果，而且影响是巨大的。因此，匀场是仪器操作的关键。

（9）Atma：进行自动调谐（适用有自动调谐器的探头）。

（10）rga：调增益设置接收机增益。

（11）zg：采样，开始采集数据，完成后，即得数据。

（12）efp：傅里叶变化将时域信号变为频率域信号。

（13）apk：相位校正自动相位调整，如果效果不佳，则要点击 phase，进行手动调整。

（14）abs：基线校正自动基线调整。

（15）Calib Axis：定标，选择 D_2O 或 TMS 作为定标的峰，将红色定标线置于峰中间位置，对照标准重水峰更改其坐标即可。

（16）Pick Peaks：标峰，拖动鼠标形成矩形框，将谱峰包含在内就可以标出谱峰化学位移，存盘退出。

（17）积分：点击 Intergrate 至积分窗口，先清除积分线断点，再手动进行积分断点设置，压住鼠标左键，拖动光标到谱峰右边，然后释放鼠标，重复此步骤来积分剩余的谱峰，通过积分得出谱峰面积，存盘退出。

（18）xwp：图谱输出，在自动弹出的窗口进行设置，然后打印，也可存为 pdf 文件。

数据处理

目前图谱处理采用 Bruker 公司提供的专用处理软件 Topspin3.1 在工作站上完成，亦可使用 MestRec 或 NUTS 等软件在 PC 机上完成。

（1）双击 MestRec.exe 打开软件，点 file-open，打开 fid 文件。

（2）点 FT 按钮进行傅里叶变化，点 Automatic phase correction 进行相位校正，点 Baseline correction 进行基线校正。

（3）点 TMS 设定参考化学位移，点 peak picking 分别标出每个峰的化学位移，点 integration 对每个峰分别积分。

（4）调整峰高度和化学位移范围后，点 file-print 打印谱图。

注意事项

（1）样品管进入磁体时，听到样品管"啪"的一声之后，再进行下一步操作。

（2）样品管中溶剂的高度一定要超过量规中虚线框的高度。

（3）由于实验的操作系统为 UNIX 系统，与 Windows 不同，需要熟悉一下键盘和鼠标，以及记住部分操作命令。

思考题

（1）如何从样品配制入手，做好准备工作？

（2）为什么要对样品锁场，不锁场可以记录图谱吗？

(3) 为什么需要匀场，使用氘代溶剂的作用是什么？
(4) 氢谱和碳谱实验中谱宽的选择范围如何确定？

实验五　苯系物的气相色谱分析

实验目的

(1) 掌握色谱分析基本操作和苯系物的分析。
(2) 掌握保留值的测定及用保留值进行定性的方法。
(3) 了解如何应用色谱图计算分离度。
(4) 学习峰面积的测量及用归一化法计算各组分的含量。

实验原理

苯系物系指苯、甲苯、乙苯、二甲苯（包括对位、间位和邻位异构体）乃至异丙苯、三甲苯等，在工业二甲苯中常存在这些组分，需用色谱方法进行分析。使用有机皂土作固定液，能使间位和对位二甲苯分开，但不能使乙苯和对二甲苯分开，因此使用有机皂土配入适量邻苯二甲酸二壬酯作固定液即能将各组分分开，其色谱曲线如图1所示。

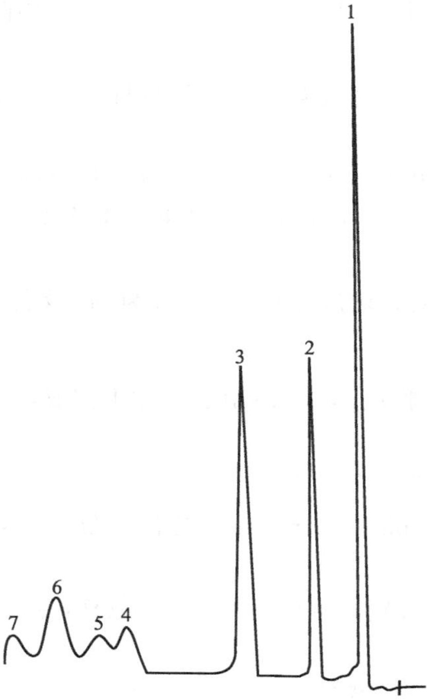

在固定色谱条件（色谱柱、柱温、载气流速）下，某一组分的流出时间不受其他组分的影响。有纯样品时，直接对照保留时间（记录纸速固定时对照峰的位置）可确定试样的化学组成。由于在同一柱上不同的组分可能有相同的保留时间，所以在鉴定时往往要用到两种以上不同极性固定液配成的柱子。

有关保留值测定的计算公式如下。

调整保留时间：$t_R' = t_R - t_M$

保留体积：$V_R = F_0 \times t_R$

调整保留体积：$V_R' = F_0(t_R - t_M)$

相对保留值：$\gamma_{21} = \dfrac{t_R'(2)}{t_R'(1)} = \dfrac{V_R(2)}{V_R(1)}$

分离度是以色谱峰判断相邻的两组分（或称物质对）在色谱柱中的分离情况的指标，常用分离度作为柱的总分离效能指标。以 R 表示，定义为相邻两色谱峰保留时间之差和两色谱峰峰宽之和之半的比值。

图1　苯系物色谱图

1—己烷；2—苯；3—甲苯；
4—乙苯；5—对二甲苯；
6—间二甲苯；7—邻二甲苯

$$R = \frac{t_{R(2)} - t_{R(1)}}{\frac{1}{2}[W_{b(2)} + W_{b(1)}]}$$

仪器与试剂

气相色谱仪（任意型号均可，本实验采用 1102 型气相色谱仪）、氮气、氢气、空气钢瓶，秒表，微量进样器，皂膜流量计。

101 白色担体（60～80 目）、有机皂土-34、邻苯二甲酸二壬酯、苯、甲苯、乙苯、二甲苯。

实验步骤

1. 色谱柱的准备

（1）固定相配比　有机皂土-34：邻苯二甲酸二壬酯：101 白色担体＝3：2.5：100。

称取 101 担体 40g，另用二个小烧杯分别称取有机皂土-34 约 1.2g 和邻苯二甲酸二壬酯约 1g。先加入少量苯于有机皂土-34 中，用玻璃棒调成糊状至无结块为止，另用少量苯溶解邻苯二甲酸二壬酯。然后将两者混合搅和均匀，再用苯稀释至体积稍大于担体体积。将此溶液转入配有回流冷凝器的烧瓶中，将称好的担体加入，安上回流冷凝器，在水浴上于 78℃回流 2h。

取下冷凝器，将固定相倾入大蒸发皿中，在通风橱中使大量的苯挥发，然后在 60℃烘6h，置于干燥器中冷却，用 60～80 目筛筛过。保存在干燥器中备用。

（2）装柱及老化　取长 2m，内径 4mm 的不锈钢色谱柱管，洗净烘干，将固定相装入色谱柱，装好后将柱安装入色谱仪，照老化方法通入载气（30～40mL·min⁻¹）于95℃。老化 8h，然后接好检测器，检查是否漏气，再照热导池（或氢火焰）操作方法进行分析。

2. 操作条件

项目	热导池检测器	氢火焰离子化检测器
柱温/℃	60	90
检测器/℃	60	100
汽化室/℃	110	90
载气流速/mL·min⁻¹	H_2O	N_2 250、燃气 H_2 40、空气 400
桥电流/mA	130	
纸速/mm·h⁻¹	600	600
进样量/μL	1	0.5～1

3. 实验操作

（1）用皂膜流量计测定载流速。

（2）根据实验条件，将色谱仪按仪器操作步骤调节至可进样状态，待仪器上电路和气路系统达到平衡，记录仪上基线走直后，即可进样。从进样起即开始按动秒表，记下每组分的保留时间。

实验记录及结果计算

室温＝　　　　　　大气压＝　　　　　　柱温＝

皂沫流量计测得流速 $F_皂$＝

柱后流速 $F_0 =$

（1）计算各组分的保留值并填入下表：

项目	空气	苯	甲苯	乙苯	对二甲苯	间二甲苯	邻二甲苯
保留时间 t_R							
调整保留时间 t_R'							
保留体积 V_R							
调整保留体积 V_R'							
相对保留值 γ_{21}							

（2）用归一化法计算各组分含量：取下色谱图，用卡规和米尺量出每一组分峰高和半峰宽，计算出峰面积，再用归一化法计算出各组分含量。

不同检测器各组分的相对定量校正因子列表如下，供计算时应用。

组分		苯	甲苯	乙苯	对二甲苯	间二甲苯	邻二甲苯
f_i'	热导	0.78	0.79	0.82	0.81	0.81	0.84
	氢焰	0.89	0.94	0.97	1.00	0.96	0.98

（3）分离度的测定：在色谱图上画出整个谱的基线，量出任何相邻两峰（如乙苯与对二甲苯）的基线宽度和两个保留时间差（由保留时间差与纸速可以算出两峰顶的距离）。计算相邻两组分的分离度。

思考题

（1）苯系物中主要有哪些组分？为什么说用色谱方法分离最好？

（2）柱后流速如何测定？

（3）保留值在色谱定性定量分析中有什么意义？

（4）分离度的定义如何表达？怎样以相邻两组分的分离度判断其分离情况？

实验六 可乐、咖啡、茶叶中咖啡因的高效液相色谱分析

实验目的

（1）熟悉高效液相色谱仪的结构、原理和应用。

（2）掌握外标法定量方法。

实验原理

高效液相色谱（high performance liquid chromatography，简称 HPLC），又叫做高压或高速液相色谱、高分离度液相色谱或近代柱色谱，以液体为流动相，采用高压输液系统，是色谱法的一个重要分支。

咖啡因具有增强大脑皮质的兴奋程度、减少疲乏感的生理功能，茶叶、咖啡、可乐等饮料中都含有一定量的咖啡因，对其中咖啡因进行有效分离与准确测定将有助于对饮料的生产工艺、产品质量进行准确监控。本实验使用快速、灵敏的高效液相色谱（HPLC）对茶叶、可乐、咖啡中的咖啡因进行研究。首先对样品进行预处理，咖啡因的分离则采用 ZORBAX

SB-C18 色谱分析柱（4.6mm×150mm，5μm），以甲醇、水和冰乙酸为流动相，柱温 30℃，流速 0.5mL/min，二极管阵列检测器，于 260nm 波长下进行检测，此方法在测定实际样品中得到了验证。

咖啡因的性质如下。

咖啡因是白色粉末或六角棱柱状结晶，熔点 238℃，178℃升华。1g 溶于 46mL 水、5.5mL 80℃的水、1.5mL 沸水、66mL 乙醇、22mL 60℃的乙醇、50mL 丙酮及 5.5mL 氯仿等。

咖啡因属于甲基黄嘌呤的生物碱。纯的咖啡因是白色的，强烈苦味的粉状物。它的化学式是 $C_8H_{10}N_4O_2$。它的化学名是 1,3,7-三甲基黄嘌呤或 3,7-二氢-1,3,7 三甲基-1H-嘌呤-2,6-二酮。相对分子质量为 194.19。

咖啡因开始能使中枢神经系统兴奋，因此能够增加警觉度，使人警醒并有快速而清晰的思维、增加注意力和保持较好的身体状态，最后进入脊髓并保持一个较高的剂量。

仪器与试剂

1. 仪器

Agilent 1100 高效液相色谱仪（美国）、KQ-50DE 型数控超声波清洗器（昆山市超声仪器有限公司）、纯水机（韩国）、电子天平（上海精天分析仪器厂）、容量瓶（10mL、50mL、100mL）、移液管（1mL、2mL、5mL）、0.45μm 膜过滤器、加液枪。

2. 试剂

甲醇（色谱纯）、冰乙酸（色谱纯）、咖啡因标准品（分析纯）、茶叶、百事可乐、咖啡。

3. 色谱条件

色谱柱，ZORBAX SB-C18 柱（4.6mm×150mm，5μm）；流速：$0.5mL \cdot min^{-1}$；流动相：甲醇：水：冰乙酸＝30：69：1；DAD 检测波长：260nm；进样量：20μL；柱温：30℃。

实验步骤

1. 样品的前处理

（1）量取可乐 50mL 于烧杯中，超声脱气 15min 之后过滤，滤液冷藏保存。

（2）称取咖啡 0.25g，用新沸开水 80mL 冲泡，冷却后转到 100mL 容量瓶中加水定容。

（3）称量茶叶 0.30g，倒入 100mL 烧杯中，加蒸馏水 50mL，加热至沸，保持微沸 1h，并保持烧杯水量大约 50mL。冷却后过滤，滤液转移至 50mL 容量瓶中加水定容。

2. 标准曲线的测定

（1）1000mg/L 咖啡因标准贮备溶液　将咖啡因在 110℃下烘干 1h。准确称取 0.1000g 咖啡因，用超纯水溶解，转移至 100mL 容量瓶中加水定容。

（2）咖啡因标准系列溶液配制　分别用吸量管吸取 0.1mL、0.2mL、0.5mL、0.7mL、1.0mL、1.2mL 咖啡因标准贮备溶液于 6 只 10mL 的容量瓶中，用超纯水定容至刻度，浓度分别为 $10μg \cdot mL^{-1}$、$20μg \cdot mL^{-1}$、$50μg \cdot mL^{-1}$、$70μg \cdot mL^{-1}$、$100μg \cdot mL^{-1}$、$120μg \cdot mL^{-1}$。

（3）绘制工作曲线　按流动相色谱条件进行设置，待高效液相色谱仪基线平直后，分别注入标准系列溶液（$10μg \cdot mL^{-1}$、$20μg \cdot mL^{-1}$、$50μg \cdot mL^{-1}$、$70μg \cdot mL^{-1}$、$100μg \cdot mL^{-1}$、$120μg \cdot mL^{-1}$）5μL。记下峰面积和保留时间。

3. 咖啡因含量的测定

取处理完的待测样品，注入高效液相色谱仪之前经 $0.45\mu m$ 滤膜过滤。按照对应测标准溶液的色谱条件设置高效液相色谱仪，待基线平直后，依次注入待测样品溶液 $20\mu L$。实验完成后，记下峰面积和保留时间。

数据记录与处理

1. 溶剂为水咖啡因标准曲线的绘制

根据以下数据，以峰面积对相应浓度（$\mu g \cdot mL^{-1}$）作标准曲线。得到回归方程 $y = ax + b$，$R^2 = c$。

选项 \ 序号	1	2	3	4	5	6
浓度/$\mu g \cdot mL^{-1}$	10	20	50	70	100	120
峰面积						

2. 按下表记录实验数据并计算各样品的咖啡因含量

样品	峰面积	浓度/$\mu g \cdot mL^{-1}$	含量
可乐			
茶叶			
咖啡			

思考题

(1) 高效液相色谱仪由哪几部分组成？

(2) 本实验中冰乙酸起什么作用？

实验七　X射线单晶衍射仪测定八钼酸盐的晶体结构

实验目的

(1) 了解 X 射线衍射单晶仪的结构和工作原理。

(2) 了解 X 射线单晶衍射仪的使用方法。

(3) 掌握 X 射线衍射物相定性分析的方法及步骤。

实验原理

根据晶体对 X 射线的衍射特征——衍射线的位置、强度及数量来鉴定结晶物质之物相的方法，就是 X 射线物相分析法。

利用晶体形成的 X 射线衍射，对物质进行内部原子在空间分布状况的结构分析方法。将具有一定波长的 X 射线照射到结晶性物质上时，X 射线因在结晶内遇到规则排列的原子或离子而发生散射，散射的 X 射线在某些方向上相位得到加强，从而显示与结晶结构相对应的特有的衍射现象。利用单晶体对 X 射线的衍射效应来测定晶体结构实验方法。

衍射 X 射线满足布拉格（W. L. Bragg）方程：$2d\sin\theta = n\lambda$。式中，λ 是 X 射线的波长；θ 是衍射角；d 是结晶面间隔；n 是整数。波长 λ 可用已知的 X 射线衍射角测定，进而求得面间隔，即结晶内原子或离子的规则排列状态。将求出的衍射 X 射线强度和面间隔与已知的表对照，即可确定试样结晶的物质结构。样品 X 射线衍射采集的数据采用 Crystalclear 程序还原，使用 multi-scan 或 numeric 方式进行吸收校正。结构解析使用 SHELX-97 程序包，用直接法解出。非氢原子的坐标和各向异性温度因子采用全矩阵最小二乘法进行结构修正。配合物的氢原子坐标由差傅里叶合成或理论加氢程序找出。所有或部分氢原子的坐标和各向同性温度因子参加结构计算，但不参与结构精修。

每一种结晶物质都有各自独特的化学组成和晶体结构。没有任何两种物质，它们的晶胞大小、质点种类及其在晶胞中的排列方式是完全一致的。因此，当 X 射线被晶体衍射时，每一种结晶物质都有自己独特的衍射花样，它们的特征可以用各个衍射晶面间距 d 和衍射线的相对强度 I/I_0 来表征。其中晶面间距 d 与晶胞的形状和大小有关，相对强度则与质点的种类及其在晶胞中的位置有关。所以任何一种结晶物质的衍射数据 d 和 I/I_0 是其晶体结构的必然反映，因而可以根据它们来鉴别结晶物质的物相。

X 射线衍射数据收集是在德国 Bruker 公司单晶衍射仪上完成。在 293K 条件下，采用石墨单色化的 Mo/Ka 射线（$\lambda = 0.71073\text{Å}$）作为 X 射线源，以 ω 扫描方式在一定的角度范围内收集衍射点，选取 $I > 2s(I)$ 的独立衍射点用于单晶结构分析。

仪器与试剂

1. 仪器

D8 单晶衍射仪（德国 Bruker 公司）、XTS20 体式变倍显微镜（×4.5 倍）（北京泰克仪器有限公司）。

2. 试剂

八钼酸盐单晶。

实验步骤

1. 培养晶体

主要方法有：溶剂挥发法，溶剂热法（水热法）等。

2. 挑选合适大小的单晶

在显微镜下挑选晶体，晶体合适尺寸范围：金属配合物和金属有机化合物为 0.1～0.5mm；纯有机物为 0.3～0.5mm；纯无机化合物 0.1mm 左右。

3. 仪器的开机

（1）开墙上的电源和 UPS 电源（包括冷却水的）。

（2）开隔壁的冷却水系统。

（3）开衍射仪后左下角的主电源开关。

（4）开衍射仪前面左下门里面的三个电源开关。

（5）开衍射仪后面地上的 CCD 冷却系统 Cryo Tiger。

（6）开衍射仪前面右下门里面的控制电脑。

（7）开桌上的 PC 机。

（8）开衍射仪左面板上的 Power，开 X-Ray。等面板上的显示稳定后，先缓慢调整电压到 50kV，然后再缓慢调整电流到 40mA。

（9）打开电脑"桌面"上的 Crystalclear 程序开始收集和测试。

4. 单晶安装及测试

将挑选好的单晶置于单晶衍射仪的载晶台上，调整好晶体的位置，收集一定数量衍射画面的衍射点用于确定晶体的单胞参数和质量，精确度在 90％ 以上即可进行数据测定。根据晶体的类别、大小和衍射强弱，设定衍射实验所需的曝光时间。

5. 收集衍射强度数据及还原数据

通过 CCD X 射线单晶衍射仪对数据进行采集，再进行数据吸收校正和还原。

注意事项

（1）测试仪器的开机过程。

（2）样品的挑选。

思考题

数据收集过程中何种数据较好？

实验八　溶胶-凝胶法合成纳米二氧化铈

实验目的

（1）了解纳米粉体的一般特性以及常用的制备方法。

（2）掌握用溶胶-凝胶法合成纳米二氧化铈的基本原理和方法。

（3）熟练掌握水浴加热、蒸发、干燥、焙烧等基本操作。

实验原理

纳米粒子由于具有独特的光、声、电、磁、热等特性，引起了人们的极大关注。CeO_2 是一种廉价而用处极广的材料，如用于汽车尾气净化催化剂、电子陶瓷、玻璃抛光剂及紫外吸收材料等。将其纳米化后会出现一些新的性质及应用。

溶胶-凝胶法（sol-gel 法）也是制备稀土超细粉体常用的一种方法，具有反应温度低、产物颗粒小且分散性好等优点，但产量较低。沉淀法和溶胶-凝胶法相比产率较高，成本较低，但团聚问题仍不能很好地解决。

本实验采用柠檬酸溶胶-凝胶法制备纳米 CeO_2，以柠檬酸为配合剂，与 Ce^{3+} 形成稳定的配合物，加热蒸发、浓缩，先生成溶胶，进而形成凝胶，经干燥、焙烧得纳米 CeO_2。

仪器与试剂

1. 仪器

烧杯、量筒、分析天平、水浴槽、恒温干燥箱、研钵、马弗炉、X 射线衍射仪、透射电镜。

2. 试剂

硝酸铈或草酸铈（分析纯）、柠檬酸（分析纯）、硝酸、双氧水。

实验步骤

1. 纳米 CeO_2 的制备

称取 $4g$ $Ce(NO_3)_3 \cdot 6H_2O$ 和 $5g$ 柠檬酸，用蒸馏水溶解柠檬酸得淡黄色溶液，调节溶液的 pH 值。将 $Ce(NO_3)_3 \cdot 6H_2O$ 加入此溶液中待其完全溶解，然后置于 $70℃$ 的水浴槽中，让其缓慢蒸发，形成溶胶，进一步蒸发形成凝胶，将凝胶于 $120℃$ 干燥 $12h$，得到淡黄色的干凝胶，将干凝胶研磨后于马弗炉中在不同温度下（500℃以上）焙烧 2h 即得到黄色纳米晶体。

2. 纳米 CeO_2 的分析表征

用 X 射线仪测定 CeO_2 的物相结构，用扫描电镜或透射电镜观察 CeO_2 的形貌和粒度。

思考题

（1）如何改善纳米 CeO_2 粉体的团聚现象，提高其分散性？

（2）焙烧温度对 CeO_2 的结构和粒度有何影响？

实验九　红色稀土发光材料 Y_2O_3：Eu 的制备

实验目的

（1）了解草酸沉淀法制备超细 Y_2O_3：Eu 荧光粉的基本原理和方法。

（2）熟练掌握稀土溶液的配制和标定方法。

（3）掌握减压过滤、加热炽烧等基本的技能。

（4）了解医用紫外线分析仪、X 射线衍射仪、高倍光学显微镜等仪器的原理及使用方法。

实验原理

稀土离子的 f-f 电子跃迁对应的发射线为锐线谱，且受外场的影响较小，是发光材料很好的激活中心。

Y_2O_3：Eu 材料是一种重要的红色发光材料，由于它发光效率高，有较高的色纯度和光衰特性，已被广泛用于制作彩色电视显示器、三基色荧光灯、节能荧光灯、复印灯和紫外真空激发的气体放电彩色显示板。Y_2O_3：Eu 体材料的制备一般采用高温固相反应，由于灼烧温度高（1300℃以上）、灼烧时间长（4～5h）。形成硬团聚体，产物晶粒较大，一般为微米级，需进行球磨粉碎以减少其粒径，很难制得均相、均一粒度分布的氧化物粉体，在研磨过程中容易引入杂质且晶形破坏使得发光亮度减小。液相共沉淀法则反应条件温和，所得颗粒尺寸较均匀，设备简单。

该实验采用草酸做沉淀剂来制备性能优良的 Y_2O_3：Eu 超细荧光粉，采用高纯 Y_2O_3、Eu_2O_3 为原料，用硝酸将其溶解，用容量法分别标定其准确浓度，按目标产物 $(Y_{0.95}Eu_{0.05})_2O_3$（简写为 Y_2O_3：Eu）化学式的化学计量比量取 $Y(NO_3)_3$ 和 $Eu(NO_3)_3$ 溶液并混合均匀。向其中加入适量分散剂（PEG），利用其长链结构具有的空间位阻效应，来抵制沉淀颗粒的团聚，以达到好的分散效果，加入沉淀剂草酸（$H_2C_2O_4$），为了保证稀土沉淀完全，$H_2C_2O_4$ 应适当过量（过量系数为 1.2），沉淀反应温度控制在 50～60℃，反应方程式为：

$$3H_2C_2O_4 + 2RE(NO_3)_3 \rightleftharpoons RE_2(C_2O_4)_3 + 6HNO_3 \quad (RE=Y,Eu)$$

用氨水调节反应体系的 pH 值为 2～3，沉淀完全之后，过滤、洗涤、烘干，将草酸盐沉淀在 800℃下焙烧，即可制得 Y_2O_3：Eu 荧光粉，反应方程式为：

$$RE_2(C_2O_4)_3 + 3/2O_2 \rightleftharpoons RE_2O_3 + 6CO_2$$

用医用紫外分析仪观察荧光粉的发光颜色及亮度，用 X 射线仪（XRD）测量其物相结构，用高倍光学显微镜初步观察其粒度及分散性。

仪器与试剂

1. 仪器

恒温水浴箱、烧杯、洗瓶、玻璃棒、容量瓶、布式漏斗、吸滤瓶、真空泵、pH 试纸、（广泛）、锥形瓶、坩埚、烘箱、马弗炉、医用紫外分析仪、X 射线衍射仪、扫描电镜。

2. 试剂

硝酸钇、硝酸铕、氨水、有机分散剂（PEG1000）、无水乙醇、草酸。

实验步骤

1. 前驱体的制备

按目标产物化学式的计量比准确量取 $0.3 mol \cdot L^{-1}$ Y $(NO_3)_3$ 和 $0.1 mol \cdot L^{-1}$ Eu$(NO_3)_3$ 溶液并混合均匀，向其中加入适量分散剂，搅拌均匀，再向其中滴加浓度为 $0.4 mol \cdot L^{-1}$ 草酸水溶液控制反应的 pH 值在 2～3 之间，反应在 50～60℃ 恒温水浴中进行，并且不断搅拌。滴加完毕，继续搅拌 0.5h，静置 10min，减压过滤，用蒸馏水洗净沉淀表面附着的杂质离子，再用少量无水乙醇洗涤，以除去少量的物理吸附水，减少团聚，并加快后续的烘干速度。

2. 干燥及焙烧

将草酸盐前驱体置于烘箱中 100℃ 干燥 1h，然后在马弗炉中 800℃ 下焙烧 2h，即可得到超细 Y_2O_3：Eu。

3. 分析、表征

用医用紫外线分析仪观察其发光颜色及亮度，用 X 射线衍射仪（XRD）测量其物相结构，用扫描电镜观察其粒度及分散性。

思考题

（1）沉淀反应温度为什么要控制在 50～60℃，太高或太低会有什么弊端？

（2）溶液 pH 值为什么要控制在 2～3 左右，不调节 pH 值或过高，会有什么结果？

（3）查阅资料了解 Y_2O_3：Eu。发光亮度的因素。

实验十　水热法制备纳米二氧化锡

实验目的

（1）了解水热法制备纳米氧化物的原理及实验方法。

（2）研究 SnO_2 纳米粉制备的工艺条件。

（3）学习用透射电子显微镜检测超细微粒的粒镜。

（4）学习用 X 射线衍射仪（XRD）确定产物的物相。

实验原理

纳米微粒通常是指粒径为 1～100nm 的超微颗粒。物质处于纳米状态时，其许多性质既不同于原子、分子，又不同于大块体相物质，构成物质的一种新的状态。

处于纳米尺度的粒子，其电子的运动受到颗粒边界的束缚而被限制在纳米尺度内，当粒子的尺度可以与其中电子（或空穴）的德布罗意波长相近时，电子运动呈现显著的波粒二象性，此时材料的光、电、磁性质显出许多新的特征和效应。纳米材料位于表、界面上的原子数足以与粒子内部的原子数相抗衡，总表面积能大大增加，粒子的表、界面化学性质异常活泼，可能产生宏观量子隧道效应、介电即域效应等，纳米粒子的新特性为物理学、电子学、化学和材料学等开辟了全新的研究领域。

纳米材料的合成方法有气相法、液相法和固相法，其中气相法包括：化学气相沉积、激光气相沉积、真空蒸发和电子束或射频束溅射等，液相法包括：溶胶-凝胶法、水热法和共沉淀法，制备纳米氧化物微粉常用水热法，其优点是产物直接为晶态，无须经过焙烧晶化过程，可以减少颗粒团聚，同时粒度比较均匀，形态也比较规则。

SnO_2 是一种半导体氧化物，它在传感器、催化剂和透明导电薄膜等方面具有广泛用途。纳米具有很大的比表面积，是一种很好的气敏和湿敏材料。

本实验以水热法制备 SnO_2 纳米粉，以 $SnCl_4$ 为原料，利用水解产生的 $Sn(OH)_4$，脱水缩合晶化产生 SnO_2 纳米微晶，反应如下：

$$SnCl_4 + 4H_2O \Longrightarrow Sn(OH)_4(s) + 4HCl \quad nSn(OH)_4 \Longrightarrow nSnO_2 + 2nH_2O$$

水热反应的条件，如反应浓度、温度、介质的 pH 值、反应时间等对反应产物的物相、形态、粒子尺寸及其分布均有较大的影响。

仪器与试剂

1. 仪器

100mL 不锈钢压力釜（有聚四氟乙烯衬里）、恒温箱（带控温装置）、磁力搅拌器、抽滤水泵、pH 计、离心机、多晶 X 射线衍射仪、透射电子显微镜、烧杯、马弗炉、恒温槽、研钵、干燥器。

2. 试剂

五水四氯化锡、氢氧化钾、乙酸、乙酸铵、乙醇。

实验步骤

1. 纳米 SnO_2 的制备

称取一定量的 $SnCl_4 \cdot 5H_2O$，配成 $1mol \cdot L^{-1}$ 溶液，过滤除去不溶物，得到无色清亮溶液，用 KOH 溶液调节 pH 值为 $1 \sim 1.4$，取 50mL 原料溶液，转入容积为 100mL、具有聚四氟乙烯衬里的不锈钢压力釜中，密封后置于恒温箱中，反应温度控制在 $120 \sim 160℃$ 范围内，反应时间为 2h 左右。

从压力釜中取出的产物经过洗涤 2 次后，用 10∶1（体积比）乙酸-乙酸铵的缓冲溶液洗涤多次，再用 95% 的乙醇溶液洗涤 2 次，在恒温箱中于 80℃ 干燥。然后研细。

2. 产品表征

用多晶 X 射线衍射仪测定产物的物相，在 JCPDS 卡片中查出 SnO_2 多晶标准衍射卡片，将样品的晶面间距（d 值）和相对强度（I/I_0）与标准卡片的数据相对照，确定产物是否是 SnO_2，用透射电子显微镜（TEM）直接观察样品粒子的尺寸与形貌。

思考题

（1）水热法合成无机材料具有哪些特点？

（2）水热法制备纳米 SnO_2 微粉过程中，哪些因素影响产物的粒子大小及其分布？

（3）在洗涤纳米粒子沉淀物过程中，为什么用乙酸-乙酸铵的缓冲溶液作洗液？

(4) 如何减少纳米粒子在干燥过程中的团聚？

实验十一　洗发香波的制备

实验目的

(1) 了解洗发香波各组分的作用和配方原理。
(2) 掌握配制洗发香波的工艺过程。

实验原理

1. 洗发香波的要求

现代人们对洗发香波的要求，除了具有洗发功能外，还应具有护发、美发功能。在对产品进行配方设计时，应考虑以下因素。

① 具有良好的去污力。

② 能形成丰富持久的泡沫。

③ 洗后的头发具有光泽，易梳理。

④ 产品无毒、无刺激，对头发、头皮、眼睛有高度的安全性。

⑤ 易洗涤、耐硬水，在常温下可以使用。

2. 洗发香波的组成

(1) 阴离子表面活性剂　主要有烷基硫酸酯盐（AS）、烷基醚硫酸酯盐（AES）、α-烯基磺酸盐（AOS）、单烷基（醚）磷酸酯盐（MAP）、酰基谷氨酸盐（AGS）、脂肪醇醚羧酸盐（ECA 或 LCA）等。

(2) 阳离子表面活性剂　主要有烷基多苷（APG）、酰基羟乙磺酸盐（SCL）、脂肪醇聚氧乙烯醚磺基琥珀酸酯盐（MES）等。

(3) 两性表面活性剂　主要有咪唑啉型两性表面活性剂、烷基甜菜碱型两性表面活性剂（BS-12）、酰胺基丙基甜菜碱型两性表面活性剂（CAB 或 LAB）、烷基磺酸甜菜碱型两性表面活性剂等。

(4) 非离子表面活性剂　主要有烷基醇酰胺、氧化叔胺等。

(5) 稳泡剂　主要有烷基醇酰胺、脂肪酸、高级脂肪酸、水溶性高分子物质等。

(6) 增黏剂　主要有水溶性高分子物质、电解质、油分、非离子表面活性剂等。

(7) 增溶剂　主要有乙醇、丙二醇、甘油等醇类；聚氧乙烯脱水山梨糖醇单月桂酸酯、聚乙二醇脂肪酸酯等非离子表面活性剂。

(8) 乳浊剂　主要有聚氧乙烯、聚乙酸乙烯等。

(9) 珠光剂　主要有二硬脂酸酯、鱼鳞箔、云母钛等。

(10) 调理剂　主要有阳离子纤维素醚、阳离子蛋白肽、阳离子瓜尔胶等。

(11) 去头屑剂　主要有硫黄、硫化硒、硫化镉、锌吡啶硫酮（ZPT）、甘宝素、尿囊素、薄荷醇、水杨酸等。

(12) 止痒剂　主要有 L-薄荷醇、辣椒酊、樟脑麝香草酚等。

(13) 螯合剂　主要有乙二胺四乙酸的衍生物、三聚磷酸盐六偏磷酸盐、柠檬酸、酒石酸等。

（14）紫外线吸收剂　主要有羟甲氧苯酮等二苯甲酮衍生物、苄基三唑衍生物等。

（15）其他　包括防腐剂、色素、香料等。

仪器与试剂

1. 仪器

水浴锅、电动搅拌器等。

2. 试剂

脂肪醇聚氧乙烯醚硫酸钠（AES）（工业级）、脂肪酸二乙醇酰胺（6501、尼纳尔）（工业级）、十二烷基二甲基甜菜碱（工业级）（又名十二烷基·二甲基乙内铵盐、BS-12，两性离子表面活性剂）、十二醇硫酸三乙醇胺盐（工业级）（别名 $K_{12}EA$、ASEA，阴离子表面活性剂）、乙二醇单硬脂酸酯（工业级）（非离子表面活性剂）、对羟基苯甲酸甲酯（尼泊金甲酯）（分析纯）、对羟基苯甲酸乙酯（尼泊金乙酯）（分析纯）、乙二胺四乙酸二钠（EDTA二钠盐）（分析纯）、柠檬酸（工业级）、氯化钠（分析纯）、香精（食用级）。

实验步骤

1. 配方（表1）

表 1　洗发香波配方

组分	质量分数/%		
	透明香波	珠光香波	调理香波
脂肪醇聚氧乙烯醚硫酸钠	15.0	13.0	8.0
脂肪酸二乙醇酰胺		4.0	4.0
十二烷基二甲基甜菜碱	10.0		6.0
十二醇硫酸三乙醇胺盐		9.0	
乙二醇单硬脂酸脂		2.0	
对羟基苯甲酸甲酯	0.2	0.2	0.2
对羟基苯甲酸乙酯	0.2	0.2	0.2
乙二胺四乙酸二钠	0.5	0.5	0.5
柠檬酸	适量	适量	适量
氯化钠	1.5	1.5	
香精	适量	适量	适量
去离子水	适量	适量	适量

2. 制备

用量筒量取适量的去离子水加入500mL烧杯中，将烧杯放入水浴锅中加热至60℃并保持温度。加入脂肪醇聚氧乙烯醚硫酸钠（AES），并不断搅拌溶解。依次加入其他表面活性剂。每种表面活性剂搅拌溶解后再加下一种表面活性剂。加入珠光剂，并搅拌溶解，缓慢降温，有利于产生珠光效果。当温度降至40℃以下，加入香精、防腐剂、螯合剂等并搅拌均匀。测定产品溶液的 pH 值，用柠檬酸调节 pH 值为 7～8。温度降至室温，用氯化钠调节到适宜的黏度并出料。

实验记录与数据处理

观察产品的颜色、气味、状态，并试用观察洗涤效果。

根据原料的市场价格，核算产品成本。

性质与用途

1. 产品特性

洗发香波是洗发用化妆洗涤用品。主要由表面活性剂、水和助剂组成，有较弱的碱性、较大的起泡力和较强的去污力。在水中迅速溶解，不刺激皮肤。用香波洗发过程中，不仅有良好的去油、去污、去头屑作用，而且使洗后的头发光亮、美观、柔软、易梳理，兼有化妆作用。

2. 种类及用途

洗发香波的种类很多，其配方和制备工艺也各不相同。按洗发香波所含主要表面活性剂的种类，可分为阴离子型、阳离子型、非离子型和两性离子型洗发香波。按洗发香波的状态不同可分为透明型洗发香波、乳液型洗发香波、胶状洗发香波等。按适用发质的不同可分为干性头发用、油性头发用和中性头发用洗发香波。按香波所具有的功能不同可分为通用型、药效型、调理型、特殊型洗发香波。

另外，有些洗发香波兼有多个功能，即所谓"二合一"、"三合一"洗发香波。

安全与环保

本试验使用的原料无毒，产品对人体皮肤无副作用。

实验十二 十二醇硫酸钠的制备

实验目的

(1) 了解阴离子型表面活性剂的主要性质和用途。

(2) 掌握高级醇硫酸酯盐类表面活性剂的合成原理及合成方法。

实验原理

十二醇硫酸钠的制法，可用发烟硫酸、浓硫酸或氯磺酸与十二醇反应。首先进行硫酸化反应生成酸式硫酸酯，然后用碱溶液将酸式硫酸酯中和。

本实验以十二醇和氯磺酸为原料，反应式如下：

$$CH_3(CH_2)_{11}OH + ClSO_3H \longrightarrow CH_3(CH_2)_{11}OSO_3H + HCl\uparrow$$

$$CH_3(CH_2)_{11}OSO_3H + NaOH \longrightarrow CH_3(CH_2)_{11}OSO_3Na \quad + \quad H_2O$$

十二醇硫酸钠

硫酸化反应是一个剧烈的放热反应，为避免由于局部高温而引起的氧化、焦油化以及醚的生成等种种副反应，需在冷却和加强搅拌的条件下，通过控制加料速度来避免整体或局部物料过热。十二醇硫酸钠在弱碱和弱酸性水溶液中都是比较稳定的，但由于中和反应也是一个剧烈放热的反应，为防止局部过热引起水解，中和操作仍应注意加料、搅拌和温度的控制。

仪器与试剂

1. 仪器

电加热套、电动搅拌器及尾气吸收装置等。

2. 试剂

7.5mL 氯磺酸、19g 十二醇、30％氢氧化钠水溶液及 30％双氧水等。

实验步骤

1. 十二烷基磺酸的制备

在装有搅拌器、温度计、恒压滴液漏斗和尾气能导出至吸收装置的干燥的四口烧瓶内加入 19g（0.1mol）的月桂醇。所用的仪器必须经过彻底干燥处理，装配时要确保密封良好。反应器的排空口必须连接氯化氢气体吸收装置。操作时应杜绝因吸收造成的负压而导致吸收液倒吸进入反应瓶的现象发生。开动搅拌器，瓶外用冷水浴（温度 0～10℃）冷却，然后通过滴液漏斗慢慢滴入 7.5mL（0.11mol）的氯磺酸。控制滴入的速度，使反应保持在 30～35℃的温度下进行，同时用 5％的氢氧化钠水溶液吸收氯化氢尾气。氯磺酸加完后，继续在 30～35℃下搅拌 1h，结束反应。之后继续搅拌，用水喷射泵抽尽四口烧瓶内残留的氯化氢气体。得到十二烷基磺酸，密封备用。

2. 十二醇硫酸钠的制备

在烧杯内倒入少量 30％的氢氧化钠水溶液，烧杯外用冷水浴冷却，搅拌下将制得的十二烷基磺酸分批、逐渐倒入烧杯中，再间断加入 30％的氢氧化钠水溶液，保持中和反应物料在碱性范围内。产物在弱酸性和弱碱性介质中都是比较稳定的，若为酸性，则产物会分解为醇。30％的氢氧化钠水溶液共用去约 15～18mL。氢氧化钠水溶液的用量不宜过多，以防止反应体系的碱性过强。中和反应的温度控制在 50℃以下，避免酸式硫酸酯在高温下分解。加料完毕，物料的 pH 值应在 8～9。然后加入 30％双氧水约 0.5g，搅拌，漂白，得到稠厚的十二醇硫酸钠浆液。实验到此时也可暂告一段落。把浆状产物铺开自然风干，留待下次实验时再称重。

3. 烘干

将上述的浆液移入蒸发皿，在蒸汽浴上或烘箱内烘干，压碎后即可得到白色颗粒状或粉状的十二醇硫酸钠。称重，计算收率。

由于中和前未将反应混合物中的 $ClSO_3H$、H_2SO_4 以及少量的 HCl 分离出去，因此最后产物中混有 Na_2SO_4 和 NaCl 等杂质，会造成收率超过理论值。这些无机物的存在对产品的使用性能一般无不良影响，相反还起到一定的助洗作用。微量未转化的十二醇也有柔滑作用。

4. 产品检验

纯品十二醇硫酸钠为白色固体，能溶于水，对碱和弱酸较稳定，在 120℃以上会分解。本实验制得的产品和工业品大致相同，不是纯品。工业品的控制指标一般为：活性物含量＝80％；水分≤3％；高碳醇＝3％；无机盐＝8％；pH 值（3％溶液）8～9。

判断反应完全程度简单的定性方法是：取样，溶于水中，溶解度大且溶液透明则表明反应完全程度高（脂肪醇硫酸钠溶于水中呈半透明状，若相对分子质量越低，则溶液越透明）。

实验记录与数据处理

1. 实验记录（表1）

表1　十二醇硫酸钠的制备的实验记录

产品名称	性状	pH(3%溶液)	产量/g
十二醇硫酸钠			

2. 数据记录

十二醇硫酸钠的收率计算，将所得数据记录在表2中。

表2　十二醇硫酸钠的制备的数据记录

产品名称	收率/%
十二醇硫酸钠	

性质与用途

1. 产品用途

十二烷基硫酸钠，又称月桂基硫酸钠，英文名称为 Sodium dodecyl benzo sulfate；化学式为 $C_{12}H_{25}SO_4Na$；相对分子质量为 288.38。它是重要的脂肪醇硫酸酯盐类的阴离子表面活性剂。脂肪醇硫酸钠是白色至淡黄色固体，易溶于水，具有优良的发泡、润湿、去污等性能，泡沫丰富、洁白而细密，适于低温洗涤，易漂洗，对皮肤刺激性小。它的去污力优于烷基磺酸钠和烷基苯磺酸钠，在有氯化钠等填充剂存在时洗涤效能不减，反而有些增高。由于十二醇硫酸镁盐和钙盐有相当高的水溶性，因此十二醇硫酸钠可在硬水中使用。它还具有较易被生物降解、低毒、对环境污染较小等的优点。

脂肪醇硫酸硫酸钠的水溶性、发泡力、去污力和润湿力等使用性能与烷基碳链结构有关。当烷基碳原子数从12增至18时，它的水溶性和在低温下的起泡力随之下降，而去污力和在较高温度（60℃）下的起泡力都随之有所升高，至于润湿力则没有规律性变化，其顺序为 $C_{14}>C_{12}>C_{16}>C_{18}>C_{10}>C_8$。

2. 产品特性

在牙膏中作发泡剂；用于配制洗发香波、润滑油膏等；广泛用于丝、毛一类的精细织物的洗涤以及棉、麻织物的洗涤；并广泛用于乳液聚合、悬浮聚合、金属选矿等工业中。

安全与环保

氯磺酸的腐蚀性很强，在称量和加料过程中应戴橡胶手套，防止皮肤被灼伤，并在通风橱内称量。氯磺酸在加料前应蒸馏一次，收集沸程在 151～152℃ 的馏分，供使用。氯磺酸也可用98%的浓硫酸或含游离 SO_3 的发烟硫酸代替，操作方法相似，但收率偏低，质量也较差。

实验十三　涂料的调制

实验目的

(1) 掌握油性涂料——醇酸清漆的调制方法。

（2）掌握水性涂料——聚乙酸乙烯乳胶的调制方法。

（3）了解醇酸树脂系列涂料和聚乙酸乙烯系列乳胶涂料的性质、特点和用途。

实验原理

1. 醇酸清漆的配制原理

醇酸树脂一般情况下主要是线型聚合物，但由于所用的油如亚麻油、桐油等的脂肪酸根中含有许多不饱和双键，当涂成薄膜后与空气中的氧发生反应，逐渐转化成固态的漆膜，这个过程称为漆膜的干燥。其机理比较复杂，主要是氧在邻近双键的—CH_2—处被吸收，形成氢过氧化物，这些氢过氧化物再发生引发聚合，使分子间交联，最终形成网状结构的干燥漆膜。这个过程在空气中进行得相当缓慢，但某些金属如钴、锰、铅、钙、锆等的有机酸皂类化合物对此过程有催化加速的作用，这类物质称作催干剂。

醇酸清漆主要是由醇酸树脂、溶剂如甲苯、二甲苯、溶剂汽油以及多种催干剂组成。

2. 聚乙酸乙烯乳胶涂料的配制原理

传统涂料（油漆）都要使用易挥发的有机溶剂以帮助形成漆膜。这不仅浪费资源，污染环境，而且给生产和施工场所带来危险性，如火灾和爆炸。而乳胶涂料以水为分散介质，克服了使用有机溶剂的许多缺点，因而得到了迅速发展。

通过乳液聚合得到聚合物乳液，其中聚合物以微胶粒的状态分散在水中。当涂刷在物体表面时，随着水分的挥发，微胶粒互相挤压形成连续而干燥的涂膜。这是乳胶涂料的基础。另外，还要配入颜料、填料以及各种助剂如成膜剂、颜料分散剂、增稠剂、消泡剂等，经过高速搅拌、均质而成乳胶涂料。

仪器与试剂

1. 仪器

烧杯、漆刷、胶合板或木板、量筒、电热干燥箱、高速均质搅拌机、搪瓷或塑料杯、水泥或石棉样板。

2. 试剂

亚麻油醇酸树脂（50％）、溶剂汽油、环烷酸钴、环烷酸锌、环烷酸钙、聚乙酸乙烯酯乳液、六偏磷酸钠、丙二醇、钛白粉、滑石粉、碳酸钙、磷酸三丁酯。

实验步骤

1. 醇酸清漆的配制

（1）配制　将84g亚麻油醇酸树脂（50％）、0.45g 4％环烷酸钴、0.35g 3％环烷酸锌、2.4g 2％环烷酸钙和12.8g溶剂汽油放入烧杯内，搅拌、调匀。注意调配清漆时必须仔细搅匀，但搅拌不能太剧烈，防止混入大量空气。

（2）测定干燥时间　用漆刷均匀涂刷三合板样板，观察漆膜干燥情况，用手指轻按漆膜直至无指纹为止，即为表干时间。注意涂刷样板时要涂得均匀，不能太厚，以免影响漆膜的干燥。

2. 聚乙酸乙烯乳胶涂料的配制

（1）涂料的配制　把20g去离子水、5g 10％六偏磷酸钠水溶液以及2.5g丙二醇加入搪瓷杯中，开动高速均质搅拌机，逐渐加入18g钛白粉、8g滑石粉和6g碳酸钙，搅拌分散均匀后加入0.3g磷酸三丁酯，继续快速搅拌10min，然后在慢速搅拌下加入40g聚乙酸乙烯酯乳液，直至搅匀为止，即得白色涂料。

(2) 测定干燥时间　用漆刷均匀涂刷水泥样板，观察干燥情况，记录表干时间。

实验记录与数据处理

(1) 醇酸清漆外观：＿＿＿＿＿＿＿＿＿＿＿＿＿＿＿，表干时间：＿＿＿＿＿＿ h。

(2) 聚乙酸乙烯乳胶涂料外观：＿＿＿＿＿＿＿＿＿＿＿，表干时间：＿＿＿＿＿＿ h。

性质与用途

(1) 醇酸树脂清漆是由中或长油度醇酸树脂溶于适当溶剂（如二甲苯），加入催干剂制得。醇酸树脂清漆干燥很快，漆膜光亮坚硬，耐候性、耐油性都很好；但因分子中还有残留的羟基和羧基，所以耐水性不如酚醛树脂桐油清漆。主要用作家具漆及作色漆的罩光，也可用作一般性的电绝缘漆。

(2) 聚乙酸乙烯乳胶涂料为乳白色黏稠液体，可加入各色色浆配成不同颜色的涂料。该涂料以水为溶剂，所以具有安全无毒、施工方便的特点，易喷涂、刷涂和滚涂，干燥快、保色性好、透气性好，但光泽较差。主要用于建筑物的内外墙涂饰。

安全与环保

调制醇酸清漆的实验场所必须杜绝火源。

实验十四　镁铝水滑石的合成及产物中铝含量的测定

实验目的

(1) 掌握称量、溶解、加热、减压过滤、沉淀的洗涤以及滴定等基本操作。

(2) 了解镁铝水滑石的合成原理。

(3) 掌握溶液中铝含量的配位滴定方法。

实验原理

层状双金属氢氧化物（layered double hydroxides，简称 LDHs）是近年来发展迅速的阴离子型黏土，又称水滑石，其组成通式为：$[M(\mathrm{II})_{1-x}M(\mathrm{III})_x(OH)_2]^{x+}A_{x/n}{}^{n-} \cdot mH_2O$，其中 $M(\mathrm{II})$ 是二价金属离子，$M(\mathrm{III})$ 是三价金属离子，A^{n-} 是阴离子。这种材料是由相互平行的层板组成，层板带有永久正电荷；层间具有可交换的阴离子以维持电荷平衡。通过离子交换可在层间嵌入不同的基团，制备许多功能材料，被广泛用作催化剂、吸附剂、阻燃剂及油田化学品等，已引起人们的关注。

其中典型的水滑石类化合物为镁铝水滑石 $[Mg_6Al_2(OH)_{16}CO_3 \cdot 4H_2O]$，其结构非常类似于水镁石 $Mg(OH)_2$ 的结构，由 $Mg(OH)_6{}^{4-}$ 八面体共用菱形成单元层，位于层板上的 Mg^{2+} 可在一定范围内被半径相似的 Al^{3+} 同晶取代，使 Mg^{2+}、Al^{3+}、OH^- 层带正电核，层间具有可交换的阴离子如 CO_3^{2-} 与层板正电荷平衡，使整体结构呈中性，具体结构如图 1。

镁铝水滑石可由可溶性的镁盐和铝盐的混合溶液（按照一定的物质的量比）与 NaOH 和 Na_2CO_3 的混合溶液（按照一定的物质的量比）反应而制得。具体可用下式表示：

$$6Mg^{2+} + 2Al^{3+} + 16OH^- + CO_3^{2-} + 4H_2O \longrightarrow Mg_6Al_2(OH)_{16}CO_3 \cdot 4H_2O$$

镁铝水滑石中 Al^{3+} 的含量测定可由 EDTA 配位滴定方法完成。首先，将水滑石用稀盐酸溶解，然后利用 $Al(OH)_3$ 的两性，往溶液中加入过量的 NaOH，过滤，Mg^{2+} 全部以

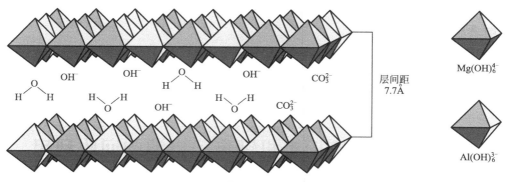

图 1　镁铝水滑石结构

$Mg(OH)_2$ 转移在沉淀中，Al^{3+} 则以 $[Al(OH)_6]^{3-}$ 的形式留在滤液中，将滤液定容，然后用 EDTA 进行配位滴定，则可测出 Al^{3+} 的含量。

仪器与药品

1. 仪器

分析天平、托盘天平、温度计、电热套、烧杯（250mL×2，100mL×1）、三颈瓶、洗瓶、回流冷凝管、玻璃棒、布氏漏斗、吸滤瓶、滤纸、真空泵、pH 试纸（1～14）、酸式滴定管、锥形瓶（250mL×3）、烘箱、容量瓶（250mL×1，100mL×1）。

2. 药品

六水硝酸镁、九水硝酸铝、氢氧化钠、碳酸钠、盐酸（1：1）、盐酸（1：10）、六亚甲基四胺（质量分数 w 为 0.30）、EDTA 标准溶液（0.05mol·L^{-1}）、二甲酚橙指示剂（质量分数 w 为 0.002）、锌标准溶液（0.05mol·L^{-1}）（准确称取基准物质金属锌 0.83g 左右于 100mL 烧杯中，盖上表面皿，从烧杯口加入 10mL 1：1 盐酸，待锌完全溶解后，加入适量水，定量转移至 250mL 容量瓶中，稀释至刻度，摇匀。计算此溶液的准确浓度）。

实验步骤

1. 产物合成

称取 15.4g $Mg(NO_3)_2$·$6H_2O$（0.06mol），7.5g $Al(NO_3)_3$·$9H_2O$（0.02mol），放入烧杯，加入 80mL 去离子水，搅拌使全部溶解；另取 5.16g NaOH（0.13mol）和 4.24g Na_2CO_3（0.042mol）放入另一烧杯，加入 120mL 去离子水，搅拌使全部溶解。把两种混合溶液迅速加入到装有搅拌器的 250mL 的三颈瓶中。然后在 100℃下搅拌回流 4h，抽滤、洗涤至 pH＝8，70℃下烘干，称量、计算产率，用研钵研磨成细粉状，待用。

2. Al^{3+} 含量的测定

准确称取样品 1g 左右于 100mL 烧杯中，加稀盐酸（1：10）至样品全部溶解（约需 30mL），溶液加热煮沸，之后往溶液中加入 1mol·L^{-1} 的 NaOH 溶液调节溶液的 pH 大于 12（约 35mL），使 Mg^{2+} 沉淀完全，Al^{3+} 全部留在滤液中，过滤，将滤液定量转移至 100mL 容量瓶中，准确吸取该溶液 25.00mL 3 份至 3 只 250mL 锥形瓶中，再滴加稀盐酸至沉淀刚好溶解为止，加质量分数 w 为 0.30 的六亚甲基四胺 5mL，使溶液的 pH 为 5～6，再准确加入标定好的 EDTA（0.05mol·L^{-1}）溶液 25.00mL，煮沸 3～5min，放冷置室温，加二甲酚橙指示剂 2～3 滴，用锌标准溶液（0.05mol·L^{-1}）滴定至溶液由黄色转变为红色，并以同样的步骤进行空白滴定，计算经空白校正后的测定结果，以 w(Al)

表示。

思考题

(1) EDTA 标准溶液是如何配制与标定的？

(2) 为什么测定铝通常用返滴法？

(3) 铬黑 T 为什么不能用作测定铝的指示剂，在配合滴定中，对所用指示剂有何要求？

实验十五　废旧手机锂离子电池的回收利用

实验目的

(1) 学习锂离子电池的工作原理和组成。

(2) 掌握湿化学法回收锂离子电池中有价金属的操作过程。

(3) 了解原子吸收方法测定元素组成和含量的原理和方法。

(4) 了解 X 射线衍射分析仪的工作原理和测试方法。

实验原理

1. 锂离子电池的组成与工作原理

锂离子电池的正负极活性物质均为能够可逆地嵌入-脱出锂离子的化合物，其中至少有一种电极材料在组装前处于嵌锂状态。通常选择电极电势（相对于金属锂电极）较高且在空气中稳定的嵌锂过渡金属氧化物为正极材料，它是电池中锂离子的"贮存库"，主要有层状结构的 $LiMO_2$ 和尖晶石型结构的 LiM_2O_4 化合物（M＝Co、Ni、Mn、V 等过渡金属元素）。负极材料常用的有焦炭、石墨、中间相炭珠微球、有机热解炭等炭素材料、锂过渡金属氮化物、锂过渡金属氧化物及其复合氧化物。锂离子电池常用的电解质一般为 $LiClO_4$、$LiBF_4$、$LiPF_6$ 等锂盐的有机溶液。锂离子电池的隔膜材料一般为烯烃系树脂。

正极材料采用层状结构的 $LiMO_2$，负极材料采用炭材料，电解液为 $1mol \cdot L^{-1}$ $LiPF_6$ 的 EC/DEC（碳酸乙烯酯/碳酸二乙酯）溶液为例，锂离子电池的电化学表达式为：

（－）Cn ｜ $1mol \cdot L^{-1}LiPF_6/EC＋DEC$ ｜ $LiMO_2$（＋）

正极：$LiCoO_2$，$LiNiO_2$，$LiMn_2O_2$

负极：石墨，焦炭

正极反应 $\qquad\qquad LiCoO_2 \underset{放}{\overset{充}{\rightleftharpoons}} Li_{1-x}CoO_2 + xLi^+ + xe^-$

负极反应 $\qquad\qquad 6C + xLi^+ + xe^- \underset{放}{\overset{充}{\rightleftharpoons}} Li_xC_6$

总反应 $\qquad\qquad LiCoO_2 + 6C \underset{放}{\overset{充}{\rightleftharpoons}} Li_{1-x}CoO_2 + Li_xC_6$

电池充电时，Li^+ 从正极材料中脱出，经由隔膜和电解质，再嵌入负极材料中，放电时则以相反的过程进行。图 1 描述了以层状结构的 $LiMO_2$ 和石墨分别为正极和负极材料的锂离子电池的工作过程。

2. 锂离子电池正极材料成分分析

废旧手机锂离子电池的回收利用和环境污染问题，日益受到社会各界和公众的广泛关注。锂离子电池中除含有铝箔、铜箔等金属材料外，还含有大量由锂、钴、铁、锰、镍等组

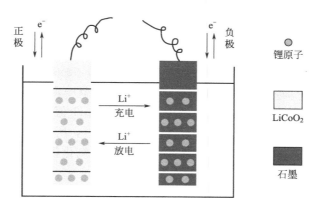

图 1 锂离子电池充放电原理示意

成的复合金属氧化物，由于这些金属资源较少，尤其金属钴是稀少、价格较贵的金属。因此回收废旧锂离子电池中的有价金属、制备生产高技术附加值氧化物材料，具有很大的经济价值和社会效益。

仪器与试剂

1. 仪器

电子天平、恒温水浴锅、磁力搅拌器、烘箱、马弗炉、原子吸收分光光度计、X 射线衍射仪。

2. 试剂

氯化钠、氢氧化钠、碳酸钠、草酸铵、N-甲基吡咯烷酮、硫酸、硝酸、盐酸、双氧水、氨水。

实验步骤

废弃锂离子电池中最具有经济价值的是正极的钴锂膜。该膜由约 90% 的正极活性物质钴酸锂、7%～8% 的乙炔黑导电剂、3%～4% 的有机胶黏剂均匀混合后，涂布于厚约 20 μm 的铝箔集流体上，制成了钴锂膜。

1. 拆解电池，分离出正极

废旧电池中会残存一些电量，在拆解电池之前要对其进行放电处理。将电池放入到饱和的食盐水溶液中，可以看到电池的正极会有气泡不断冒出，直到再没有气泡冒出时，放电完全，可以对电池进行拆解。拆去电池外壳，取下涂有锂钴氧化物的正极片留作实验用。

2. 溶解正极片回收铝

由锂离子电池正极片回收铝的方法主要有以下几点。

（1）用 NaOH 溶解正极片中的铝箔，生成 $NaAlO_2$，加入硫酸回收得到 $Al(OH)_3$。

（2）将正极放入 N-甲基吡咯烷酮（NMP）中，在回流装置上完成反应，可回收铝箔。

（3）将正极片放入一定浓度的硫酸溶液中，加入一定量的双氧水，用作还原剂，使 $LiCoO_2$ 溶解，从而回收得到铝片（其中表面被氧化成 Al_2O_3）。

3. 回收钴的方法

（1）应用 H_2SO_4 沉溶解钴，化学反应方程式：

$$2LiCoO_2 + 3H_2SO_4 + H_2O_2 =\!=\!= Li_2SO_4 + 2CoSO_4 + 4H_2O + O_2 \uparrow$$

反应的过程中，H_2SO_4 溶液浓度、H_2O_2 溶液浓度、反应时间、反应温度都会对溶钴产生影响。

（2）应用 NaOH 溶液沉淀钴

$$CoSO_4 + 2NaOH \Longrightarrow Co(OH)_2 \downarrow + Na_2SO_4$$

$$2CoSO_4 + 4NaOH + 2H_2O \Longrightarrow 2Co(OH)_3 \downarrow + 2Na_2SO_4 + H_2 \uparrow$$

向含 Co 的溶液中加入一定浓度的 NaOH 溶液，调节一定的 pH 值，可得到杂质沉淀，过滤除去杂质，向滤液中继续加入 NaOH 溶液，调 pH 值约为 10，由于 Co(OH)_3 和 Co(OH)_2 的溶度积常数分别为 1.6×10^{-44} 和 5.92×10^{-15}，所以可以得到两者的沉淀，将所得沉淀过滤；将滤饼在不同温度下烧结，即可得到钴的氧化物（Co_3O_4）。钴的回收率可达到 97.86%。

（3）应用饱和的草酸铵溶液沉淀钴

$$CoSO_4 + (NH_4)_2C_2O_4 \cdot H_2O \Longrightarrow CoC_2O_4 \downarrow + (NH_4)_2SO_4 \cdot H_2O$$

向含 Co 的溶液中加入一定量的草酸铵饱和溶液，直到 pH 达到所需值。由于 CoC_2O_4 的溶度积常数较小（$K_{sp} = 2.32 \times 10^{-9}$）便可得到钴的粉色沉淀。过滤，煅烧，便也可得到钴的氧化物（Co_3O_4）。钴的回收率可达 96.98%。

4．计算回收产率

5．通过 X 射线衍射分析，对回收的氧化物进行表征

数据记录与处理

（1）计算每一种金属的回收率。

（2）回收的金属氧化物进行结构表征，并对其进行讨论。

（注意：根据不同生产厂家的废旧锂离子电池的组成，制定出再生和回收利用的实验方案，经指导教师审核同意后进行实验。）

思考题

（1）影响金属氧化物回收率的因素有哪些？

（2）如何提高金属的回收率？

实验十六   六方介孔硅基分子筛 SBA-3 合成与表征

实验目的

（1）理解介孔材料和分子筛的定义以及用途。

（2）掌握水热合成法的机理。

（3）掌握模板法合成材料的原理。

实验原理

周期有序的多孔材料在许多领域具有潜在的应用。按孔径分布可把多孔材料分成 3 类：大孔材料、介孔材料、微孔材料，其中介孔材料的孔径分布为 1.5～50nm，1992 年 Mobil 公司的科学家们首次合成了介孔材料 MCM-41。介孔材料由于比表面积大、孔隙率高、孔径分布窄，而且在结构上具有短程即原子水平无序，长程即介观水平有序的特点，同时其孔径容易控制，在催化、吸附、分离等领域具有广阔的应用前景，因而它的出现立即引起了人们的关注，成为当今研究的热点和前沿之一。自 Mobil 公司报道介孔材料之后，M41S、

HMS、MSU 及 SBA 等系列硅基介孔分子筛的研究相继被重视。Huo 等首次报道了一类新型的硅基分子筛，命名为 SBA。随后，通过改变合成条件（如模板剂的种类、共溶剂、反应温度及酸性等），可以得到不同晶形的 SBA 材料。SBA 材料具有较窄的孔径分布、规则的孔道结构、较大的比表面积以及较好的水热稳定性等优点。目前对 SBA 系列中 SBA-3 的研究较多，但对其合成条件缺乏系统性研究。笔者考察各种反应条件对 SBA-3 介孔分子筛结构性质的影响，借助 X 射线衍射（XRD）、N_2 吸附脱附（BET）和热重热差分析（TG-DTA）等分析手段，讨论介孔分子筛的形成机理。

水热法是指在温度超过 100℃和相应压力（高于常压）条件下利用水溶液（广义地说，溶剂介质不一定是水）中物质间的化学反应合成化合物的方法。

在水热条件（相对高的温度和压力）下，水的反应活性提高，其蒸气压上升、离子积增大，而密度、表面张力及黏度下降。体系的氧化-还原电势发生变化。总之，物质在水热条件下的热力学性质均不同于常态，为合成某些特定化合物提供了可能。水热合成方法的主要特点有：①水热条件下，由于反应物和溶剂活性的提高，有利于某些特殊中间态及特殊物相的形成，因此可能合成具有某些特殊结构的新化合物；②水热条件下有利于某些晶体的生长，获得纯度高、取向规则、形态完美、非平衡态缺陷尽可能少的晶体材料；③产物粒度较易于控制，分布集中，采用适当措施可尽量减少团聚；④通过改变水热反应条件，可能形成具有不同晶体结构和结晶形态的产物，也有利于低价、中间价态与特殊价态化合物的生成。基于以上特点，水热合成在材料领域已有广泛应用，水热合成化学也日益受到化学与材料科学界的重视。

仪器与试剂

1. 仪器

X 射线衍射仪（德国布鲁克公司，D8 ADVANCE）、热重分析仪、100mL 不锈钢压力釜（具有聚四氟乙烯衬里）、烘箱、电动搅拌器、抽滤水泵。

2. 试剂

正硅酸乙酯、十六烷基三甲基溴化铵、盐酸、$N，N$-二甲基甲酰胺、蒸馏水。

实验步骤

1. 实验样品的制备

以十六烷基三甲基溴化铵为模板剂，以正硅酸乙酯为硅源，以 $N，N$-二甲基甲酰胺为共溶剂。将适量的十六烷基三甲基溴化铵（CTAB）加到一定量的二次蒸馏水中，充分搅拌得均相溶液，用盐酸将该溶液的 pH 值调节至小于 1。把上述溶液预冷（或预热）到实验所需要的温度后，缓慢滴加适量正硅酸乙酯（TEOS）。继续搅拌一段时间后，将此溶液转移到以聚四氟乙烯为衬里的釜中，在 80～140℃静止水热晶化一定时间。最后，将产物过滤、洗涤、室温自然干燥及 500～600℃空气焙烧 4～6h，即得白色粉末状 SBA-3 介孔分子筛。

2. 具体步骤

反应物的物质的量比为 $n(\text{CTAB})：n(\text{TEOS})：n(\text{HCl})：n(\text{H}_2\text{O})=1：1：9.2：130$，反应温度为 90℃，静止晶化 24h，550℃空气焙烧 6h。

（1）将 0.44g CTAB 溶于 10mL 水中，加入 1mL $N，N$-二甲基甲酰胺，搅拌 10min。

（2）2mL 正硅酸乙酯溶于 13mL 水中。

（3）将 2 号溶液在搅拌的情况下加入到（1）中。

(4) 将 9mL 浓盐酸加入到上述的溶液中,搅拌 10min。

将上述溶液转入 50mL 容积的不锈钢反应釜中,在 90℃的烘箱中晶化 24h,然后用乙醇和水过滤洗涤 3～5 次,将样品在 80℃的烘箱中放置 24h,烘干。最后 550℃空气焙烧 6h。然后将样品作比表面分析和射线衍射分析以及热重分析。

3. 样品的表征

XRD 谱图用 D/max-Ⅲ X 射线衍射仪(所用光源为 CuKa,$\lambda=1.542$,电压为 35kV,电流为 40mA)测定。N_2 吸附-脱附等温线用 ASAP2020 吸附仪得到。热重热差分析在空气气氛下用 WCT-2 型微机差热天平测定。

结果与讨论

为了考察晶化时间对产物结构的影响,实验中固定如下反应条件:反应物的量组成为 n(CTAB):n(TEOS):n(HCl):n(H_2O)=0.12:1:9.2:130,反应温度 25℃,120℃空气中静止晶化。对不同晶化时间条件下所得产物进行了 XRD 分析。相应的晶面间距 d_{100} 分别为 3.4293nm、3.6579nm、317559nm、3.7897nm。可以看出,晶化时间为 0 时,产物在 2θ 为 2.7°左右有一明显的衍射峰,说明强酸性条件下,不经过晶化直接进行水热合成也能制备出 SBA-3 分子筛。随着晶化时间的延长,产物的晶面间距增大,晶胞参数变大,2θ 向低角度方向移动。这说明在强酸性条件下(pH<1),硅物种的缩聚速度与 H^+ 浓度成正比。

用吸附仪器测得样品的比表面积为 800～1000$m^2 \cdot g^{-1}$,其比表面积是比较高的。

注意事项

(1) 一定要在搅拌的条件下将盐酸加入到正硅酸乙酯的溶液中。

(2) 将溶液装入反应釜之后,要将反应釜拧紧,防止漏气使反应釜损坏。

(3) 样品焙烧时要按照操作规程使用马弗炉,不可违规操作。

思考题

(1) 除了十六烷基三甲基溴化铵之外,大家讨论一下,还有哪些表面活性剂可以用来做分子筛?

(2) 用水热法制备纳米氧化物时,对物质本身有哪些基本要求?试从化学热力学和动力学角度进行定性分析。

(3) 水热法制备纳米氧化物过程中,哪些因素影响产物的粒子大小及其分布?

实验十七　TiO₂ 纳米粒子的制备及光催化性能研究

实验目的

(1) 了解 TiO₂ 纳米粒子作多相光催化剂催化降解水中有机物的原理。

(2) 掌握金属氧化物纳米粒子粉体制备方法。

(3) 掌握异相光催化反应光催化效率的测定。

实验原理

1. 半导体多相光催化反应机理

半导体材料，以 TiO_2 为例，当吸收了波长小于或等于 387.5nm 的光子后，价带中的电子就会被激发到导带，形成带负电的高活性电子 e^-，同时在价带上产生带正电的空穴 h^+。在电场的作用下，电子与空穴发生分离，迁移到粒子表面的不同位置。热力学理论表明，分布在表面的 h^+ 可以将吸附在 TiO_2 表面 OH^- 和 H_2O 分子氧化成—OH 自由基，而—OH 自由基的氧化能力是水体中存在的氧化剂中最强的，能氧化大多数的有机污染物及部分无机污染物，并将其最终降解为 CO_2、H_2O 等无害物质。由于—OH 自由基对反应物几乎无选择性，因而在光催化氧化中起着决定性的作用。此外，许多有机物的氧化电位较 TiO_2 的价带电位更负一些，能直接为 h^+ 所氧化。而 TiO_2 表面高活性的 e^- 则具有很强的还原能力，可以还原去除水体中金属离子。

2. 钛酸四丁酯 $Ti(OBu)_4$ 水解制备 TiO_2 纳米粒子

钛酸四丁酯 $Ti(OBu)_4$ 分散在无水乙醇中与水发生水解反应，即水分子中的 O 进攻缺电子的 Ti 中心原子，随之—OR 基团以 ROH 形式离去。在陈化过程中水解产物与反应物、水解产物之间发生缩聚过程，逐渐凝胶化，经干燥、烧结等后处理得到 TiO_2 纳米粒子。

3. 四氯化钛（$TiCl_4$）水解制备 TiO_2 纳米粒子

由于 Ti(Ⅳ) 离子的电荷/半径比大，具有很强的极化能力，所以在水溶液中极易发生水解。随溶液 pH 值的不同，可能存在着 TiO_2^+、$Ti(OH)_2$、$Ti_3O_4^{4+}$ 等多种离子，最终导致水合二氧化钛（$TiO_2 \cdot nH_2O$）的生成。如果在上述过程中控制反应条件（如低温、剧烈搅拌），使得成核数量多而每个核都长不大，就可以获得纳米尺寸的水合 TiO_2 纳米粒子，经过煅烧即可得到二氧化钛纳米粒子。当然煅烧过程中难免会出现一次粒子聚合成二次粒子的现象。

仪器与试剂

1. 仪器

磁力搅拌器、烘箱、控温马弗炉、低速离心机、分光光度计、烧杯、离心试管、容量瓶、移液管。

2. 试剂

盐酸、硝酸、无水乙醇、去离子水、四氯化钛（$TiCl_4$）、钛酸四丁酯［$Ti(OBu)_4$］、苯酚（分析纯）、4-氨基安替比林、铁氰化钾、氯化铵。

实验步骤

1. TiO_2 纳米粒子的制备

（1）$Ti(OBu)_4$ 为前驱物的溶胶-凝胶法制备 TiO_2 纳米粒子　将 10g $Ti(OBu)_4$ 溶解于 20mL 无水乙醇中，在搅拌条件下，将 2mL 3mol·dm^{-3} 盐酸溶于 5mL 无水乙醇的混合溶液滴加至上述溶液中。继续搅拌 30min，得到凝胶，干燥，500℃ 煅烧 4h。

（2）$TiCl_4$ 为前驱物的水解法制备 TiO_2 纳米粒子　50mL 去离子水用冰盐浴冷却至 0℃，混合 5mL $TiCl_4$/HCl 溶液（实验室配制）。然后升温至 40℃，在连续的搅拌下逐滴加入氨水溶液，调 pH＝8，离心分离，去离子水洗涤多次，直至滤液用 $AgNO_3$ 检测无 Cl^- 为止。干燥后，在 500℃ 烧结 4h。

2. 光催化活性的测试

在 TiO₂ 纳米粒子共存下、水中苯酚的光催化降解速率作为评价所测样品的光催化性能。

(1) 操作方法　1g TiO₂ 固体粉末与 250mL 100mg·dm⁻³ 苯酚水溶液混合，加入到光催化反应器中。在反应开始的 10min、20min、30min、40min、50min 时，从反应器中分别取出 10mL 反应液，离心分离，准确量取上清液 5mL 加入 100mL 容量瓶中，依次向容量瓶中加入 2mL 的氯化铵-氨水缓冲溶液、2mL 2% 4-氨基安替吡啉溶液、2mL 的 8% 铁氰化钾溶液，再用去离子水定容，用紫外-可见分光光度计以空白溶液作参比在 510nm 处测其吸光度值。(注意：a. 加入的顺序一定是苯酚→缓冲溶液→4-氨基安替比林→铁氰化钾，否则不能正确显色；b. 以空白溶液为参比)

根据苯酚浓度-吸光度工作曲线，确定苯酚浓度，绘制各样品的苯酚浓度-时间曲线，评价样品的光催化性能。

(2) 光催化反应装置
如图 1。

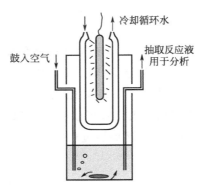

图 1　光催化反应装置

反应装置使用

(1) 先打开冷凝水、启动磁力搅拌、保持空气泵正常工作，然而合上柜门，再开灯。

(2) 每次取样前，先关灯。

思考题

(1) 溶液法制备纳米粒子与气相法相比有什么优缺点？

(2) 在光催化反应过程中不断鼓入空气的目的是什么？

(3) 光催化剂的光催化活性评价方面需要注意哪些问题？

实验十八　沸石分子筛的合成及其比表面积与孔性质测定

实验目的

(1) 学习和掌握 NaA、NaY 和 ZSM-5 分子筛的水热合成方法。

(2) 了解静态氮吸附法测定微孔材料比表面积、微孔体积和孔径分布的原理及方法。

(3) 在 Sorptomatic-1900 吸附仪上测定分子筛样品的比表面积、微孔体积和孔径分布。

实验原理

1. 沸石分子筛的结构与合成

沸石分子筛是一类重要的无机微孔材料，具有优异的择形催化、酸碱催化、吸附分离和离子交换能力，在许多工业过程包括催化、吸附和离子交换等有广泛的应用。沸石分子筛的基本骨架元素是硅、铝及与其配位的氧原子，基本结构单元为硅氧四面体和铝氧四面体，四面体可以按照不同的组合方式相连，构筑成各式各样的沸石分子筛骨架结构。

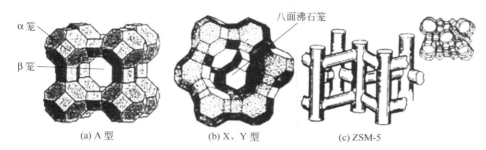

(a) A 型　　　　(b) X、Y 型　　　　(c) ZSM-5

图 1　分子筛晶穴结构示意图

α 笼和 β 笼是 A、X 和 Y 型分子筛晶体结构的基础。α 笼为二十六面体，由六个八元环和八个六元环组成，同时聚成十二个四元环，窗口最大有效直径为 4.5Å，笼的平均有效直径为 11.4Å；β 笼为十四面体，由八个六元环和六个四元环相连而成，窗口最大有效直径为 2.8Å，笼的平均有效直径为 6.6Å。A 型分子筛属立方晶系，晶胞组成为 $Na_{12}(Al_{12}Si_{12}O_{48}) \cdot 27H_2O$。将 β 笼置于立方体的八个顶点，用四元环相互连接，围成一个 α 笼，α 笼之间可通过八元环三维相通，八元环是 A 型分子筛的主窗口，如图 1(a)。NaA（钠型）平均孔径为 4Å，称为 4A 分子筛，离子交换为钙型后，孔径增大至约 5Å，而钾型的孔径约为 3Å。X 型和 Y 型分子筛具有相同的骨架结构，区别在于骨架硅铝比例的不同，习惯上，把 SiO_2/Al_2O_3 比等于 2.2~3.0 的称为 X 型分子筛，而大于 3.0 的叫做 Y 型分子筛。类似金刚石晶体结构，用 β 笼替代金刚石结构中的碳原子，相邻的 β 笼通过一个六方柱笼相接，形成一个超笼，即八面沸石笼，由多个八面沸石笼相接而形成 X、Y 型分子筛晶体的骨架结构，如图 1(b)；十二元环是 X 型和 Y 型分子筛的主孔道，窗口最大有效直径为 8.0Å。阳离子的种类对孔道直径有一定影响，如称作 13X 型分子筛的 NaX，平均孔径为 9~10Å，而称为 10X 型分子筛的 CaX 平均孔径在 8~9Å，Y 型分子筛的平均孔径随着硅铝比和阳离子种类的不同而变化。ZSM-5 分子筛属于正交晶系，具有比较特殊的结构，硅氧四面体和铝氧四面体以五元环的形式相连，八个五元环组成一个基本结构单元，这些结构单元通过共用边相连成链状，进一步连接成片，片与片之间再采用特定的方式相接，形成 ZSM-5 分子筛晶体结构，如图 1(c)。因此，ZSM-5 分子筛只具有二维的孔道系统，不同于 A 型、X 型和 Y 型分子筛的三维结构，十元环是其主孔道，平行于 a 轴的十元环孔道呈 S 型弯曲，孔径为 5.4×5.6Å，平行于 c 轴的十元环孔道呈直线形，孔径为 5.1×5.5Å。

常规的沸石分子筛合成方法为水热晶化法，即将原料按照适当比例均匀混合成反应凝胶，密封于水热反应釜中，恒温热处理一段时间，晶化出分子筛产品。反应凝胶多为四元组分体系，可表示为 R_2O-Al_2O_3-SiO_2-H_2O，其中 R_2O 可以是 NaOH、KOH 或有机胺等，作用是提供分子筛晶化必要的碱性环境或者结构导向的模板剂，硅和铝元素的提供可选择多种多样的硅源和铝源，例如硅溶胶、硅酸钠、正硅酸乙酯、硫酸铝和铝酸钠等。反应凝胶的配比、硅源、铝源和 R_2O 的种类以及晶化温度等对沸石分子筛产物的结晶类型、结晶度和硅铝比都有重要的影响。沸石分子筛的晶化过程十分复杂，目前还未有完善的理论来解释，粗略地可以描述分子筛的晶化过程为：当各种原料混合后，硅酸根和铝酸根可发生一定程度的聚合反应形成硅铝酸盐初始凝胶。在一定的温度下，初始凝胶发生解聚和重排，形成特定的结构单元，并进一步围绕着模板分子（可以是水合阳离子或有机胺离子等）构成多面体，聚集形成晶核，并逐渐成长为分子筛晶体。鉴定分子筛结晶类型的方法主要是粉末 X 射线衍射，各类分子筛均具有特征的 X 射线衍射峰，通过比较实测衍射谱图和标准衍射数据，可以推断出分子筛产品的结晶类型。此外，还可通过比较分子筛某些特征衍射峰的峰面积大小，计算出相对结晶度，以判断分子筛晶化状况的好坏。

　　2. 比表面积、孔径分布和孔体积测定原理和方法

　　比表面积、孔径分布和孔体积是多孔材料十分重要的物性常数。比表面积是指单位质量固体物质具有的表面积值，包括外表面积和内表面积；孔径分布是多孔材料的孔体积相对于孔径大小的分布；孔体积是单位质量固体物质中一定孔径分布范围内的孔体积值。等温吸脱附线是研究多孔材料表面和孔的基本数据。一般来说，获得等温吸脱附线后，方能根据合适的理论方法计算出比表面积和孔径分布等。为此，必须简要说明等温吸脱附线的测定方法。

　　所谓等温吸脱附线，即对于给定的吸附剂和吸附质，在一定的温度下，吸附量（脱附量）与一系列相对压力之间的变化关系。最经典也是最常用的测定等温吸脱附线的方法是静态氮气吸附法，该法具有优异的可靠度和准确度，采用氮气为吸附质，因氮气是化学惰性物质，在液氮温度下不易发生化学吸附，能够准确地给出吸附剂物理表面的信息，基本测定方法如下：先将已知重量的吸附剂置于样品管中，对其进行抽空脱气处理，并可根据样品的性质适当加热以提高处理效率，目的是尽可能地让吸附质的表面洁净；将处理好的样品接入测试系统，套上液氮冷阱，利用可定量转移气体的托普勒泵向吸附剂导入一定数量的吸附气体氮气。吸附达到平衡时，用精密压力传感器测得压力值。因样品管体积等参数已知，根据压力值可算出未吸附氮气量。用已知的导入氮气总量扣除此值，便可求得此相对压下的吸附量。继续用托普勒泵定量导入或移走氮气，测出一系列平衡压力下的吸附量，便获得了等温吸脱附线。

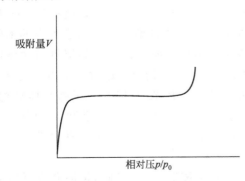

图 2　微孔材料呈现 I 型等温吸附线型

　　获取等温吸脱附线后，需根据样品的孔结构的特性，选择合适的理论方法推算出表面积和孔分布数据。一般来说，按孔平均宽度来分类，可分为微孔（小于 2nm）、中孔（2～50nm）和大孔（大于 50nm），不同尺寸的孔道表现出不同的等温吸脱附特性。对于沸石分子筛而言，其平均孔径通常在 2nm 以下，属微孔材料。由于微孔孔道的孔壁间距非常小，宽度相当于几个分子的直径总和，形成的势场能要比间距更宽的孔道高，因此表面与吸附质分子间的相互作用更加强烈。在

相对压力很低的情况下，微孔便可被吸附质分子完全充满。通常情况下，微孔材料呈现 I 型等温吸附线型，如图 2。这类等温线以一个几乎水平的平台为特征，这是由于在较低的相对压力下，微孔发生毛细孔填充。当孔完全充满后，内表面失去了继续吸附分子的能力，吸附

能力急剧下降，表现出等温吸附线的平台。当在较大的相对压力下，由微孔材料颗粒之间堆积形成的大孔径间隙孔开始发生毛细孔凝聚现象，表现出吸附量有所增加的趋势，即在等温吸附线上表现出一陡峭的"拖尾"。

由于 BET 方程适用相对压范围为 0.05～0.3，该压力下沸石分子筛的微孔已发生毛细孔填充，敞开平面上 Lagmuir 理想吸附模型也不合适，均带来较大误差，目前常采用 D-R 方程来推算微孔材料的比表面积，尽管该法仍不十分完善。

1947 年，Dubinin 和 Radushkevich 提出了一个由吸附等温线的低中压部分来描述微孔吸附的方程，即 D-R 方程，他们认为吸附势 A 满足以下方程：

$$A = RT\ln(p_0/p) \tag{1}$$

式中　p——平衡压力；

　　　p_0——饱和压力。

引入一个重要的参数 θ——微孔填充度。

$$\theta = W/W_0 \tag{2}$$

式中　W_0——微孔总体积；

　　　W——一定相对压下已填充的微孔体积。

假设 θ 为吸附势 A 的函数，则：

$$\theta = \varphi(A/\beta) \tag{3}$$

式中，β 为由吸附质决定的一个特征常数。

假设孔分布为 Gauss 分布，于是有：

$$\theta = \exp\left[-k\left(\frac{A}{\beta}\right)^2\right] \tag{4}$$

式中，k 为特征常数。

将式(1) 和式(2) 代入式 (4)，得 D-R 方程：

$$W = W_0\exp\left\{-\frac{k}{\beta^2}[RT\ln(p_0/p)]^2\right\} \tag{5}$$

变化后可得：

$$\lg W = \lg W_0 - D[\lg(p_0/p)]^2 \tag{6}$$

式中，$D = B\left(\dfrac{T}{\beta}\right)^2$；$B$ 为吸附剂结构常数。

因此，在一定相对压范围内以 $\lg W$ 对 $[\lg(p_0/p)]^2$ 作图可得到一条直线，截距值可计算出微孔总体积 W_0。

比表面积还需借助另外一个近似公式来推算。Stoeckli 等指出，假设微孔为狭长条形，则微孔的平均宽度 L_0 与吸附能 E_0 有关，关系式如下：

$$L_0(nm) = 10.8/(E_0 - 11.4kJ \cdot mol^{-1}) \tag{7}$$

其中，吸附能 E_0 由吸附质和微孔材料的表面性质决定。于是，比表面积可通过式(8)计算得到：

$$S(m^2/g) = 2000W_0(cm^3/g)/L_0(nm) \tag{8}$$

同样，由于微孔环境的特殊性，其孔径分布的计算也有别于中孔和大孔材料。目前，有两种理论可以较好地描述微孔孔径分布，即 Horvath-Kawazoe（DHK）方程和 Density Functional Theory（DFT）方程，后者非常复杂，此处仅简要说明 DHK 方程。

1983 年，Horvath 和 Kawazoe 二人提出了 DHK 方程，认为微孔吸附势能 ϕ 满足以下方程：

$$\phi = \frac{N_1 A_1 + N_2 A_2}{(2\sigma)^4}\left[\left(\frac{\sigma}{d+z}\right)^{10} + \left(\frac{\sigma}{d-z}\right)^{10} - \left(\frac{\sigma}{d+z}\right)^{4} - \left(\frac{\sigma}{d-z}\right)^{4}\right] \tag{9}$$

式中，N_1、N_2、A_1、A_2 分别由吸附数量、吸附质和孔壁原子的极性、直径等决定；d 和 z 分别是微孔半径和吸附质原子与孔心的间距；σ 由两者决定。

势能函数 U_0 可用以下方程描述：

$$RT\ln\left(\frac{p}{p_0}\right) = U_0 + P_a \tag{10}$$

式中，P_a 描述吸附质和孔壁相互作用。

关联式(9) 和式(10) 两个方程式，有：

$$RT\ln\left(\frac{p}{p_0}\right) = K\,\frac{N_1 A_1 + N_2 A_2}{(2\sigma)^4 (2d - \sigma_1 - \sigma_2)}$$
$$\times \int_{-z}^{z}\left[\left(\frac{\sigma}{d+z}\right)^{10} + \left(\frac{\sigma}{d-z}\right)^{10} - \left(\frac{\sigma}{d+z}\right)^{4} - \left(\frac{\sigma}{d-z}\right)^{4}\right]dz \tag{11}$$

积分后得：

$$RT\ln\left(\frac{p}{p_0}\right) = \frac{K}{RT}\,\frac{N_1 A_1 + N_2 A_2}{(\sigma)^4 (2d - \sigma_1 - \sigma_2)} \times$$
$$\left[\frac{\sigma^{10}}{9\left(\frac{\sigma_1+\sigma_2}{2}\right)^9} - \frac{\sigma^4}{3\left(\frac{\sigma_1+\sigma_2}{2}\right)^3} - \frac{\sigma^{10}}{9\left(2d - \frac{\sigma_1+\sigma_2}{2}\right)^9} - \frac{\sigma^{10}}{9\left(2d - \frac{\sigma_1+\sigma_2}{2}\right)^9}\right] \tag{12}$$

上述方程描述出微孔孔径和相对压力之间的关系，因已假设微孔为狭长条形，一定孔径对应的孔体积 W 可通过数学公式求出，因此可得到微孔体积相对于孔径的分布曲线，即孔径分布图。

仪器与试剂

1. 仪器

SORPTOMATIC 1900 型比表面和孔径分析仪（意大利 CARLO ERBA 仪器公司）、磁力搅拌器、机械搅拌器、电热烘箱、马弗炉、水热反应釜。

2. 试剂

氢氧化钠、硫酸铝、25％硅溶胶、硅酸钠、四丙基溴化铵（TPABr）。

实验步骤

1. 分子筛的制备

（1）NaA 型分子筛　反应胶配比为 $Na_2O : SiO_2 : Al_2O_3 : H_2O = 4 : 2 : 1 : 300$。具体实验步骤为：在 250mL 的烧杯中，将 13.5g NaOH 和 12.6g $Al_2(SO_4)_3 \cdot 18H_2O$ 溶于 130mL 的去离子水中，在磁力搅拌状态下，用滴管缓慢加入 9g 25％的硅溶胶，充分搅拌约 10min，所得白色凝胶转移入洁净的不锈钢水热反应釜中，密封，放入恒温 80℃的电热烘箱中，6h 后取出。将反应釜水冷至室温，打开密封盖，抽滤洗涤晶化产物至滤液为中性，移至表面皿中，放在 120℃的烘箱中干燥过夜，取出称重后置于硅胶干燥器中存放。

（2）NaY 型分子筛　NaY 型分子筛的制备需在反应胶中添加 Y 型导向剂，提供 Y 型分子筛晶体成长的晶核，才能高选择性地完成晶化过程。Y 型导向剂反应胶配比为 Na_2O :

$SiO_2 : Al_2O_3 : H_2O = 16 : 15 : 1 : 310$。具体实验步骤为：在 250mL 的烧杯中，将 18.4g NaOH 溶解于 42.6mL 的去离子水中，冷却后，在搅拌状态下缓慢注入 60mL 硅酸钠溶液（SiO_2 浓度为 $5mol \cdot L^{-1}$，Na_2O 浓度为 $2.5mol \cdot L^{-1}$），然后用滴管缓慢滴加 20mL 的 $1mol \cdot L^{-1}$ 硫酸铝溶液，均匀搅拌 30min，室温下陈化 24h 以上。

反应胶最终配比为 $Na_2O : SiO_2 : Al_2O_3 : H_2O = 4.5 : 10 : 1 : 300$，导向剂含量为 10%（以 SiO_2 物质的量为参比）。具体实验步骤为：在 250mL 的烧杯中，将 8.2g NaOH 溶解于 50mL 去离子水中，冷却后分别加入 16.7g Y 型导向剂和 40.8g 25% 硅溶胶，均匀搅拌 10min，在强烈机械搅拌状态下，用滴管缓慢加入 18mL $1mol \cdot L^{-1}$ 硫酸铝溶液，充分搅拌约 10min，所得白色凝胶转移入洁净的不锈钢水热反应釜中，密封，送入恒温 90℃ 的电热烘箱中，24h 后取出。将反应釜水冷至室温，打开密封盖，抽滤洗涤晶化产物至滤液为中性，移至表面皿中，放在 120℃ 烘箱中干燥过夜，取出称重后置于硅胶干燥器中存放。

（3）ZSM-5 分子筛 ZSM-5 分子筛的合成体通常含有有机胺模板剂，模板剂对形成特定晶体结构的分子筛有诱导作用。反应胶配比为 $Na_2O : SiO_2 : Al_2O_3 : TPABr : H_2O = 6 : 60 : 1 : 8 : 4000$。具体实验步骤为：在 150mL 烧杯中将 1.2g NaOH、3.5g 四丙基溴化铵（TPABr）和 1.1g $Al_2(SO_4)_3 \cdot 18H_2O$ 溶解在 100mL 去离子水中，然后加入 24g 25% 硅溶胶，充分搅拌约 20min，所得白色凝胶转移入洁净的不锈钢水热反应釜中，密封，送入恒温 180℃ 电热烘箱中，72h 后取出。将反应釜水冷至室温，打开密封盖，抽滤洗涤晶化产物至滤液为中性，转移到表面皿中，放在 120℃ 烘箱中过夜。将干燥样品移至瓷坩埚，放入马弗炉中 650℃ 焙烧 8h 除去有机模板剂，取出称重后置于硅胶干燥器中存放。

2. 比表面积、微孔体积和孔径分布测定

用精度为万分之一的电子天平准确称取 0.2g 左右的干燥分子筛粉末，转移至吸附仪样品管中，用少量真空油脂均匀涂抹玻璃磨口，套上考克并旋紧阀门，接入吸附仪的预处理脱气口。设置预处理温度为 300℃，缓慢打开考克阀门。样品处理的目的是使样品表面清洁。约处理 2h 后，转移至吸附仪测试口上进行氮气等温吸附线的测定，具体操作步骤见附录一，测试完毕后，取下样品管，回收样品并清洁样品管。

实验数据记录与处理

用 Milestone-200 软件分别处理 NaA、NaY 和 ZSM-5 分子筛的数据，其中比表面积和微孔体积的计算选用 Dubinin 法，孔径分布用 Horv/Kaw 法。记录各样品的比表面积、平均孔径和微孔体积数据（表 1），并打印孔径分布图。

表 1　NaA、NaY 和 ZSM-5 分子筛的产量、比表面积、平均孔径和微孔体积

分子筛	产量/g	比表面积/$m^2 \cdot g^{-1}$	微孔体积/$cm^3 \cdot g^{-1}$	平均孔径/nm
NaA				
NaY				
ZSM-5				

思考题

（1）进行等温吸附线测试前，为何要对样品抽真空及加热处理？将样品管从预处理口转移至测试口时，应注意些什么？

（2）比较 NaA、NaY 和 ZSM-5 沸石分子筛等温吸附线形状的差异，确定其为第几类等

温吸附线型，并简要分析比表面积和微孔体积大小与等温吸附线之间的关联。

（3）比较 NaA、NaY 和 ZSM-5 沸石分子筛晶体主窗口的理论直径和实测平均孔径的大小顺序，并试说明两者的区别。

实验十九　草酸根合铁（Ⅲ）酸钾的制备及表征

实验目的

（1）了解配合物组成分析和性质表征的方法和手段。

（2）用化学分析、热分析、电荷测定、磁化率测定、红外光谱等方法确定草酸根合铁（Ⅲ）酸钾组成，掌握某些性质与有关结构测试的物理方法。

实验原理

草酸根合铁（Ⅲ）酸钾最简单的制备方法是由三氯化铁和草酸钾反应制得。草酸根合铁（Ⅲ）酸钾为绿色单斜晶体，水中溶解度 0℃时为 $4.7g \cdot 100g^{-1}$，100℃时为 $118g \cdot 100g^{-1}$，难溶于 C_2H_5OH。100℃时脱去结晶水，230℃时分解。

要确定所得配合物的组成，必须综合应用各种方法。化学分析可以确定各组分的质量分数，从而确定化学式。

配合物中的金属离子的含量一般可通过容量滴定、比色分析或原子吸收光谱法确定，本实验配合物中的铁含量采用磺基水杨酸比色法测定。

配体草酸根的含量分析一般采用氧化还原滴定法确定（高锰酸钾法滴定分析）；也可用热分析法确定。红外光谱可定性鉴定配合物中所含有的结晶水和草酸根。用热分析法可定量测定结晶水和草酸根的含量，也可用气相色谱法测定不同温度时热分解产物中逸出气体的组分及其相对含量来确定。

对于一种新的配合物的确认还需做有关结构方面的测试，对配合物磁学性质的测试就是研究物质结构的基本方法之一，常用的测试手段有核磁共振谱、顺磁共振谱和磁化率的测定。草酸根合铁（Ⅲ）酸钾配合物中心离子 Fe^{3+} 的 d 电子组态及配合物是高自旋还是低自旋，可以由磁化率测定来确定。

配离子电荷的测定可进一步确定配合物组成及在溶液中的状态。

仪器与试剂

1. 仪器

722 型分光光度计、磁天平、红外光谱仪、差热天平（热分析仪）、电导率仪、常用玻璃仪器、电磁搅拌器。

2. 试剂

草酸钾（$K_2C_2O_4 \cdot H_2O$）（分析纯）、三氯化铁（$FeCl_3 \cdot 6H_2O$）（分析纯）、氯化钾（分析纯）、Fe^{3+} 标准溶液（$0.1mg \cdot mL^{-1}$）、氨水（分析纯）、磺基水杨酸（25%）（分析纯）。

实验步骤

1. 草酸根合铁（Ⅲ）酸钾的制备

称取 12g 草酸钾放入 100mL 烧杯中，加 20mL 蒸馏水，加热使草酸钾全部溶解。在溶液近沸时边搅动边加入 8mL 三氯化铁溶液（$0.4g \cdot mL^{-1}$），将此溶液在冰水中冷却即有绿色晶体析出，用布氏漏斗过滤得粗产品。

将粗产品溶解在约 20mL 热水中，趁热过滤。将滤液在冰水中冷却，待结晶完全后过滤。晶体产物用少量无水乙醇洗涤，在空气中干燥。

2. 化学分析

（1）配合物中铁含量的测定　称取 1.964g 经重结晶后干燥的配合物晶体，溶于 80mL 水中，注入 1mL 体积比为 1:1 盐酸后，在 100mL 容量瓶中稀释到刻度。准确吸取上述溶液 5mL 于 500mL 容量瓶中，稀释到刻度，此溶液为样品溶液（溶液须保存在暗处，以避免草酸根合铁配离子见光会分解）。

用移液管分别吸取 0，2.5mL、5.0mL、10.0mL、12.5mL 铁标准溶液和 25mL 样品于 100mL 容量瓶中，用蒸馏水稀释到约 50mL，加入 5mL 25％的磺基水杨酸，用 1:1 氨水中和到溶液呈黄色，再加入 1mL 氨水，然后用蒸馏水稀释到刻度，摇匀。在分光光度计上，用 1cm 比色皿在 450nm 处进行比色，测定各铁标准溶液和样品溶液的吸光度。

亦可用还原剂把 Fe^{3+} 还原为 Fe^{2+} 然后用 $KMnO_4$ 标准溶液滴定 Fe^{2+}，计算出 Fe^{2+} 含量。或可选择其他合适的方法来测定铁含量。

（2）草酸根含量的测定　把制得的草酸根合铁（Ⅲ）酸钾在 50～60℃于恒温干燥箱中干燥 1h，在干燥器中冷却至室温，精确称取样品约 0.1～0.15g（做两组平行实验取平均值）。放入 250mL 锥形瓶中，加入 25mL 水和 5mL 1mol·L^{-1} H_2SO_4，用标准 0.02mol·L^{-1} $KMnO_4$ 溶液滴定。滴定时先滴入 8mL 左右的 $KMnO_4$ 标准溶液，然后加热到 343～358K（不高于 358K）直至紫红色消失。再用 $KMnO_4$ 滴定热溶液，直至微红色在 30s 内不消失。记下消耗 $KMnO_4$ 标准溶液的总体积，计算草酸根合铁（Ⅲ）酸钾中草酸根的质量分数。

$$5C_2O_4^{2-} + 2MnO_4^- + 16H^+ == 10CO_2 \uparrow + 2Mn^{2+} + 8H_2O$$

3. 热重分析

在瓷坩埚中，称取一定量磨细的配合物样品，按规定的操作步骤在热天平上进行热分解测定，升温到 550℃为止。记录不同温度时的样品质量。

热分解产物中是否有碳酸盐可用盐酸来鉴定。

亦可用气相色谱测定不同温度时热分解产物中逸出气的组分及其相对含量。

4. 红外光谱测定

将重结晶的配合物和 550℃的热分解产物分别测定其红外光谱。

5. 配合物的磁化率测定

某些物质本身不呈现磁性，但在外磁场作用下会诱导出磁性，表现为一个微观磁矩，其方向与外磁场方向相反。这种物质称为反磁性物质。

有的物质本身就具有磁性，表现为一个微观的永久磁矩。由于热运动，排列杂乱无章，其磁性在各个方向上互相抵消，但在外磁场作用下，会顺着外磁场方向排列，其磁化方向与外磁场相同，产生一个附加磁场，使总的磁场得到加强。这种物质称为顺磁性物质。顺磁性物质在外磁场作用下也会产生诱导磁矩，但其数值比永久磁矩小得多。离子若具有一个或更多个未成对电子，则像一个小磁体，具有永久磁矩，在外磁场作用下会产生顺磁性。又因顺磁效应大于反磁效应，故具有未成对电子的物质都是顺磁性物质。其有效磁矩 μ_{eff} 可近似表示为：

$$\mu_{eff} = \sqrt{n'(n'+2)} \tag{1}$$

n' 表示未成对电子数目。如能通过实验求出 μ_{eff}，推算出未成对电子数目，便可确定离子的电子排列情况。μ_{eff} 为微观物理量，无法直接由实验测得，须将它与宏观物理量磁化率联系起来。有效磁矩与磁化率的关系为：

$$\mu_{eff} = 2.84\sqrt{xMT} \tag{2}$$

式中　x——磁化率；

　　　M——相对分子质量；

　　　T——热力学温度。

物质的磁化率可用古埃磁天平测量。古埃法测量磁化率的原理如下。

顺磁性物质会被不均匀外磁场一端所吸引，而反磁性物质会被排斥，因此，将顺磁性物质或反磁性物质放在磁场中称量，其质量会与不加磁场时不同。顺磁性物质被吸引，其质量增加；反磁性物质被磁场排斥，其质量减少。

求物质的磁化率较简便的方法是以顺磁性莫尔盐 $(NH_4)_2SO_4 \cdot FeSO_4 \cdot 6H_2O$ 的磁化率为标准，控制莫尔盐与样品实验条件相同，此时待求物质的磁化率与莫尔盐的磁化率的关系如式（3）所示：

$$\frac{x}{x_s} = \frac{\Delta m}{\Delta m_s} \cdot \frac{m_s}{m}$$

$$x = x_s \cdot \frac{m_s}{\Delta m_s} \cdot \frac{\Delta m}{m} \tag{3}$$

式中　m_s——装入样品管中的莫尔盐的质量，g；

　　　m——装入样品管中的待测样品的质量，g；

　　　Δm_s——莫尔盐加磁场前后质量的变化，g；

　　　Δm——待测样品加磁场前后质量的变化，g。

代入式(2)便可求得 μ_{eff}。将其代入式(1)，可求出 n'。

以硫酸亚铁铵（俗称摩尔盐）为标定物，用磁天平测定草酸根合铁（Ⅲ）酸钾的磁化率。

具体操作如下：莫尔盐与待测样品研细过筛备用。取一只干燥样品管挂在天平挂钩上，调节样品管的高度，使样品管的底部对准磁铁的中心线。在不加磁场的情况下，称空样品管的质量 m，取下样品管，将研细的莫尔盐装入管中，样品的高度约 15cm（准确到 0.5mm），置于天平的挂钩上，在不加磁场的情况下称得 m_1，接通电磁铁的电源，电流调 2～4A 在该磁场强度下称得质量 m_2，并记录样品周围的温度。在相同磁场强度下，用草酸根合铁（Ⅲ）酸钾取代莫尔盐重复上述步骤。根据实验数据求出草酸根合铁（Ⅲ）酸钾的 μ_{eff} 由 μ_{eff} 确定 Fe^{3+} 的最外层电子结构。

结果与数据处理

1. 配合物中的铁含量测定

将光度法测定的实验结果记录于下表：

编号	$V(Fe^{3+})$/mL	$c(Fe^{3+})$/$\mu g \cdot mL^{-1}$	吸光度 A		
			1	2	平均
1	0	0			
2	2.5	2.5			
3	5.0	5.0			
4	7.5	7.5			
5	10	10			
样品	25	x			

以吸光度 A 为纵坐标，Fe^{3+} 含量为横坐标作图得一直线，即为 Fe^{3+} 的标准曲线。以样品的吸光度 A 在标准曲线上找到相应的 Fe^{3+} 含量，并计算样品中 Fe^{3+} 的百分含量。

2. 草酸根含量的测定

根据高锰酸钾溶液的用量计算草酸根的质量分数。

编号	$M_{样品}$的质量/g	$V_{高锰酸钾}$/mL	$C_2O_4^{2-}$/%	$(C_2O_4^{2-})$/%平均值
1				
2				
3				

3. 配合物的热重分析

由热重曲线计算样品的失重率，根据失重率可计算配合物中所含的结晶水（图1）。

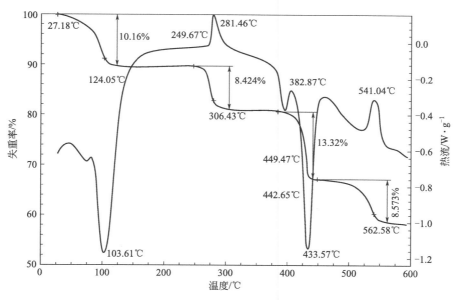

图 1　热重曲线计算样品的失重率

并与各种可能的热分解反应的理论失重率相比较，参考红外光谱图，确定该配合物的组成。

可能的热分解反应（仅供参考）：

(1) $K_3[Fe(C_2O_4)_3] \cdot 3H_2O \longrightarrow K_3[Fe(C_2O_4)_3] + 3H_2O$ 　11.00%

（2）$K_3[Fe(C_2O_4)_3] \longrightarrow K_2C_2O_4 + K_3[Fe(C_2O_4)_2] + CO_2$　10.06%

或 $K_3[Fe(C_2O_4)_3] \longrightarrow K_2C_2O_4 + FeC_2O_4 + 1/2K_2CO_3 + CO_2 + 1/2CO$　11.81%

（3）$K_2C_2O_4 + FeC_2O_4 + 1/2K_2CO_3 \longrightarrow FeCO_3 + 3/2K_2CO_3 + 5/2CO_2$　11.40%

（4）$FeCO_3 + 3/2K_2CO_3 \longrightarrow 3/2K_2CO_3 + 1/4Fe_3O_4 + 1/4Fe + CO_2$　8.83%

4. 配合物分子式的确定

根据 $n(Fe^{3+}):n(C_2O_4^{2-})=[w(Fe^{3+})/55.8]:[w(C_2O_4^{2-})/88.0]$ 可确定 Fe^{3+} 与 $C_2O_4^{2-}$ 的配位比。

由热重分析所得到水的质量分数。

根据电荷平衡可确定钾离子的含量。或者由配合物减去结晶水、$C_2O_4^{2-}$、Fe^{3+} 的含量后即为 K^+ 的含量。

根据配合物各组分的含量，推算确定其化学式。

5. 红外光谱解析

由样品所测得的红外光谱图，根据基团的特征频率可说明样品中所含的基团，并与标准红外光谱图对照可以初步确定是何种配体和是否存在结晶水。

由热分解产物的红外光谱图可以确定其中含有何种产物（图2）。

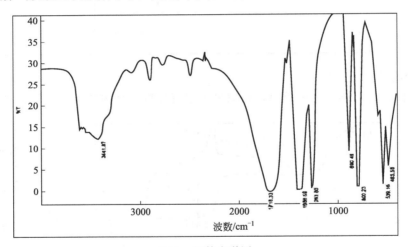

图2　红外光谱图

6. 样品磁化率测定

项目	管质量 /g	管＋样品 /g	放入磁场质量 /g	质量变化 $\Delta m/g$	质量磁化率 (x)	μ_{eff} (B.M)	未成对 电子数 n'
摩尔盐							
草酸根合铁酸钾							

根据测定的磁化率计算配合物中心离子的未成对电子数，画出电子的排布，并说明草酸根是属于强场配体还是弱场配体。

综合上述实验结果确定试样的正确分子式及中心离子的电子组态。

由磁化率测定可知：中心离子 Fe^{3+} 最外层结构为：$3s^2 3p^6 3d^5$，且 3d 轨道有 5 个自旋平行单电子，Fe^{3+} 的杂化态 sp^3d^2，$K_3Fe(C_2O_4)_3$ 最高自旋的外轨配合物，其几何构型如图3。

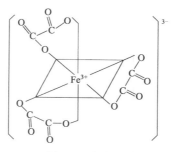

图 3　几何构型

注意事项

所合成的钾盐是一种亮绿色晶体，易溶于水难溶于丙酮等有机溶剂，它是光敏物质，见光分解。

$$2K_3[Fe(C_2O_4)_3] \longrightarrow 3K_2C_2O_4 + 2FeC_2O_4 + 2CO_2$$

思考题

(1) 确定配合物中的草酸根含量还可以采取什么方法？如何实现？

(2) 结晶水的含量还可以采用什么方法测定？

(3) 如何正确确定草酸根合铁酸钾的热分解产物？

实验二十　非离子表面活性剂制备

实验目的

(1) 掌握非离子表面活性剂壬基酚聚氧乙烯醚的合成原理和反应机理。

(2) 掌握不锈钢釜式反应器结构和使用方法。

(3) 掌握液相均相反应的反应速度计算方法和动力学方程的回归方法。

(4) 了解采用高效液相色谱法测定壬基酚聚氧乙烯醚的分子量分布方法。

实验原理

壬基酚聚氧乙烯醚，是非离子表面活性剂中仅次于脂肪醇聚氧乙烯醚的重要聚氧乙烯系列产品，商品代号为 TX、OP 等，其分子结构通式为：

$$C_9H_{19}\!\!-\!\!\boxed{}\!\!-\!\!O\!-\!(CH_3CH_2O)_{\overline{n}}H$$

它是由壬基酚和环氧乙烷（简称 EO）在 $120 \sim 140℃$，以 NaOH 为催化剂，其质量含量为 $0.2\% \sim 0.5\%$（按壬基酚质量计），在 $0.2 \sim 0.6MPa$ 反应得到。

壬基酚与环氧乙烷的乙氧基化反应表示如下：

$$C_9H_{19}\!\!-\!\!\boxed{}\!\!-\!\!OH + H_2C\!\!-\!\!CH_2 \longrightarrow C_9H_{19}\!\!-\!\!\boxed{}\!\!-\!\!OCH_3CH_2OH$$

$$C_9H_{19}\!\!-\!\!\boxed{}\!\!-\!\!O\!-\!CH_2CH_2OH + H_2C\!\!-\!\!CH_2 \longrightarrow C_9H_{19}\!\!-\!\!\boxed{}\!\!-\!\!OCH_3CH_2OCH_2CH_2OH$$

$$C_9H_{19}\!\!-\!\!\boxed{}\!\!-\!\!O\!-\!(CH_2CH_2O)_{\overline{n-2}}CH_2CH_2OH + H_2C\!\!-\!\!CH_2 \longrightarrow$$

$$C_9H_{19}\!\!-\!\!\boxed{}\!\!-\!\!O\!-\!(CH_2CH_2O)_{\overline{n-1}}CH_2CH_2OH$$

　　反应是一个连续反应过程，壬基酚首先与一个环氧乙烷分子反应，环氧乙烷分子插入到壬基酚的 O—H 之间，同时环氧乙烷也发生开环，生成壬基酚氧乙烯醚，该步反应为慢速反应，是反应的控制步骤，并有反应诱导期。反应生成的加成一分子的壬基酚聚氧乙烯醚继续和环氧乙烷发生反应，生成不同环氧乙烷加成摩尔数的产物，该步反应为快速反应。因此，反应最后得到的产物是环氧乙烷加成摩尔数不同的一系列化合物的混合物，称为壬基酚聚氧乙烯醚。

　　壬基酚聚氧乙烯醚分子中环氧乙烷加成数的大小，直接决定其不同的物化性质和表面活性。加成的环氧乙烷越多，产物的亲水性越强，不同的加成产物可以用来作为润湿剂、洗涤剂、乳化剂、发泡剂等不同的用途。表 1 列出了不同壬基酚聚氧乙烯醚的用途与 EO 分子数的关系。

　　本次实验产物的 EO 平均加成数用反应掉的环氧乙烷物质的量与壬基酚的物质的量之比计算得出。

　　EO 平均加成数求法：

$$\text{EO 平均加成数}\ \bar{n}=\dfrac{\text{加入 EO 物质的量}}{\text{加入壬基酚物质的量}}$$

$$\text{产物中 EO 质量含量 P\%}=\dfrac{\text{加入 EO 质量}}{\text{加入壬基酚质量}+\text{加入 EO 质量}}$$

表 1　壬基酚聚氧乙烯醚与 EO 分子数的关系

EO 分数	用途
1.5	消泡剂，破乳剂，石油中分散剂，油溶性洗涤剂
4	W/O 型乳化剂，消泡剂，果树杀螨剂，APES 中间体
6	造纸机械毛毯洗涤剂、纸浆脱墨剂，纺织与金属加工洗涤剂，石油工业润湿缓速剂，一般工业乳化剂
9	农药乳化剂，纺织工业整理剂，制革工业润湿剂和渗透剂
10	重垢型和轻垢型洗涤剂，酸洗和碱洗润湿剂
15	O/W 型乳化剂，高温分散剂，合成橡胶乳液聚合乳化剂，脂肪、蜡和油乳化剂
20	高温度电解质润湿剂，合成乳胶稳定剂
30	乙酸乙烯乳液聚合乳化剂，匀染剂，钙皂分散剂

　　本实验分析的壬基酚聚氧乙烯醚中由于苯环是分子内唯一的生色团，所以含有不同数目 EO 基团的非离子表面活性剂在选定紫外吸收检测器的波长下有几乎相同的摩尔吸光系数。所以对于 HPLC 分离采用紫外检测器可以将各个组分的摩尔响应因子作为一个常数，即：$f_1=f_2=\cdots=f_i=1$，直接通过峰面积来确定不同 EO 分子数的百分含量：

$$x_i\%=A_i f_i \Big/ \sum_{i=1}^{n} A_i f_i$$

$$x_i\%=A_i \Big/ \sum_{i=1}^{n} A_i$$

质量百分含量：

$$W_i\%=\dfrac{A_i M_i}{\sum A_i M_i}$$

仪器与试剂

1. 仪器

电炉、反应器、液相色谱仪、电子天平、250mL 分液漏斗、100mL 量筒、移液管、滤纸。

2. 试剂

壬基酚、分析纯 NaOH、环氧乙烷。

实验步骤

（1）用电炉加热 200mL 水到 60～80℃待用。

（2）打开不锈钢反应釜，用温水清洗反应器内部，并用滤纸将水分吸干，以防止水在反应中生成副产物。

（3）小心打开环氧乙烷钢瓶，注意不要出现碰撞，将环氧乙烷慢慢加入进料管中，当快要加满时，停止加入，关闭环氧乙烷钢瓶。打开 N_2 钢瓶，调节压力到 0.5MPa，然后打开与进料管连接阀，使进料管内的压力与 N_2 钢瓶压力相同，记录下环氧乙烷刻度值和压力值。

（4）按环氧乙烷密度（$0.8969g \cdot cm^{-3}$）和进料管内径，计算出每厘米高度环氧乙烷的质量和摩尔数，根据实验要求，一般环氧乙烷的平均加成数为 4～5mol 分子，换算成要加入的环氧乙烷高度。

（5）用电子天平称量壬基酚 20～30g 之间，然后换算成摩尔数，同时加入壬基酚质量 0.5% 的 NaOH 到反应釜内，然后将反应器盖拧紧，通入 N_2 置换出反应器里面的空气，并持续 5min，然后关闭 N_2 进口。

（6）打开反应器加热，设定反应温度为 120～140℃之间，当反应釜内温度升到设定值时，打开电动搅拌器，打开环氧乙烷进口，开始加入环氧乙烷气体进行反应，在加入的瞬间，反应压会升高到 0.5MPa，此时，记录下环氧乙烷加料管的液位，并每隔 10min 记录一次液位。当反应的环氧乙烷加入量达到计算值时，停止加入环氧乙烷，并继续反应 30min。

（7）停止加热反应器，当反应器内温度冷却到 80℃时，打开反应器，用移液管取出反应产物，并准确称重，由产物的重量计算出实际的环氧乙烷质量，并计算出平均加成数。

（8）用温水将反应器内清洗干净，并用滤纸擦干，以备下次使用。

（9）采用高效液相色谱分析产品不同 EO 分子数的百分含量，用紫外检测器检测。

实验结果及数据处理

（1）计算产物的 EO 平均加成数。

（2）用液相色谱分析的产物组成，画出产物分子量分布图。

（3）作出用 EO 反应量表示的反应速率曲线。

实验二十一　叶绿体色素的提取和分离

实验目的

（1）了解天然产物的提取与分离技术。

（2）掌握纸层析法的实验操作技术及其应用。

实验原理

叶绿体中含有绿色素（包括叶绿素 a 和叶绿素 b）和黄色素（包括胡萝卜素和叶黄素）两大类。它们与类囊体膜蛋白相结合成为色素蛋白复合体。它们的化学结构不同，所以它们的物化性质（如极性、吸收光谱）和在光合作用中的地位和作用也不一样。这两类色素是酯类化合物，都不溶于水，而溶于有机溶剂，故可用乙醇、丙醇等有机溶剂提取。提取液可用色谱分析的原理加以分离。因吸附剂对不同物质的吸附力不同，当用适当的溶剂推动时，混合物中各种成分在两相（固定相和流动相）间具有不同的分配系数，所以移动速度不同，经过一定时间后，可将各种色素分开。

仪器与试剂

1. 仪器

研钵、漏斗、三角瓶、剪刀、滴管、培养皿（直径 11cm）、广口瓶、圆形滤纸。

2. 试剂

95％乙醇、石英砂、碳酸钙粉、推动剂按石油醚∶丙酮∶苯＝10∶2∶1 比例配制（体积）、菠菜、小白菜叶片。

实验步骤

1. 叶绿体色素的提取

（1）取菠菜或其他植物新鲜叶片 4～5 片（2g 左右），洗净，擦干，去掉中脉剪碎，放入研钵。

（2）研钵中加入少量石英砂及碳酸钙粉，适量 95％乙醇研磨，过滤。

（3）如无新鲜叶片，也可用事先制好的叶干粉提取。取新鲜叶片（以菠菜叶最好），先用 105℃杀青，再在 80℃下烘干，研成粉末，密闭储存。用时称叶粉 2g 放入小烧杯中，加 95％乙醇 20～30mL 浸提，并随时搅动。待乙醇呈深绿色时，滤出浸提液备用。

2. 叶绿体色素的分离

（1）制备滤纸条。

（2）画滤液细线。

（3）进行色谱分离，分离色素。

（4）观察实验结果。

实验结果和数据处理

（1）用铅笔标出各种色素的位置和名称。

（2）测量并计算各种色素的迁移率。

思考题

（1）把叶绿体色素分开的原理是什么？

（2）本实验中加入碳酸钙粉的目的是什么？

实验二十二　乙酸乙烯酯的乳液聚合

实验目的

（1）了解乳液聚合的原理。

（2）掌握聚乙酸乙烯酯乳液制备方法。

实验原理

乙酸乙烯酯乳液的机理与一般乳液聚合相同，采用过硫酸盐为引发剂。为了使反应较平稳地进行，单体和引发剂需要分批加入。乳化剂最常用的是聚乙烯醇（1788 或 1799），为了使乳化效果更好，常把两种乳化剂一起使用。本实验用聚乙烯醇和 OP-10 两种乳化剂。

仪器与试剂

1. 仪器

四口瓶、冷凝器、温度计、滴液漏斗。

2. 试剂

乙酸乙烯酯、聚乙烯醇、无离子水、过硫酸铵、OP-10、邻苯二甲酸二丁酯。

实验步骤

在装有冷凝器、搅拌器、温度计、滴液漏斗的四口瓶中加入 5g 聚乙烯醇，65mL 无离子水，在 85～90℃使聚乙烯醇完全溶解，降温至 60℃，加入 OP-10 0.5g，辛醇 5 滴、过硫酸铵（0.35g 溶于 10mL 无离子水）水溶液一半、乙酸乙酯 20g，温度保持在 60～65℃反应半小时，再将另一半过硫酸铵溶液加入并滴加 40g 乙酸乙烯酯，在 1.5～2h 内加完，温度不能超过 68℃，滴加完继续升温至 80～90℃。升温速度要慢，至无回流为止。降温至 50℃加碳酸钠水溶液 5mL、邻苯二甲酸二丁酯 5g，搅拌 0.5h 出料，得到的白色乳液俗称白胶，可直接做胶黏剂。

实验结果

1. 乳液固含量的测定

在准确称量的铝盘中加入 1～1.5g 乳液，准确称量后，放入 105℃的烘箱中烘 2h，取出后放在干燥器中冷却后，准确称量。

$$固含量 = \frac{干燥后的样品量}{干燥前的样品量} \times 100\%$$

2. 粘接实验

用少量乳液涂在牛皮纸、木片、铝片。

用薄薄的乳液涂在纸、木片、铝片上，两片粘在一起，烘干（纸在 50℃保持 10min，木片 50℃保持 0.5h，铝片 50℃保持 1h），测抗张强度。

3. 稀释稳定性

取含量相当 5g 固体含量的试样，放到预先装有 70mL 水的 100mL 奈氏比色管中，用水稀释至刻度，用玻璃棒充分搅匀，静置 24h，观察下层沉淀的毫升数（以尺量度）。

思考题

（1）乳液聚合体系的配方？

（2）分析本实验的聚合体系的特点？

（3）计算理论固体含量？

参 考 文 献

[1] 华东理工大学无机化学教研组，李梅君等. 无机化学实验，第 4 版. 北京：高等教育出版社，2007.

[2] 山东大学等，李吉海. 化学实验（Ⅱ）有机化学实验. 北京：化学工业出版社，2007.

[3] 复旦大学化学系有机化学教研室. 化学实验，第 2 版. 北京：高等教育出版社，1994.

[4] 北京大学化学院有机化学研究所. 化学实验. 北京：北京大学出版社，2002.

[5] 李霁良. 半微型有机化学实验. 北京：高等教育出版社，2003.

[6] 华中师范大学等，化学实验. 北京：高等教育出版社，2001.

[7] 张济新等. 分析实验. 北京：高等教育出版社，1994.

[8] 苗凤琴等. 化学实验. 北京：化学工业出版社，2001.

[9] 庄继华. 化学实验，第 3 版. 北京：高等教育出版社，2004.

[10] 孙尔康. 化学实验. 南京：南京大学出版社，1998.

[11] 罗澄源. 化学实验，第 4 版. 北京：高等教育出版社，2004.

[12] 霍冀川. 综合设计实验. 北京：化学工业出版社，2008.

[13] 王尊本. 化学实验，第 2 版. 北京：科学出版社，2012.

[14] 童叶翔. 化学实验. 北京：科学出版社，2008.

[15] 杜志强. 化学实验. 北京：科学出版社，2005.